职业教育"十三五"规划教材

农业技术推广

NONGYE JISHU TUIGUANG

■ 王迎宾　主编

化学工业出版社

·北京·

《农业技术推广》以农业技术推广实际工作过程为导向，全面介绍了农业技术推广的理论、知识、技能，涵盖了农业技术推广所涉及的各类实践操作，包括农业技术推广基础，农业技术推广程序、方式与方法，农业技术推广项目选择与实施，农业技术推广试验，农业技术推广示范，农业技术推广教育与培训，农业技术推广经营与服务，农业技术推广信息服务，农业技术推广调查，农业技术推广工作的评价，农业技术推广组织与人员管理，农业技术推广写作与演讲等。书中附有自测习题、课程标准及授课计划，均以二维码形式呈现。

本书可作为高职高专类院校、成人高校及应用型本科院校园林园艺类、农学类、畜牧兽医等相关专业的教学用书，并可作为行业从业人员的业务参考书及培训用书。

图书在版编目（CIP）数据

农业技术推广/王迎宾主编. —北京：化学工业出版社，2020.6（2022.1重印）
ISBN 978-7-122-35946-9

Ⅰ.①农…　Ⅱ.①王…　Ⅲ.①农业科技推广　Ⅳ.①S3-33

中国版本图书馆 CIP 数据核字（2020）第 043184 号

责任编辑：章梦婕　迟　蕾　李植峰　　　　装帧设计：史利平
责任校对：张雨彤

出版发行：化学工业出版社（北京市东城区青年湖南街 13 号　邮政编码 100011）
印　　刷：三河市航远印刷有限公司
装　　订：三河市宇新装订厂
787mm×1092mm　1/16　印张 15¾　字数 385 千字　　2022 年 1 月北京第 1 版第 2 次印刷

购书咨询：010-64518888　　　　　　售后服务：010-64518899
网　　址：http://www.cip.com.cn

凡购买本书，如有缺损质量问题，本社销售中心负责调换。

定　　价：45.00 元

《农业技术推广》 编审人员

农业在国民经济中的重要性突出体现在粮食的生产上。 我国的自立能力相当程度上取决于农业的发展。 因此，农业的发展关系到人民的切身利益、社会的安定和整个国民经济的发展，也是关系到我国在国际竞争中能否坚持独立自主的关键因素。

改革开放以来，我国农业教育与科技事业蓬勃发展，极大地促进了我国农业生产力的提高。在知识经济迅猛发展的今天，科学技术作为第一生产力在中国农业现代化建设中发挥着越来越大的作用。 我国正处于从传统农业逐渐向现代化农业转变的重要阶段，农业技术作为推动我国农业现代化发展的重要动力，加强农业技术推广对农业发展而言具有重要意义。 现如今，通过农业技术推广，使得农村生产力得到进一步提高，农民的现代化意识得到提高，切实提高了农业现代化水平。

"农业技术推广"作为高等职业教育农业及相关专业的通修课程，学生毕业后主要从事农业生产与新技术推广、农资营销、农产品加工等社会化服务工作，所以有必要了解农民的心理和行为，还应当具备一定的理论基础，同时了解技术传播规律，掌握农业技术推广的基本知识和技能。

本书在编写中以农业技术推广实际工作过程为导向，将农业技术推广的理论知识融入到相应的章节中，涵盖了农业技术推广工作所涉及的所有实践操作。 本书可操作性强，利于指导实践，读者可依据书中的设计自行开展农业推广实践工作，提高推广技能。

本书可作为高职高专类院校现代农业、农资营销与服务、作物生产技术、种子生产与经营、园艺技术、植物保护、农业生物技术、畜牧、兽医、兽药、水产养殖等专业的教材，也可以供相关行业、企业人员参考使用。

由于编者水平有限，不足之处在所难免，恳请广大读者批评指正。

编者

2020 年 1 月

目录

◎ 第七章　农业技术推广经营与服务　129

◎ 第八章　农业技术推广信息服务　142

绪 论

知识目标 ▶▶

◆ 理解农业的概念，了解农业在我国的重要地位。
◆ 理解现代化农业的概念与特点，知道现代化农业的发展趋势。
◆ 掌握农业技术推广的概念，理解农业技术推广的特点。

能力目标 ▶▶

◆ 能解释农业技术推广与现代化农业的关系，阐述农业技术推广的主要作用。

第一节 ▶ 现代化农业概述

一、农业的概念

农业是通过培养动物、植物或微生物，获取人类所需食品及工业原料的产业。广义农业包括种植业、林业、畜牧业、渔业、副业五种产业形式，狭义农业是指种植业。农业属于第一产业，是人类的衣食之源、生存之本，为国民经济提供粮食、副食品、工业原料、资金和出口物资。

二、农业在我国的重要地位

我国是一个人口大国，解决13.5亿人的吃饭问题始终是国民经济的头等大事，粮食安全关系到国家的稳定，"手中有粮，心中不慌"，粮食自给是经济发展、社会安定、国家自立的基础。"无农不稳，无粮则乱"，如果不能满足粮食自给，在国际竞争中就会受制于人。

农业是人类生存和一切生产的历史起点和先决条件，它为人类的生存提供了最基本的生活资料；农业生产率的提高，是国民经济其他部门赖以独立化的基础；农业是国民经济其他部门进一步发展的基础。

三、现代化农业

（一）现代化农业的概念

现代化农业是以现代工业装备农业，以现代科技武装农业，以现代管理理论和方法经营农业。其基本特征是科学化、集约化、商品化和市场化。根本目的是提高土地生产率、资源产出率、劳动生产率和产品商品率，实现农业的社会效益、经济效益和生态效益的统一。

对现代化农业的内涵分为三个领域：产前领域，包括农业机械、化肥、水利、农药、地膜等领域；产中领域，包括种植业（含种子产业）、林业、畜牧业（含饲料生产）和水产业；产后领域，包括农产品产后加工、储藏、运输、营销及进出口贸易技术等。

从上述界定可以看出，现代化农业不再局限于传统的种植业、养殖业等农业部门，而是包括了生产资料工业、食品加工业等第二产业，和交通运输、技术和信息服务等第三产业的内容。原有的第一产业扩大到第二产业和第三产业。现代农业成为一个与发展农业相关、为发展农业服务的产业群体。这个围绕着农业生产而形成的庞大的产业群，在市场机制的作用下，与农业生产形成稳定的相互依赖、相互促进的利益共同体。

（二）现代化农业的特点

现代化农业的基本特点是：高产、优质、低耗、高效。要建设具有中国特色的现代化农业，仅仅把农业作为国民经济的基础还难以适应要求，而必须把农业提到"现代基础产业"的高度，按此要求大力发展规模经济，改变小生产和大市场不协调的局面。

首先要以商品生产基地为建设重点，建设专业化、一体化、现代化的粮食产业体系，在此基础上，实施种植业三元结构工程，发展饲料作物和养殖业促进农牧结合。其次要以农产品加工为重点，向农业产后领域延伸，在村镇发展现代饲料工业、食品工业等，应用高新技术使产品向高质量、高档次、高附加值方向发展。积极发展农业产业化经营，形成生产、加工、销售有机结合和相互促进的机制，推进农业向商品化、专业化、现代化转变。以乡镇企业为支柱，形成合理的产业结构，搞好小城镇规划，走农村工业化、城镇化、文明化带动农业现代化的路子，使小城镇成为乡镇企业的有效载体。

1. 农业技术科学化

从当代农业发达国家的实践看，现代化农业应具备以下基本特征：现代农业科学已成为门类齐全、日益完善的科学体系。农业技术已不再是传统农业的简单生产经验，而提升为先进的科学技术。

主要表现在：第一，以生物学革命为先导的新技术革命的冲击下，新兴和交叉学科将会大量出现，应用现代生物技术、现代信息技术、激光技术、空间技术、遥感遥测技术、能源技术等，这些门类众多科学技术相互渗透、融合、补充，使农业科学技术日益成为综合性的大科学体系，促使农业呈现高科技特色。第二，在农作物品种改良方面，由于遗传学的发展和育种技术的进步，培育出许多高产、优质、抗逆、适宜于机械化作业的品种。特别是杂交优势的利用，矮秆耐肥品种的培育和推广为提高粮食作物产量做出了巨大贡献。第三，栽培技术正在向集约化、模式化、定量化的方向发展，灌溉技术也正在向节水、高效的方向发展。第四，在化肥生产方面，复合肥料、高效浓缩肥料和长效肥料已成为一种趋势；有些国家在肥料中加入除草剂和杀虫剂，使化肥变成了农药的载体，节约了成本又增强了农药的安全性。

2. 农业生产机械化

传统农业中的大量手工劳动，在现代化农业中已被机械所代替。在一些西方发达国家，已形成了农业机械化体系，从作物的种子处理、播种、田间管理、收获，到农产品的运输、贮藏、加工都实现了机械化作业。如养鸡业中的给水给料、收蛋装箱除粪等作业都实现了计算机管理，畜牧业的机械化程度已经达到了更高的水平。

从机械化的发展方向看，像美国、加拿大、澳大利亚等人少地多的国家，农业机械化向大型、宽幅、高速联合作业方向发展；在人多地少的日本，机械化向小型化、精密化方向发展，以适应不同条件和多种作业要求。此外，农用飞机也广泛应用于播种、造林、种草和喷洒农药等。

3. 农业产销社会化

根据不同地区的自然条件和经济条件，各地区种植作物相对集中，形成专业化、商品化生产基地。如美国北部的艾奥瓦、伊利诺伊等5个州，成了举世闻名的玉米生产带，这几个州的猪肉产量也占美国的二分之一，牛肉占美国的三分之一。农业生产社会化的发展，使农业生产成为一个包括"产、供、销"紧密联系的经济实体。种子、化肥、农药和农业机械等生产资料均由专业公司销售，农产品的收购、贮藏、加工等也有专门机构负责。因此，有关各方均能做到规模经营，提高了生产效率。

4. 农业生产高效化

衡量农业现代化水平的重要标志是农业劳动生产率和土地生产率。劳动生产率是指一个农业劳动力能种多少地、能生产多少农产品。世界上农业劳动生产率最高的国家是加拿大、美国和澳大利亚，每个农业劳动力可负担耕地 66.67hm²❶ 以上，生产粮食可达 70000kg 以上。土地生产率的情况，因各国土地资源、气候资源等差异悬殊。因此，很难直接用单产高低来加以比较。但一般而言，农业现代化程度高的国家，土地生产率较高。

5. 农民知识化

以人为本是现代农业的重要特征。随着现代化农业的发展，农业生产过程中的科技含量越来越高。因此，只有农民掌握了现代农业科学技术才能使农业科技转化为生产力；同时由于现代化农业的生产规模大，农作物的商品率高，也要求农民掌握高效的企业化管理方法，不断提高经营水平。在现代化农业国家，农民大多完成了义务教育或接受过中等职业教育，不少是大学毕业后去经营农场的。西欧许多国家规定，年轻农民必须获得"绿色证书"才有资格从事农业，获得继承权和优惠贷款。美国的农场主大多有高中以上文化水平，约有四分之一是大学毕业生，有的农场甚至是由大学教授兼营。

依据我国农村基本经营制度和农村社会化分工，新型职业农民主要包括生产经营型、专业技能型和社会服务型三种类型。

(1) 生产经营型职业农民　是指适应现代农业发展和新农村建设要求，以家庭为基本生产单元，主要从事农业生产经营，并以其为主要收入来源，具有一定的生产经营规模、较高的生产力水平和明显的示范带动作用，为社会持续有效提供安全农产品的新型生产经营主体。

---

❶　$1hm^2 = 10^4 m^2$。

主要包括种养专业大户、家庭农场主、合作社带头人等，对他们应考虑其对市场和经营管理知识的迫切需求，以把他们培养成农村社区的示范带头人为目标，采用更系统、更高层次的培训，提高他们的专业化、规模化水平和市场应对能力。

（2）专业技能型职业农民　是指在农业企业、专业合作社、家庭农场、专业大户等新型农业经营主体中从事较为稳定的农业岗位工作，并以其为主要收入来源，具有一定专业技能的骨干农业劳动力。

主体是农业工人、农业雇员。对于他们可按照培养业务熟练技能为目标，开展市场知识、物流管理、农业法律法规、产品营销及金融等方面的教育培训。该群体在发展商品经济方面有较多经验，在他们身上存有成长为高素质经营型农民的巨大潜力。

（3）社会服务型职业农民　是指在经营性服务组织中或个体直接从事农业产前、产中、产后服务，并以此为主要收入来源，具有相应职业素养和服务能力的农业社会化服务人员。

主要包括农村经济人、全科农技员、农村信息员、跨区作业农机手等。对于他们应以培养农民的合作理念，普及合作社知识为主，并在这一过程中发现更多的协作型农民，激发他们成立和管理农民合作经济组织的兴趣，引导他们主动学习合作经济组织的运营管理、社员民主参与能力等管理知识，通过软件和硬件支持，加强他们采集和利用市场信息的能力。

（三）现代化农业的发展趋势

1. 发展智力农业

智力农业即现代化农业。人们认识到时代愈进步、科学愈发达，农业生产就愈需要智力来运作。

目前在运用高新技术改造传统农业的技术路线方面，必须注意到我国农业技术结构的现状和农村经济的条件，技术路线的执行应能促进技术结构的优化。在技术结构上，我们应建立多元复合型的农业技术结构；在技术路线上，应选择以生物技术、有机技术为导向，以工程技术为辅的综合型农业技术路线。在综合发展中突出重点，抓住农业技术创新向高新技术方向发展的突破点，积极稳妥地推进农业技术创新和农业产业化。

2. 大力发展精细农业

采用精细形态生产方式的原因，首先是土地、水、能源等自然资源日益匮乏，为了经济地利用各种有限资源，只能采取四大密集：技术密集、劳力密集、资金密集和生态密集。其次，运用精细形态的生产方式，可以在过去不能或很难从事农业生产的土地或空间进行生产。例如，干旱缺水、山地陡坡、盐渍滩涂乃至沼泽荒漠地区，都可以用水栽法转变为生产基地。水栽法不用土地，而是用营养液，在控制环境的条件下进行生产。这样，不但延长了生产季节，也扩大了生产的空间。第三，发展中国家在工业化过程中，如果采用精细形态的农业生产方式，创造出高科技、高收入的农业，就一定会吸引青年扎根农村，使农村成为真正大有可为的广阔天地。第四，精细形态的农业，在交通方便、风光秀丽的地区，只要稍加装备、经营，就可以成为观光农业和休闲农业中心。这样，既可增加收入、促进农产品销售，又可以让城市居民领略田园风光。

3. 发展信息化立体农业

信息农业方兴未艾，当代世界正在由工业化时期进入信息化时代。以计算机多媒体技术、光纤和通信卫星技术为特征的信息化浪潮正在席卷全球。同样，现代信息技术也正在向农业领域渗透，形成信息农业。信息农业的基本特征可概括为：农业基础装备信息化、农业技术操作全面自动化、农业经营管理信息网络化。信息农业又包括两个内容：一是农业信息化，二是农业信息产业化。

所谓农业信息化是社会信息化的一部分。它首先是一种社会经济形态，是农业经济发展到某一特定过程的概念描述。它不仅包括计算机技术，还应包括微电子技术、通信技术、光电技术、遥感技术等多项技术在农业上普遍而系统应用的过程。农业信息化又是传统农业发展到现代农业进而向信息农业演进的过程，表现为农业工具以手工操作或半机械化操作为基础，到以知识技术和信息控制装备为基础的转变过程。

农业信息化有三个明显的特点：①农业信息技术在其他技术序列中优先发展；②信息资源在农业生产和农产品经营中的作用日益突出，农民更注意用信息指导生产和销售；③信息产业的发展很大程度上促进乡镇企业的发展，并优化农业内部结构。据某些预测标准，当一个国家信息产业在农业中的附加值达到或超过农业总产值的50%时，就认为农业实现了信息化。

所谓农业信息产业化，就是将农业信息的采集、加工、传递、反馈、服务等形成一个一体化、以信息咨询为主的知识密集型产业，它是农村社会化服务中新兴的、独立的第三产业，是农村社会、经济发展的必然趋势。农业信息产业化是发展"一优两高"农业的需要，是农民进入市场的需要，是推进农村社会化服务的需要，是农业信息部门转变职能、自我发展的需要，是农村经济发展的必然趋势。

计算机应用于农业生产中，可以及时准确地预报病虫害的发生期和发生量，做到及时防治，既节省农药，又减少粮食损失。计算机在饲料配制、优化施肥、作物产量预报、渔业捕捞及农业经济结构优化等方面，都能发挥作用。利用遥感技术调查农业资源，预报自然灾害，也有速度快、效率高的特点。准确的气象预报也是农业生产中不可缺少的，气象卫星起着重要作用。

我国是一个农业大国，将计算机软件技术应用到农业领域，将具有重大的经济效益和社会效益。目前全国大部分省建立了农业信息中心，大多数县配备了微机用于信息管理。全国已建成了一些大型农业信息资源数据库、优化模拟模型、宏观决策支持系统、农业专家系统、计算机生产管理系统。应用遥感技术进行灾害预测预报与农业估产已取得显著效果。

如北京市农林科学院作物所研究的"小麦管理计算机专家决策系统"可使小麦增产6%～25%，降低成本4%～8%，增加效益15%～30%；中国农业科学院草原研究所应用现代遥感和地理信息技术建立的"中国北方草地草畜平衡动态监测系统"，使我国草地的资源管理由过去以常规方法上百人10年完成的工作量只需7天即可完成，经3年运行，节约经费1669万元；中国科学院合肥智能所研究的"农业专家系统"能指导农民科学育种、栽培、施肥、防治病虫害、田间管理等，已在二十几个省市推广使用，增产粮食13.5亿千克、棉花35万担、节肥34万吨。

节约农业资源是实施农业可持续发展的基础之一，是核心内容。农业资源（如土壤、气候、植物和水等）是广泛分布在地球表面，且在不断变化的自然资源。要想合理利用农业资源，就必须掌握它们的分布、性质及其利用的变化，并取得现时性资料，这用常规技术是无法实现的。科学实验已经证明，只有运用包括卫星遥感技术、地理信息技术、全球定位技术、空间分析技术、模拟模型技术、网络技术和人工智能技术等综合的现代信息技术，建立农业资源信息系统，才有可能及时地为国民经济建设提供现时性的环境资料，并为领导或经营者提供决策咨询方案，以提高领导农业生产的主动性。

据预测，利用全球定位系统、变量播种机和变量施肥机等，重大农业灾害的程度会得到较大程度的预防和控制，农民在每亩❶田的农活用工量可望从目前的 10 个左右降至 1～2 个，种子和化肥的使用量将减少 30％～50％，产量却提高 10％～30％，其结果必然是农民在轻松劳作的同时，得到更为丰厚的回报。

4. 发展现代化生态农业

所谓生态农业，是指在农业生产中，以生态科学和原理为指导，利用动物、植物、微生物之间的相互依存关系，应用现代科学技术，保护、培植和充分利用自然资源，防止和减少环境污染，形成"农林牧副渔"良性循环，保持大农业稳定发展。

世界上所有国家都不同程度地存在着各种生态环境问题，人口的增加、工农业生产的发展，都加剧了问题的严重性。

英国著名经济学家 Barbara Ward（1914—1981）很早以前就认为美国现代化农业的道路是行不通的。他对我国南方和东南亚一些国家，将种植水稻和养畜、养鱼结合，充分利用土地和生物资源，保持良好生态环境的做法十分欣赏，而且提出一个十分有价值的观点："唯一能够生产足够粮食，满足日益增长的人口需要的方式，是将所有适合耕作的土地，实行'双作'和'三作'。"由此可见，我国长期以来实行的间作、套作、混作、轮作，施用粪肥、厩肥、绿肥，实行生物防治，充分利用土地，精耕细作等似乎落后，但是保证了农业长期持续发展的技术，实际上是先进的生产方式，应该作为今后实现农业现代化的一个主要战略方针。

为了创造一个生态平衡的农业，就必须抛弃原有的以大量消耗石油、化肥、化学农药为代表的农业现代化的模式，取而代之的是以遗传工程、生物技术为主的高技术方法。当今时代由于分子生物学和细胞遗传工程等学科的飞快发展，在分子水平上探明生物功能已经成为可能。因此，人们对于利用生物遗传工程技术的研究成果解决农业生产领域中存在的诸多问题寄予很大希望。

遗传工程开始了人类首次涉足动植物机体内部的活动，通过改变基因结构，可以使植物生长得更好、产量更高，并具有内在的抗虫、抗病、抗逆、抗旱和自肥能力；也可以使作物更有效地进行光合作用。在动物方面，运用遗传工程，可以增加产量，提高品质，缩短生长期、妊娠期及增进家畜的各种性能。例如，将美洲驼和骆驼的基因互相移植，使新种具有两者的优点。

遗传工程还可以根据需要，使农牧产品产生某种特殊的品质（风味、色泽、酸甜度、营养价值等）。科学家已经预见到，将来可以用遗传工程技术育成超级瘦肉型的肉猪、带有鹿肉风味的牛肉。

人类目前的主要粮食只有 6 种。科学家预见，到 2025 年，由于遗传工程的应用，可以增加到 37 种。这对于丰富人类食物的来源，解决人口不断增加、耕地日益减少的严峻问题，具有重大意义。

5. 发展都市型的工厂化农业（或设施农业）

自然农业最大的特点是"靠天吃饭"，其生产的状况受自然因素影响很大。21 世纪，由于实现工厂化，通过运用先进科技，农业生产将摆脱或部分摆脱自然条件的制约。所谓工厂

---

❶　1 亩＝666.67m²。

化农业，是指在"农业生产车间"（塑料薄膜大棚、玻璃温室等）内，借用阳光或人工灯光进行不间断的农业生产。有的人认为，这是根本改变传统农业的重要方向。

用现代科技装备的工厂化农业，集成了生物技术、信息技术、新材料技术、自动化控制技术和现代先进农艺等，其间作物的播种、生长、施肥、灌溉、环控等全过程都实现自动化，称得上是一个高水准的"种植工厂"。

"种植工厂"可以通过对生物和环境的控制，使农业生产中的多种潜力得到充分发挥。首先，在自然或开放的条件下，水、肥、土、热等很难控制，"种植工厂"则可以充分发挥农业环境的有关潜能。其次，良好的"工厂环境"为生物潜力的发挥创造了条件，使农作物的有机物合成、转化和储存等效率大大提高，形状、味道和颜色良好。此外，"种植工厂"还能够很大程度地发掘作物生产的时空潜力：一方面，作物可种植时间得以延长，复种指数得以提高，部分或完全摆脱季节的限制，一些农作物可做到常年均衡供应；另一方面，对温度、光照、供水和营养的有效控制，使作物平面、垂直的生产空间得以拓展，有的立柱栽培技术可增加数倍产量。

由于人们的保健意识在不断加强，对食物品质的要求也随之提高。未来对食物的要求，首先必须符合"干净"和"营养"的标准。所谓"干净"，是指食物不用化肥、农药生产，不用人工防腐剂、染色剂，不经辐射处理；所谓"营养"，是指食物不但保存了最大营养价值，而且不经过长途运输，必须成熟后采收，保持一流鲜度。为了满足上述一系列的严格要求，农产品就必须当地生产、当地消费。

农产品长途运输不但降低品质，还要大量消耗能源，造成大气乃至海洋的污染。不少农产品长途运输的包装材料，是不能生物降解的，造成了严重的环境问题。目前美国已经出现所谓"社区支持农业"这种生产形态，就是企业将生产和消费在地区内结合起来，逐渐实现农产品的地区自给。

工厂化农业一般适于布局在都市的周围，所以也有"都市型农业"之称，因为"智能型农业工厂"不仅包括蔬菜、园艺花卉，还有畜禽、特种水产品生产及微生物生产。由于都市有发达的信息、交通和完备的基础设备，加之都市庞大的消费需求，未来的智能型农业工厂必将云集在都市周边，成为都市经济的重要支柱。

按西方统计，"都市型农业"主要是指"健康农业"和"外食农业"。健康农业是指为都市居民提供安全、放心、健康、新鲜、高质量食品，和为市民提供休息、体育活动、农业体验等的产业；外食农业是指盒饭、熟食、配菜，以及餐饮、饭店等专门为居民家庭在外用餐而设立的产业。发达国家的农业产值和加工农产品产值相比，已经达到1:2以上，而我国则呈倒向比率，仅为1:0.4。因此，发展都市农业必须打破传统观念上的农业概念，发展大农业，使农业向第二、第三产业扩展、延伸。

综上所述，我国是个农业大国，在当今经济全球化的形势下，我们必须研究农业现代化的发展趋势，扬长避短，在做好基础工作的前提下，创造条件，大力发展智力农业、精细农业、信息农业、生态农业等，从而使我国农业尽快走上现代化的道路。

四、农业技术推广与农业现代化

农业教育、农业研究和农业技术推广构成农业发展的三个要素，三者都很重要，三者之间相互作用、相辅相成、相互反馈，缺一不可。发展农业、建设农村、教育农民，世界各农业先进国家若不采取农业教育、农业研究与农业技术推广并举的方针和具体措施，难以形成一个向农业投入科技成果的强有力的系统。通观古今中外农业发展历史的实践证明，科技进步对人类的任何贡献，都是通过推广的方式实现的。没有发达的农业技术推广，便没有农业的现代化、繁荣的农村和富裕的农民。

现代农业需要农业科学技术，农业科学技术通过农业技术推广才能被普及和应用。农业技术推广是将新知识、新技术、新信息、新技能应用于农业生产，使之变成实现生产力的最有效手段。实践证明，科技成果推广越及时，应用的范围越广泛、效率越高，取得的经济效益、社会效益和生态效益越好，科技对经济和社会发展的促进作用就越大。总之，重视和积极发展农业技术推广是促进农业研究、农业教育和农业生产相结合，实现农业现代化的一项重要策略。

第二节 ▶ 农业技术推广概述

农业技术推广活动是伴随着农业生产活动而发生、发展起来的一项专门活动。随着农业技术推广活动的逐渐深入，农业技术推广已成为农业和农村发展服务的一项社会事业。由于不同国家政治、经济、文化的差别，农业和农村发展各阶段农业生产力发展水平的不同，农业技术推广活动的内容、形式、方法有很大的差异。农业技术推广活动有着悠久的历史和演变过程，但用科学的方法来研究它，只是近百年的事。如今，农业技术推广已作为一个行业应运而生。

一、农业技术推广的概念

农业推广是人类进入农业社会就开始出现的一种社会活动。我国古代把农业推广称为"教稼""劝农""课桑"。

我国"农业推广"一词的应用，始于20世纪30年代民国时期，新中国成立后改用"农业技术推广"。农业推广有狭义和广义之分。

狭义的农业推广主要特征是技术指导，是指对农事生产的指导，即把大学和科研机构的科学研究成果，通过适当的方式介绍给农民，使农民获得新的知识和技能，并且在生产中应用，从而提高产量、增加收入。它是以指导性农业推广为主线，以"创新扩散"理论为基础，以种植业的产中服务为主要内容的推广。长期以来，我国沿用的农业技术推广概念，也属此范畴。

广义的农业推广主要特征是教育，是指除单纯推广农业技术外，还包括教育农民、组织农民、培养农民义务领袖及改善农民实际生活质量等方面。因此广义的农业推广是以农村社会为范围，以农民为对象，以家庭农场或农家为中心，以农民实际需要为内容，以改善农民生活质量为最终目标的农村社会教育。它是以教育性推广为主线，以行为科学为主要理论基础的推广。

我国《农业技术推广法》中这样定义农业技术推广，"农业技术推广是指通过试验、示范、培训、指导以及咨询服务等，把应用于种植业、林业、畜牧业、渔业的科技成果和实用技术普及应用于农业生产的产前、产中、产后全过程的活动"。概念中的科技成果和实用技术包括良种繁育、施用肥料、病虫害防治、栽培和养殖技术，农副产品加工、保鲜、贮运技术，农业机械技术和农用航空技术，农田水利、土壤改良与水土保持技术，农村供水、农村能源利用和农业环境保护技术，农业气象技术以及农业经营管理技术等。

在进行农业技术推广活动时应当遵循以下原则：有利于农业的发展；尊重农业劳动者的意愿；因地制宜，经过试验、示范；国家、农村集体经济组织扶持；实行科研单位、有关学校、推广机构与群众科技组织、科研人员、农业劳动者相结合；讲求农业生产的社会效益、经济效益和生态效益。

二、农业技术推广的特点

1. 推广目标具有服从农业发展目标

农业技术推广是农业发展的一个基本组成部分，农业技术推广目标服从农业发展目标的要求，这决定了两者是不可分离的。政府制定的农业发展目标，是确定推广策略、目标以及实施方案的指导方针。政府可用农业技术推广实现改变农民的行为，最终实现政府发展的农业目标。

2. 推广流程具有双向性

农业研究、农业技术推广与农民从整体上看可形成两个流程，即研究通过推广达到农民的技术流程和农民对研究通过推广达到需要的回程，以及直接加上"农民-研究者"的反馈。这里技术是研究的产物，推广是"扩散-接受"系统，农民是用户。因此，研究成果如果被"扩散-接受"系统所应用，就会形成现实生产力，同时也会发现许多实际应用上的问题，把农民遇到的问题带回试验研究，有利地促进、充实和改善研究，然后再将其结果带回农村应用。

3. 农业技术推广是一种沟通过程

这种沟通过程是农业技术推广人员通过选择能解决农民问题的办法，帮助农民决策的过程。首先，农业技术推广这一过程，是农业技术推广人员试图通过激发农民或其家庭，提供可行的帮助，来解决农民自己的问题。其次，农业技术推广这一过程，是农业技术推广人员与农民之间的相互合作过程，在这个过程中，农民是决策者，推广人员只能作为辅助者，帮助农民做出决策。

三、农业技术推广的主要作用

农业技术推广对农业和农村发展的作用主要体现在推广工作的内容上，提高社会生产力的根本手段是提高劳动生产率，而提高劳动生产率的关键是发展科学技术，并将其应用于生产。科学技术是第一生产力，但科学技术并不等于现实生产力，因为科学技术只是潜在的、知识形态的生产力，只有通过推广这一环节，让农民掌握科学技术并在农业生产上应用，才能使科技成果转化成生产力，进而促进农业发展、农村繁荣。同时，农业技术推广是一种发展农村经济的农村社会教育和咨询活动。通过农业技术推广，不仅增进了农民生产和生活方面的知识和技能，改变了态度和行为，改善了农村生产条件与生活环境，而且通过农业科技成果的转化工作，推动了农村生产力的发展，增加了农村社会的物质产量和经济效益，从而发展了农村经济，因此，可以看出农业技术推广有以下几方面的作用。

（一）开展农村教育

农业技术推广的性质是教育性，主要通过农业技术推广活动，实现对广大农民生产与生活的职业教育。当然这种教育从对象和内容上看不同于学校教育和工厂的职业教育，但农业技术推广的教育形式与方法、教育内容与原则完全能够体现因地制宜、密切结合当地农民的实际需要的特点，使农民在农业生产实践过程和生活过程中通过边学边做，达到满足各种情况的农民学习要求，并实现提高农民素质，包括文化与科技知识以及心里与行为特点等方面的社会教育目的，这正是世界各国在农业现代化过程中大力发展农业技术推广教育的一个重要原因。

（二）农业技术推广是农业科研部门与农民之间联系的纽带

农业科技工作包括科研和推广两个重要组成部分，科学研究是农业科技进步的开拓者，无疑是很重要的，但科学研究对农业发展的作用，不是表现在新的科研成果创新之日，而是在科研成果应用于生产带来巨大的经济效益和社会效益之时。这就是说，科研成果在农业生产中的实际应用，必须通过农业技术推广这个中介。通过农业技术推广不仅不断把研究机构研究出来的新成果、新技术、新方法、新知识向广大农村传播，并扩散给农民，让他们采纳，并在生产上应用，从而达到发展农业生产，增加经济效益的效果。同时，农业技术推广人员更加了解当地的生产环境、农业生态条件，及时地有针对性地引进适合当地农民需要的农业新科技成果，从而使欠发达地区农业科技得到了开发与发展，经济获得增长，发达地区农村科技有了新的开拓与突破，经济有了明显提高。如果没有这个中介与纽带，再好的科研成果只能束之高阁，不能转化为现实的农业生产力。同时，农业技术推广是检验科研成果好坏的标准，科研成果的最终应用要通过农民的实践，检验能否解决特定的农业生产问题并反馈到农业研究机构和院校。

（三）农业技术推广是农业科技成果的继续和再创新

新技术的研究者不能把技术成果立即广泛投入生产，因为这些成果大多数是在实验条件下取得的。将它们直接用于农业生产存在不确定性。一是农业科研成果是在特定的生产条件和技术条件下产生的，只适用于一定的范围；二是农业生产条件的复杂性和不同地区经济状况、文化、技术水平的差异都对科技成果具有强烈的选择性，这就要求在实现科技成果的转化过程中，必须包括试验、培训、推广各个环节，并进行组装配套，以适应当地生产条件和农民的接受能力。而这一过程中，是农业技术推广工作者对原有成果进行艰苦的脑力劳动和体力劳动的继续。它不是农业技术推广工作者对原有成果的复制，而是在原有成果基础上的再创新。

（四）农业技术推广是完善推广组织、提高管理效率的工具

任何成功的农业技术推广活动，都必须通过一定形式的组织或团体，不论是政府的农业技术推广组织还是民间的农业技术推广组织，对于培养新型农民、发挥农村力量和互助合作力量、保护农民利益以及发展一个农村社区，都能起到促进和发挥其功能的作用，这种组织或团体是实现农业技术推广目标最有力的工具。

由此可见，没有发达的农业技术推广就没有发达的农业，也就没有富裕的农民和繁荣的农村，这就充分说明了农业技术推广对农业和农村发展的重要作用。

四、农业技术推广的发展进程

（一）技术转移模式与进步农民策略

早期农业技术推广是推广工作者与农民的简单技术传输关系。推广工作被看成是简单的干预手段，重点在"推广方法"上，即怎样通过有效的示范、培训、宣传及大众媒介等手段达到推广的目的。

早期农业推广的"技术传输"，注重技术在传输中的地位和作用，如植保技术、土肥技术、种植技术等。就这些农业生产中发生的问题，寻找能够解决问题的能力和方法。但是，早期农业推广的"技术传输"忽视了农业推广的本质，忽视农民在"技术传输"中的地位和作用。农民的地位和作用绝不应该只是技术的被动接受者，只作为"技术传输"中的劳动力和工具，而应该作为技术决策和应用的主体和技术扩散者。

早期农业推广的"技术传输"存在着推广信息或方法与农民或农民群体的适应性问题。如果推广信息是正确的，当把信息传输给农民，农民要么反对变革，要么缺乏变革的资源条件。问题的焦点在于采用的推广方法或知识投入是否适合选定的目标客户或群体的需求，为此，农业推广实践提出：推广过程应该是双向沟通过程。

进入20世纪70年代，推广理论由"技术传输"发展到自上而下和自下而上相结合的双向沟通阶段。双向沟通被看作是推广过程中的基本要素，并成为推广模式的核心，而且还应用于发展农业推广内容和技术传输方法的研究中。80年代开始，美国斯坦福大学教授罗杰斯在研究和总结瑞安和格鲁斯"采用过程"的基础上，创造性地提出了"创新扩散"理论及所导致的农村进行新技术普及工作及工作模式即进步的农民策略。"创新扩散"理论已成为农业推广理论的核心部分。这个理论认为：将信息或新技术首先传输给采用群体中的"进步农民"或称"先驱者"，在他们的影响和带动下产生"早期采用者""早期多数""晚期多数"和"落后者"。

（二）"用户导向式"推广模式与目标群体策略

以采用者群体同质性为基础的进步农民策略为农业推广学理论的发展做出了贡献。然而，创新扩散理论的研究中，只谈到采用者群体，而在推广过程的实践中存在着不同群体的目标。为此，推广过程中，很容易忽视那些要帮助而又难于得到帮助的农民，这就对农业推广提出这样一个问题：如何对待不同采用者群体的目标。因为，农民作为一个类群，在心理特征、年龄组合、小组行为规范、获得资源的能力及获得信息的能力等方面都存在着差别。因此，他们并不是一群同样的人口，正说明他们并不属于对新技术适合的人群。这种将农民人群视为异质性人口，然后在异质性人口中确定同质类群作为推广目标对象的确定方法，是沟通学中接受者研究的范例。农业推广学理论的发展由双向沟通的理论进入到同质类群向异质类群的转变，可概括为"用户导向"式的推广模式，即"农业推广框架理论模型"。

（三）农业知识与信息系统及其他相关理论

"用户导向式"推广模式是指推广目标的确定要面向那些在资源、生产目的和机会方面相同的农民。这样在推广过程中引进了目标团体（农民）所包含的目标和内容的含义，不仅推广方法要适应目标团体，而且推广信息的内容也要适应目标团体。这就意味着，推广过程还应包括产生这些信息内容和研究活动计划都应以有关目标团体的信息为基础。这就要求农业研究者要有计划、有目的地认真设计他们的农业科技成果来适应所指定的目标团体。为此，研究、推广和目标团体应被视为一个系统内的连锁因素，形成了研究亚系统、推广亚系统和用户亚系统这样一个相互作用、相互联系的农业知识和信息系统。此三者的联系机制是信息沟通，农业推广学理论发展到这个阶段，已经达到了需要将推广看作信息与知识系统的一个部分。

随着人口、技术、经济、生态和社会文化发生巨大变革，人类进入了一个科学技术发展和多变的社会，农业技术推广结构也随之发生变化，与农业推广学理论发展有关的另一个重要理论概念是农业发展要素的"混合体"的发现，即农业技术推广并不是促进农业发展的唯一因素，除去农业技术推广之外，还有研究农民的地位和积极性，农业投入的供应、价格、市场、信贷、营销、教育及其他可用资源的占有和其他支持服务系统的组成成分。

从上述农业技术推广实践和理论的发展可以看出，农业技术推广有其自身的理论和体系，如"技术传输"理论、"双向沟通"理论、"创新扩散"理论、"目标团体"理论、"农业知识与信息系统"理论、"混合体"理论及"农业推广框架理论"。

技能训练

技能项目　信息采集与应用技能

一、技能训练的目标

通过信息采集项目训练，提高学生收集、选择、识别、传递、管理、利用信息的能力。

二、技能训练的方式

1. 以收集当地某一主栽作物新技术信息为农民提供信息服务为目的，要求学生通过各种渠道收集整理相关信息，并提交一份整理后的信息资料。要求注明信息采集的来源、采集的方法。

2. 参观当地的农业科技园区，就国内科技园区的生产经营及存在的问题自己命题，搜集科技信息，包括意向产品、销售渠道、市场行情、竞争对手、领先技术等方面的信息（可以是其中的某几个方面），进行整理分析。

知识归纳

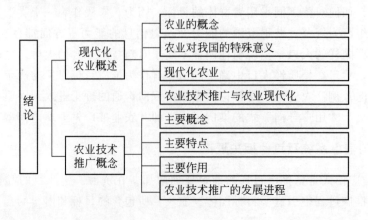

自测习题

第一章 ▶▶

农业技术推广基础

学习目标

知识目标 ▶▶

◆ 理解创新的概念与特性、创新采用者分类及分布规律。

◆ 掌握不同采用者在采用过程中不同阶段的表现差异。

◆ 了解农业创新的扩散过程、扩散方式，了解影响农业创新采用与扩散的因素。

◆ 了解行为的概念与行为产生的机制。

◆ 理解农民行为改变的规律。

◆ 了解农业技术推广沟通的要素、沟通网络和一般准则。

◆ 掌握农业技术推广沟通的特点、障碍所在和要领。

能力目标 ▶▶

◆ 能解释农民对农业创新的采用过程。

◆ 能运用期望激励调动农民的积极性。

◆ 明晰农业技术推广沟通的程序。

◆ 能运用农业技术推广沟通的技巧。

第一节 ▶ 农业技术创新扩散

创新扩散是农业技术推广的一个核心问题，农业技术推广实践的一个重要职责是通过有效手段，将农业领域内出现的新成果、新技术、新知识、新信息及时有效地传递给农民，并诱发其自愿行为改变，促进农业与农村发展，这个过程就是农业创新扩散。

一、创新的概念

1939 年著名经济学家约瑟夫·阿洛依斯·熊彼得提出了著名的创新理论，他指出创新就是建立一种新的生产函数。生产函数就是生产要素的一种组合比率，即将一种从来没有过的生产要素和生产条件的新组合引入生产体系。在农业生产中的创新通常是指新技术、新成果、新知识及新信息等。但是创新从另一个角度也可以理解为不一定或并不总是指新的东西，有些所谓的"创新"，与当时的观点和已有的实践相比并不一定是先进的，但被人们主观地认为，对于解决当时的问题是新的、适合采用的。这同我们对适用技术的理解一样。因此，只要它对人们的反应是新的东西，均可称之为创新。换句话说，一个事物对一个人是新或旧，不是以它的传播时间长短为衡量依据，而是以人们的心理意识为依据。

创新存在五种形式：①引进新产品或提供一种产品的新质量；②采用新技术或新生产方法；③开辟新的市场；④获得原材料的新来源；⑤实现企业组织的新形式。

概括地说，只要有助于解决问题，与农民生产和生活有关的各种实用技术、知识和信息都可以理解为创新。农业创新就是应用于农业领域各方面的新成果、新技术、新知识及新信息的统称。

二、创新的特性

1. 相对优越性

相对优越性是指某项创新比被其所取代的原有创新优越的程度。相对优越程度可用经济效益、社会效益，以及便利性、满足性等指标说明，至于某项创新哪个方面的相对优势最重要，不仅取决于潜在采用者的特征，而且还取决于创新本身的性质。

2. 一致性

一致性是指人们认为某项创新同现行的价值观念、以往的经验以及潜在采用者需要相适应的程度。某项创新的适应程度越高，意味着它对潜在采用者的不确定性越小。

3. 复杂性

复杂性是指人们认为某项创新理解和使用起来相对困难的程度。有些创新的实施需要复杂的知识和技术，有些则不然，根据复杂程度可以对创新进行归类。

4. 可试验性

可试验性是指某项创新可以小规模地被试验的程度。采用者倾向于接受已经进行小规模试验的创新，因为直接的大规模采用有很大的不确定性，因而有很大的风险。

5. 可观察性

可观察性是指某项创新的成果对其他人而言显而易见的程度。在扩散研究中，大多数创新都是技术创新。技术通常包括硬件和软件两个方面。一般而言，技术创新的软件成果不那么容易被观察，所以某项创新的软件成分越大，其可观察性就越差，采用率就越低。

三、创新的类型

创新的采用与扩散要受到社会系统创新决策特征的影响。一般而言，创新的采用决策可以分为以下三种类型。

1. 个人选择型创新决策

该类型决策是由个体自己做出采用或拒绝采用某项创新的选择，不受系统中其他成员决策的支配。即使如此，个体的决策还会受到个体所在社会系统的规范及个体人际网络的影响。早期的扩散研究主要是强调对个人选择型创新决策的调查与分析。

2. 集体决定型创新决策

该类型决策是由社会系统成员一致同意做出采用或拒绝采用某项创新的选择。一旦做出决定，系统里所有成员或单位必须遵守个体选择的自由度取决于集体创新决策的性质。

3. 权威决定型创新决策

该类型决策是由社会系统中有一定的权力、地位或掌握专门技术知识的少数个体做出采用或拒绝采用某项创新的选择。系统中多数个体成员对决策的制定不产生影响或只产生很小的影响，他们只是实施决策。

一般而言，在正式的组织中，集体决定型和权威决定型创新决策比个人选择型创新决策较为常见，而在农民及消费者行为方面，不少创新决策是由个人选择的。权威决定型创新决策常常可带来较快的采用率，当然其快慢的程度也取决于权威人士自身的创新精神。在决策速度方面，一般是权威决定型创新决策较快，个人选择型创新决策次之，集体决定型决策最慢。虽然权威决定型创新决策速度较快，但在决策的实施过程中常常会遇到不少问题。

在实践中，除了应用上述三类创新决策之外，还可能有第四种类型，那就是将两种或三种创新决策按一定的顺序进行组合，形成不同形式的伴随型创新决策，这种创新决策是在前一种创新决策之后做出采用或拒绝采用的选择。

四、农民对农业创新的采用过程

创新采用是一个过程。农民个体（或群体）从信息获得到最终采用，要经过一系列心理、行为变化过程。按其特点通常可以分为五个阶段。

1. 认识阶段

农民从各种途径获得"农业创新成果"信息，要与自己的生产发展与生活需求相联系。看是否符合自身需要，只是从总体上感知某项农业创新的存在，只是感知阶段。推广人员尽可能较快地让农民知道创新的技术和事物，最常用的方法是通过广播、电视、报纸等大众传播媒介，以及成果示范、报告会、现场参加等活动，使农民有越来越多的了解和认识。

2. 兴趣阶段

在认识基础上，一些农民会考虑到创新成果可能会给他带来一定好处，这时就会对这项创新成果或技术产生兴趣，产生学习念头。想进一步了解技术内容、投资程度、所需生产资料、效益预算、承担风险能力、是否有采用条件等。推广人员除了通过大众传播媒介的宣传和成果示范外，还要通过家庭访问、小组讨论和报告会等方式，帮助农民解除思想顾虑，提升他们的兴趣和信心。

3. 评价阶段

农民在对创新成果（技术）进一步了解之后，要根据以往经验，将新技术的各种效果与原有技术进行对比，进行较为全面的评价。评价依据主要有：①承受能力；②预期效益；③风险程度；④市场前景。

农民对是否采用新技术，特别需要得到分析、决策上的帮助。推广人员应通过方法示范、经验介绍、小组讨论等有效的方式，帮助农民了解怎样去做，让他们在技术上有把握；并针对农民的具体条件进行指导，帮助他们做出决策。

4. 试用阶段

在决定试用后，为减少投资风险，先采用小规模试验"投石问路"积累经验资料，为今后确定采用或不采用做准备。农民很需要对试用新技术的个别指导，推广人员应尽可能地为农民提供已有的试验技术，准备好试验田和组织参观，并加强巡回指导，鼓励和帮助农民，避免试验失误，取得试验成果。

5. 采用阶段

农民经过自己的试验得出的结论，是决定是否采用创新的最后阶段。通过试用，农民权衡利弊，全面评价，决定采用。这时农民就要确定采用规模（根据自己的人力、物力、财力），进一步学习相关技术等。

农民常常不是经过一次，而是两次、三次以至四次试验，最后才决定是否采用的。每次试验的过程，也是其增加或减少兴趣的过程。在这些重复的试验中，如果得到了更大的兴趣和进一步的验证，就可能逐步扩大试用创新的面积，这样的重复试验就意味着创新已被采用。推广人员的主要责任是指导农民总结经验，提高技术水平，还要帮助农民获得生产物资及资金等经营条件，扩大采用创新的面积。

常常会出现另一种情况，农民对某项创新经过一、二次试验就予以放弃而拒绝采用。在有的情况下，这种决策可能是正确的，因为这项创新并不真正对某一特定的地区或农户适用。如在某山区推广马铃薯技术中，有一个村很快被多数农民采用了，另一个村试过 11 次就没人种了，原因是两个村的位置是在山的两侧，接受阳光和温度情况不同。因此，一项成功的技术在不同条件下可能被采用或被拒绝。但在有的情况下，农民决定不采用创新可能是不正确的，其原因可能是由于其并未掌握这项技术，也可能是由于社会观念的阻碍。

以上采用过程的阶段划分是研究者们根据观察结果人为划分的，也有学者采用三段、四段或其他形式来划分。

五、创新采用者分类及其分布规律

农业创新采用的五个阶段，是就农民个人对某项创新的采用过程而言，但对于不同的农民来说，即使对于同一创新，开始采用的时间也是有先有后的，并不是整齐划一的。有的是从获得信息不久就决定采用，有的可能会犹豫、观望，迟迟不肯采用。美国学者罗杰斯研究了农民在采用玉米杂交种这项创新过程中，开始采用的时间与采用者人数之间的关系，他同时采用数理统计方法计算出了不同时间的采用者人数的百分比，并根据采用时间早晚，把不同时间的采用者划分为五种类型：创新先驱者、早期采用者、早期多数、后期多数、落后者。

就是说，当一项农业创新出台后，总是先有个别少数人试着采用，以后逐渐才有更多的人愿意接受这项创新，在心理性格上把那些最早采用创新的人称为"创新先驱者"，因为他们富于冒险及创造精神，承担着较大的风险，一旦采用成功就会优先受益，而万一失败则会蒙受不少损失。当创新继续被较多的人采用时，称这些人为"早期采用者"。如果继续被更多的人仿效采用，根据采用时间的早晚，把他们分别称为"早期多数"及"后期多数"。把最后才接受创新和拒绝接受创新的人称为"落后者"。

大量研究表明，不同采用者在采用过程中不同阶段的心理、行为表现有较大差异。

先驱者和早期采用者接受新事物很快，但要使一项创新真正实现采用，他们必须花相当长的时间来进行一系列的试验、评价工作，经过多年重复试验证明确有良好的效果，才能最终采用；落后者则与此相反，他们从认识到试行花了 9.5 年时间，比先驱者长 5 倍还多，说明他们对新事物接受太慢，既不亲自试验，又不轻易相信别人的结果，只是在当地多数人均已采用的情况下，才随大流采用，试行期仅 1.5 年。

创新先驱者与早期采用者从试用到全部采用，要花比其他采用者更长的时间，而后期采用者虽然起步较晚，但从试用到全部采用仅需很短的时间。出现这种现象可能有多种原因。例如，杂交种的出现是个新事物，一开始多数人不太了解，即使了解了，也还想看看收成和效益如何。随着时间的推移，参加试种的农民都取得了良好的增产增收效果，这种成功给后来者一种吸引力和推动力，吸引越来越多的人，这样大家放心大胆种植，杂交种很快就普及了。还有一种原因是杂交种每年要制种，每年都需要购买新种子，这与原来推广的农家品种不同，不符合传统的自留种子的习惯，所以一开始推行时会遇到不少麻烦和困难。再有可能是，虽然其主观上愿意接受杂交种，但许多客观条件如水肥条件、资金、农药等一时不具备，使大面积采用有困难。各方面的条件改善以后，杂交种面积就达到较高的比例，最后得以普及。

六、采用过程推广方法的选择

在创新采用的不同阶段，推广工作的重点不同，所采用的方法也不同。一般情况下，每个阶段都需要给农民一定的指导。但在某些情况下则不一定都做，可能集中做好一两个阶段的指导就够了。同时还要研究各阶段常用的、有效的方法。

1. 没有推广过的技术

假如某种作物或品种过去从未在本地区种植过，经过试种后农民发现能适应当地条件，在这种情况下，推广人员首先要帮助农民充分认识、了解该作物或品种的特点和优越性，通过大众媒介向农民提供这些方面的信息；同时，可以进行巡回访问，与农民个别交谈，组织参观或进行成果示范，使农民发生兴趣，并帮他们试种、评价。

2. 已经推广的技术

假设某个玉米单交种曾经在当地种植过，并已有不少农民采用了这个品种，但其他农民仍没有采用，这就要仔细分析这些人为什么不采用。如果是大家愿意种，但种子供不应求，只要解决种子供应问题就可以了；如果是人们对它的效益有怀疑，这时就要把注意力放在引导这些人进行试种并协助他们搞好评价。总之，要分析推不开的原因，是认识上的问题，还是技术问题或是支农服务问题。根据问题的性质分别采取个别访问、技术指导或与其他服务部门配合工作，问题就不难解决了。

3. 不同阶段采用不同的方法

不同的推广方法在采用过程中要灵活应用，在不同阶段采用适合本阶段的最有效的方法。

（1）认识阶段　大众传播是本阶段最常用的方法。应通过广播、电视、网络、报纸、简报、成果示范、展览会和组织参观等方法，尽快地让更多的农民知道，加深其认识和印象。

（2）兴趣阶段　农民发生兴趣的信息不一定都来自大众传播，也可能来自其他渠道。成果示范和个别访问是帮助农民增强兴趣的有效方法。

（3）评价阶段　农民对创新有了初步了解后，若是否采用尚在犹豫之中，应尽可能地为农民提供先期试验结果和组织参观，协助他们进行正确评价，促使他们尽快作出决策。以小组讨论效果较好，集中大家的智慧和经验，以增强信心，促进其采用。

（4）试用阶段　推广机构应鼓励农民做试验，以验证原来的试验结果，使该结果更可靠，让农民更放心。同时，也要注意使用方法示范，加强对农民试验的指导，避免发生人为的试验偏差，提高试验准确性。

（5）采用阶段　宜采用以方法示范和技术指导为主的方法，同时提供配套的服务。

4. 从当地实际出发选择推广方法

选择推广方法时，要结合当时、当地的具体条件和农民的实际情况。例如，大众传播如果在广播、电视信号不好的地区就很难奏效，应改为巡回访问，进行广泛宣传。

七、农业创新的扩散过程

农业创新的扩散过程是指在一个农业社会系统内，人与人之间的创新采用行为的扩散，即由个别少数人的采用，发展到多数人的广泛采用。这一过程是创新在农民群体中的扩散的过程，也是农民的心理、行为的变化的过程，是"驱动力"与"阻力"相互作用的过程。当驱动力大于阻力时，创新就会扩散开来。专家研究表明，典型的创新扩散过程具有明显的规律可循，一般要经历4个阶段。

1. 突破阶段

农村社区中的创新先驱者（如科技示范户、科技带头人等）与一般农民相比，他们的科学文化素质较高，外界联系较广，生产经营较好；同时，他们信息灵通，思维敏捷，富于创新，勇于改革。他们有强烈的改革要求，感到要发展生产、改善生活、增加对社会和国家的贡献，就必须改革落后的技术和经营方式。这些需要激发起他们参与改革的动机，这种动机是一种驱动力，促使他们对采用农业创新跃跃欲试。

在采用创新的起步中，还要克服各种"静摩擦"，即来自各方面的阻力，如传统观念的舆论压力，旁观者的冷嘲热讽，以及万一失败引起的经济损失等。还有，他们必须付出大量心血和劳动来进行各种试验、评价工作。一旦试验成功，以令人信服的成果证明创新可以在当地应用，而且效果明显的时候，就实现了"突破"。突破阶段是创新扩散必不可少的第一步。

2. 紧要阶段

紧要阶段是创新能否进一步扩散的关键阶段。这个阶段的特点是人们都在等待创新的试用结果，如果确实能产生良好的效益，则这项创新就会得到更多人的认可，引起人们更高的重视，扩散就会以较快的速度进行。紧要阶段实际上就是创新成果由创新先驱者向早期采用者进行扩散的过程。早期采用者可以说是农村社区中的潜在的改革者，这些人也有较强的改革意识，也非常乐意接受新技术，只不过不愿意"冒险"，比先驱者更稳妥一点。这些人对先驱者的行动颇感兴趣，经常观察、寻找机会了解创新试验的进展情况，也从各个方面征询人们对创新的看法。一旦信服，他们会很快决策，紧随先驱者而积极采用创新。

3. 跟随阶段

当创新的效果明显时，除了先驱者和早期采用者继续采用外，被称为"早期多数"的这部分农民会认为创新"有利可图"也会积极主动采用。这些人刚开始可能不理解创新，一旦发现创新的成功，他们会以极大的热情主动采用，所以又叫自我推动阶段。

4. 从众阶段

当创新的扩散已形成一股势不可挡的潮流时，个人几乎不需要什么驱动力，而被生活所在的群体所推动，被动地"随波逐流"，使得创新在整个社会系统中被广泛普及采用，农村中那些称之为"后期多数"及"落后者"就是所谓从众者。在农业创新扩散过程的速率曲线上，此阶段的扩散速率呈不断减小的趋势，故又称为浪峰减退阶段。

以上阶段的提法是根据学者们的研究结果人为划分的，但实际上每项具体的创新扩散过程除基本遵循上述扩散规律外，还具有各自本身的扩散特点；另外，不同扩散阶段与不同采用者之间的关系也不是固定不变的，应具体问题具体分析。农业技术推广人员应研究掌握创新扩散过程规律，在不同阶段采用不同扩散手段和对不同类型的采用者运用不同的沟通方法，提高农业创新的扩散速度和扩散范围。

> **案例**
>
> 　　大庆市某区在首次引进种植万寿菊时，为了让更多的农民认同，区政府制定了诸多推广优惠政策：确定保护价，现金支付，敞开收购；乡镇农业技术人员走村进户发放技术资料，手把手地传授种植技术；成立万寿菊生产协会，专门为农民提供各种服务。"螃蟹好吃，但第一个吃螃蟹者还需要勇气。"尽管晓之以理、动之以利，但多数农民还是不敢轻易出手。一些人抱着试试看的心理，进行了试种，从育苗、移栽到田间管理，每个人都严格按技术规程、高标准生产。到秋一算账，每公顷❶增收 4500 多元，农民心里乐开了花。效益最具有吸引力，曾经跃跃欲试的，摇身成了种植大户；曾经不屑一顾的，也积极改变态度。

八、农业创新的扩散方式

在农业历史发展的不同阶段，由于生产力水平、社会及经济技术条件差异，特别是扩散手段的不同，使创新扩散表现为多种方式，大体上可归纳为如下四种方式。

1. 传习式扩散

传习式扩散方式主要采取言传身教、家传户习的方式，由父传子、子传孙，代代相传，使创新逐渐扩散到一个家族、一片村落。这种扩散方式在原始农业社会阶段最为普遍，由于生产力水平低下，科学文化落后，所以主要采用此种方式。由于是代代相传，故又叫"世袭式"。这种方式经扩散后，创新几乎没有发生变化或只有微小的变化。

2. 接力式扩散

在技术保密或技术封锁的背景下，创新的扩散有严格的选择性与范围。一般由师父严格挑选徒弟，以"师父-徒弟-徒孙"的方式传递，如同接力比赛一般。虽然也是代代相传，但呈单线状，故又称之为"单线式"。在传统农业社会，一些技术秘方采用此种方式扩散。

3. 波浪式扩散

波浪式扩散由科技成果中心将创新成果呈波浪式向四周辐射、扩散，一层一层地向周围扩展，即"一石激起千层浪""以点带面""点燃一盏灯，照亮一大片"。这是当代农业技术

---

❶　1公顷（hm^2）=10^3 平方米（m^2）。

推广普遍采用的方式。特点是距中心越近的地方，越容易也越早获得创新；距中心越远的地方，则越不容易得到或很晚才得到创新成果。

4. 跳跃式扩散

创新的转移与扩散常常呈跳跃式发展，即科技成果中心一旦有新的成果和技术，不一定总是按常规顺序向四周一层一层地扩散，而是打破时间上的先后顺序和地域上的远近界限，直接在同一时间内引进到不同地区。在市场经济条件下，竞争激烈，信息灵通，交通便利，扩散手段先进，现代化程度的不断提高，跳跃式扩散将得到广泛的应用。这种扩散方式，可以使创新发生飞跃变化，所以又称之为"飞跃式扩散"。

九、影响农业创新采用与扩散的因素

影响农业创新采用与扩散的因素有很多，主要包括经营条件、农民自身因素、社会政治因素、农业创新技术特点等方面，因此说这是一个复杂的过程。下面具体介绍每一方面包括的因素及其对农业创新采用与扩散的影响。

1. 经营条件

农业企业及农户的经营条件对农业创新的采用与扩散影响很大。经营条件比较好的农民，具有一定规模的土地，比较齐全的机器设备，资金较雄厚，同社会各方面联系较为广泛。他（她）们对创新持积极态度，经常注意创新的信息，容易接受新的创新措施。

美国曾对 16 个州的 17 个地区 10733 家农户进行了调查，发现经营规模对创新的采用影响很大，经营规模越大则采用新技术越多。在我国，就种植业来说，以全国 0.94 亿公顷耕地、1.87 亿户农户计算，平均每户农民仅有 0.56 公顷耕地，并且每户耕地大致分散在 9 个不同的地块，每块土地土质有差异，加上土地分散，使得这种很小规模的生产在采用创新方面成为一种制约因素。

2. 农民自身因素

在农村中，农民的知识、技能、需求、性格、年龄及经历等都对接受创新有影响。农民的文化程度、求知欲望、对新知识的学习、对新技术的钻研、是否善于交流等，都影响创新的采用。

（1）农民的年龄对创新采用的影响　年龄常常反映农民的文化素养、对新事物的态度和求知欲望，同时也反映他们的经历以及在家庭中的决策地位。日本曾有报道，100 位不同年龄的农民采用创新的数量，最多的是 31～35 岁年龄组。处在这一年龄段的农民对创新的态度及其在家庭中的决策地位都处于优势。而 50 岁以上的人采用创新的数量随着年龄的增加越来越少，说明其对创新持保守态度；同时也与他们的科学文化素养及在家庭中的决策地位逐渐下降有关。

（2）农民文化素质对创新采用的影响　据四川省的一项调查发现，户主文化程度越高的家庭，采用创新的数量越多，一般是高中＞初中＞小学＞半文盲和文盲。日本新潟县曾对不同经济文化状况地区的农民进行调查，发现不同地区的农民因素质的差异，对采用创新的独立决策能力是不同的，平原地区经济文化比较发达，农民综合素质较高，独立决策能力比山区农民高出一倍。独立决策能力越强，则越容易接受并采用创新。

（3）农民家庭关系对创新采用的影响

① 家庭的组成。如果是几代同堂的大家庭，则人多意见多，对创新褒贬不一，意见较

难统一，给决策带来一定难度。如果是独立分居的小家庭，则自己容易做出决策。在我国部分农村地区，还存在一定数量的几代同堂的大家庭，大家由一位年长的农民领导，各种农事活动统一进行，年底收成按人数分配。这种生产方式由于对创新的采用不积极，生产效率较低，正逐步被一家一户的小家庭生产所取代。

② 户主年龄与性别。家庭中由谁来做经营决策也非常关键，一般来说，中青年人当家则接受创新较快，老年人则接受较慢；户主性别，一般来说，男性户主家庭采用创新数量多于女性家庭。

③ 农业经营和家庭经济计划。家庭收入的再分配、家庭发展计划和家务安排计划，都对采用新技术有一定影响。农业经营计划如果是积极的、发展的，将有利于新技术的推广；相反，如果是消极的收缩的，将不利于新技术的推广。如果家庭经济计划中愿意把更多的资金用于技术更新，则有利于新技术的推广。

④ 亲属关系和宗族关系。在采用新技术改革的过程中，特别在认识、感兴趣及评价阶段，有些信息来自亲属，决策时需要同亲属商量研究，这些亲属或宗族关系的观点、态度，有时也会影响农民对创新的采用。

3. 社会政治因素

社会政治因素，包括政府的政策措施、社会机构和人际关系、社会价值观等。

(1) 政府的政策措施　政府对创新的扩散，可以采取多方面的鼓励性政策措施给予支持和促进。主要有土地经营使用政策，农业开发政策，农村建设政策，对农产品实行补贴及价格政策，供应生产资料的优惠政策，农产品加工销售的鼓励政策，农业金融信贷政策，发展农业研究、推广、教育的政策等。以上激励政策的出台与执行给创新的扩散带来一定的影响。

(2) 社会机构和人际关系　农村社会是由众多子系统组成的一个复杂系统，各子系统之间的相互关系能否处理得好，各级组织机构是否建立和健全、贯彻技术措施的运营能力、各部门对技术推广的重视程度都影响新技术的有效推广。另外，农民之间的互相合作程度，推广人员与各业务部门的关系、与农民群众的关系，也都影响推广工作的开展。

(3) 社会价值观　一些旧的农业传统和习惯技术排斥采用新的科学技术，还有极少人迷信，满足于"无病无灾有饭吃就行"，宿命论影响了人们采用科学技术。

4. 农业创新自身的技术特点

一般来说，农业创新自身的技术特点对其采用的影响主要取决于三个因素：第一，技术的复杂程度，技术简单易行就容易推广；技术越复杂，推广的难度就越大。第二，技术的可分性大小，可分性大的（如作物新品种、化肥、农药等）就较易推开，而可分性小的技术装备就要难一些，比如农业机械的推广。第三，技术的适用性，如果新技术容易和现行的农业生产条件相适应，而经济效益又明显时，就容易推开，反之则难。具体地讲，有以下几种情况。

(1) 立即见效的技术和长远见效的技术　立即见效是指技术实施后能很快见到效果，在短期内能得到效益。例如，化肥、农药等技术是比较容易见效的，推广人员只要对施肥技术和安全使用农药进行必要的指导，就不难推广。而有些技术在短期内难以明显看出它的效果和效益，如增施有机肥、种植绿肥，其效果是通过改良土壤、增加土壤有机质和团粒结构、维持土壤肥力，达到长久高产稳产的目的，这就不如化肥的肥效快，所以这类技术推广的速度要相对慢一些。

（2）一看就懂的技术和需要学习的技术　有些技术只要听一次或进行一次现场参观就能掌握实施，这样的技术很容易推广；有些技术则需要有一个学习、理解、消化的过程，并要结合具体情况灵活应用。如病虫化学防治技术，首先要了解药剂的性能及效果，选择最有效的药剂品种和剂型，了解使用方法和安全措施；其次还要了解喷药效果最好的时间、次数、浓度及用药部位等；此外，还需要对病虫害的生态生活习性、流行规律等有所了解，才能取得较好的防治效果。

（3）机械单纯的技术和需要训练的技术　例如，蔬菜温室栽培技术、西瓜地膜覆盖栽培技术等，需要比较多的知识、经验和实践技能，需要经过专门的培训才能掌握。而机械喷药技术，只要懂得配方、喷药数量及部位、安全注意事项等，其余就是单纯的机械劳动，不需要很多训练就可掌握。

（4）安全的技术和带有危险性的技术　一般情况下，农业技术都是比较安全的，但也有些技术带有一定危险性。例如，有机磷剧毒农药虽然杀虫效果极佳，但使用不当难免发生人畜中毒事故。所以开始推广时比较困难，因为农民对此常有恐惧心理。

（5）单项技术和综合性技术　实施单项技术，如合理密植或增施钾肥，由于实施不复杂，影响面较窄，农民接受较快；而实施综合技术，如作物模式化综合栽培技术，同时要考虑多种因素，从种到收各个环节都要注意，比单项技术的实施要复杂得多，所以推广的速度较慢。

（6）个别改进技术和合作改进技术　有些技术涉及范围较小，个人可以学习掌握，一家一户就能单独应用，如果树嫁接、家畜饲养等。而有些技术则需要农民合作进行才能采用，如作物病虫害防治，只一家一户防治不行，需要集体合作行动。因为病菌孢子可以随风扩散，害虫可以爬行迁徙，只有大家同时防治才会奏效。土壤改良规划、农田改造、水利建设及农产品加工技术等也都需要集体合作才能推广。

（7）先进技术和适用技术　先进技术对某个地区来说并不一定是适用技术，所以有些先进的技术却不适用或至少在现实条件下不适用，这样的技术是难以推广的。而有些看起来并不先进的技术却很适合一个地区的现实条件，是容易推广的。

第二节 ▶ 农民行为与行为改变

农民是农业技术推广行为的主体，是农业科学技术的最终接受者和采用者，没有农民对科学技术的接受与采用，科学技术就很难转化为现实生产力。农民需要是农民采用科学技术积极性的最初源泉，而农民行为能否改变则是新技术能否得以推广的根本所在。研究农民需要、农民行为及行为改变的规律性及行为改变的影响因素等，对于更好地调动农民主动采用新技术的积极性和发挥他们的主观能动性，促使农民行为的自愿改变，进而促进农业和农村发展，提高农村物质文明与精神文明具有重要意义。

一、行为与行为产生的机制

在一定的社会环境和人的意识支配下，按照一定的规范进行并取得一定结果的活动即行为。人都是在一定的自然和社会环境下生活和工作的社会人，其所作所为受生理和心理作用的影响。行为是人在一定环境影响下所引起的生理、心理变化的外在反应。人的行为一般具有明确的目的性和倾向性，是人们思想、感情、动机、需求等因素的综合反映，这是人类所特有的社会活动方式。需要是生物自我生存和发展产生的需求，动机是心理指引行为要达到的目标，行为是人对外界刺激产生的积极反应。需要是动机产生的前提，动机是行为的导向，动机把需要行为化。

行为科学研究表明，人的行为是由动机产生的，而动机是由内在的需要和外来的刺激引起的。一般来说，人的行为是在某种动机的驱使下达到某一目标的过程。当一个人产生的某种需要尚未得到满足，就会处于一种紧张不安的心理状态中，此时若受到外界环境条件的刺激，就会引起寻求满足的动机。在动机的驱使下，产生满足需要的行为，向着能够满足需要的目标进行。当他的行为达到目标时，需要就得到了满足，紧张不安的心理状态就会消除，这时又会有新的需要和刺激、引起新的动机，产生新的行为。如此周而复始，永无止境，这就是人的行为产生的机制（图1-1）。

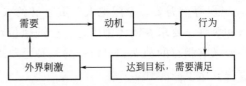

图1-1　人的行为产生的机制

1. 需要理论

（1）需要层次理论　需要是人们在生活实践中感到某种欠缺而力求获得满足时的一种心理状态，即个体对生活实践中所需客观事物在头脑中的反映，或是指人们对某种目标的渴求或欲望。需要是人类生产、生活的动力。从个体来说，人的一生是不断产生需要、不断满足需要、又不断产生新的需要的过程。

需要是引起动机，进而导致行为产生的根本原因。人们生活在特定的自然及社会文化环境中，往往有各种各样的需要。一个人之所以产生一定的行为，总是直接或间接、自觉或不自觉地为了实现某种需要的满足。人的需要是多种多样、丰富多彩的。美国心理学家马斯洛于1943年提出了著名的"需要层次论"，把人类的需要划分为5个层次，并认为人类的需要是以层次的形式出现的，按其重要性和发生的先后顺序，由低级到高级呈梯状排列，即生理需要→安全需要→社交需要→尊重需要→自我实现的需要。

① 生理需要。包括人类对维持生命和延续种族所必需的各种生活条件的需要，如食物、水分、氧气、性、排泄及休息等。生理需要是人的生物性表现，是人类最原始、最低级、最

迫切，也是最基本的需要，因而也是推动力最强大的需要，在这一级需要未满足之前，其他更高级的需要一般不会起主导作用。

② 安全需要。包括心理上与物质上的安全保障需要。当人的生理需要获得适当满足后，就产生了第二层次的需要——安全需要。马斯洛认为，人的整个有机体是一个追求安全的机制，人总是希望有一个身心和财产不受侵犯的生活环境，以及有一个职业得到保障、福利条件优越的工作环境，时时处处均感到安全可靠。如人身安全、职业保障、防止意外事故和经济损失保险，以及医疗和养老保障等。

③ 社交需要。又叫情感和归属需要，指建立人与人之间的良好关系，希望得到友谊和爱情，并希望被某一团体接纳为成员，有所归属。马斯洛认为，人是社会的人，社交需要是人的社会性的反映。人都有一种归属感，都希望把自己置身于一个群体之中，受到群体的关心照顾。他认为，当社交成为人们最重要的需要时，便会竭力地与别人保持有意义的关系。

④ 尊重需要。希望他人尊重自己的人格，希望自己的能力和才华得到公正的评价、承认和赞许。要求在团体中确定自己的地位，一种是希望自己有实力、有成就，能胜任工作，并要求有相对的独立和自由；另一种是要求给予名誉、地位和权力等，要求他人对自己足够重视并给予高度评价。

⑤ 自我实现的需要。指人类最高层次的需要。希望能胜任与自己能力相称的工作，发挥最大潜在能力；能充分表达个人的情感、思想、愿望、兴趣、能力及意志等，实现自己的理想，并不断地自我创造和发展。这是一种要求挖掘自身的潜能，实现自己理想和抱负，充分发挥自己全部才能的需要。

一般认为，以上5个层次的需要是循序渐进的。在低层次的需要获得相对满足之后，才能发展到下一个较高层次的需要；但是较高层次的需要发展后，低层次的需要仍然继续存在，但其影响力已居次要地位。由于个体的差异，每个人的需要水平、对需要的满足程度不同。但无论如何，当低层次的需要得到相对满足后，追求高一层次的需要便成为人们奋斗的动力。

需要理论强调了3个基本观点：第一，人是有需要的，其需要取决于他已经得到的东西，只有尚未满足的需要才是行为的激励因素；第二，人的需要具有层次性，一旦某一级需要得到满足，其更高一级的需要就会出现，有需要满足；第三，在特定时刻，人的一切需要如果都未得到满足，那么最迫切的需要就是行为的主要激励因素。

需要理论也存在一定的局限性，如忽视人的主观能动作用和一定条件下的教育功能。因此，在运用一般需要层次模式时，决不可生搬硬套，要注意调查研究，针对农民的不同需要，因时、因地、因人制宜地开展推广工作，激励农民采用新技术，发展生产的积极性。

(2) 需要理论在农业技术推广中的应用　按农民的需要进行推广，是社会主义市场经济的客观要求，也是行为规律所决定的。在农业技术推广实践中，推广机构和人员应注意以下几个问题。

① 深入了解农民的实际需要。启发诱导、挖掘农民需要；尊重农民的客观需要；辨别合理与不合理、合法与不合法的需要；分析满足需要的可能性、可行性。尽可能满足农民合理可行的需要。

② 分析农民需要的层次性。根据需要理论，技术推广人员应该对不同地区（发达、一般、落后等）和不同个体（生产水平高低等）制订不同的推广目标，以满足不同地区、不同农民的不同需要。比如，偏远落后地区首先解决温饱问题，针对此问题提供适宜技术，实施

地膜玉米温饱工程，让农民首先吃饱，而后再考虑其他问题。

③ 分析农民需要的主导性。在农民众多需要当中，某种需要在一定时期内起主导作用，它是关键的需要，一经满足，就会起到较大的带动效果。比如，对农民尊重的需要有时会占主导地位，他希望技术推广人员看得起他，与他平等对话，而不希望对他指手画脚，表现出高人一等。

2. 动机理论

（1）动机及其作用　动机是由需要及外界刺激引发的，为满足某种需要而进行活动的意念或想法。它是激励人们去行动，以达到一定目的的内在原因。动机是行为的动因，它规定着行为的方向。动机是一种主观状态，具有内隐性，不易从外部被察觉，但人们可以根据行为探究真正的动机。有时良好的动机并不一定会达到预期的行为结果。动机对行为的影响，表现为如下三大作用。

① 始发作用。动机是发动行为的动力。行为之所以能产生，是由动机驱使的。当人的需要转化为动机之后，人的行为便开始活动，直至目标的实现，或直到需要得到满足为止。

② 导向作用。动机是行为的指南针。行为指向何方，必须由动机来导向，否则动机和行为目标就要分离。动机对行为的导向，是在反馈中不断进行的。在行为发生、持续、中止的整个过程中，要保持需要、动机、目标的一致性，减少不必要的曲折，以顺利实现动机需要追求的目标。

③ 强化作用。动机的始发作用是行为过程的前提，导向作用保证动机和目标一致，而强化作用则是加速或减弱行为速度的催化剂。动机和结果可以表现为一致性，又可以表现为不一致性。有了好的动机，不一定会有好的结果。为了使动机、结果和目标一致，应注意发挥动机的强化作用。强化作用可以分为正强化作用和负强化作用。当行为和目标一致时，要发挥动机的正强化作用，加速目标的实现；当行为和目标不一致时，就要采取负强化方式，减缓进程，调整行为，使其与目标一致。

（2）动机的特征　由于人的需要是多种多样的，因而可以衍生出多种多样的动机。动机虽多，但都具有以下特征。

① 力量方向的强度不同。一般来说，最迫切的需要是主导人们行为的优势动机。

② 人的目标意识的清晰度不同。一个人对预见到某一特定目标的意识程度越清晰，推动行为的力量也就越大。

③ 动机指向目标的远近不同。长远目标对人的行为的推动力比较持久。

（3）动机产生的条件

① 内在条件，即内在的需要。动机是在需要的基础上产生的，当一个人感到某种需要未得到满足，同时又期待满足时，就会产生欲望引发动机，但它的形成要经过不同的阶段。当需要的强度在某种水平以上时，才能形成动机，并引起行为。当人的行为还处在萌芽状态时，称为意向。意向因为行为较小，还不足以被人们意识到。随着需要强度的不断增加，人们才比较明确地知道是什么使自己感到不安，并意识到可以通过什么手段来满足需要，这时意向就转化为愿望。经过发展，愿望在一定外界条件下，就可能成为动机。

② 外在条件，即外来刺激或外界诱因。它是通过内在需要而起作用的环境条件。设置适当的目标途径，使需要指向一定的目标，并且展现出达到目标的可能性时，需要才能形成动机，才会对行为有推动力。动机是人的意识对特定目标发出的一种内在驱动力；而需要是人们采取行为的源泉；外来刺激和外部环境是实现行为目标的保证条件。

动机的产生，需要内在和外在条件的相互影响和作用。

二、行为改变理论

行为改变的基本内容就是行为的强化、弱化和方向引导，可以分为以下四种情况：知识的改变；态度的改变；个人行为的改变；团体或组织行为的改变。

行为改变理论强调的是对行为的激励，因此也被称为激励理论。所谓行为激励就是激发人的动机，使人产生内在行为的冲动，朝向期望的目标前进的心理活动过程，也就是通常所讲的调动人的积极性。关于行为激励理论很多，这里主要介绍几种农业技术推广中，会直接或间接应用到的理论。

1. 操作条件反射论

操作条件反射论是由斯金纳提出的。该理论认为，人的行为是对外部环境刺激做出的反应，只要创造和改变环境条件，人的行为就可随之改变。该理论的核心是行为强化。强化就是增强某种刺激与某种行为反应的关系，其方式有两类，即正强化和负强化。

正强化就是采取措施来加强所希望发生的个体行为。其方式主要有两种：①积极强化，在行为发生后，用鼓励来肯定这种行为，可增强这类行为的发生频率；②消极强化，当行为者不产生所希望的行为时给予批评、否定，使其增强该行为的发生频率。负强化就是采取措施来减少或消除不希望发生的行为，主要方式有批评、撤销奖励、处罚等。

该理论强调了外界因素的作用，忽视了人的主观能动性。

2. 归因理论

归因理论由海德最先提出。该理论认为，人内在的思想认识会指导和推动人的行为。因此通过改变人的思想认识可以达到改变人行为的目的。人对过去的行为结果和成因的认识（归因）不同，会对日后的行为产生决定性影响，这主要反映在人们的工作态度和积极性方面。因此可以通过改变人们对过去行为成功与失败原因的认识，来改造人们日后的行为。

一般来说，如果把成功的原因归于稳定的因素（如农民能力强、创新本身好等），而把失败的原因归于不稳定因素（如灾害、管理未及时等），将会激发日后的积极性；反之，将会降低日后这类行为的积极性。由此可见，归因理论的意义在于通过改变人的自我感觉和自我思想认识，来达到改变行为的目的。

3. 期望理论

所谓期望，是指一个人根据以往的经验，在一定时间里希望达到的目标或满足需要的一种心理活动。期望理论由美国心理学家佛罗姆于 1964 年提出。该理论认为，积极性的调动是靠对其需要满足的激励。当人们有需要，又有满足这些需要和实现预期心理目标的可能时，其积极性才会高。因此得出激励力量（水平）的公式，即：

$$激励力量＝目标价值×期望概率$$

激励力量是指激励水平的高低，即调动人的积极性，激发内部潜能的大小；目标价值是指某个人对所要达到的目标效用价值的评价；期望概率是一个人对某个目标能够实现可能性大小的估计。

目标价值和期望值的不同组合，可以产生不同强度的激励力量。该公式表明：①同时提高目标价值和实现目标的可能性，可以提高激励力量或水平；②由于不同人对目标价值的评价和实现目标概率的估计不同，同一目标对不同人的激励力量不同。因此，要提高激励水平，就要因地制宜、因人而异地恰当确定目标，使人产生心理动力，激发热情，从而引导行为改变。

4. 公平理论

该理论是美国行为学家亚当斯在 1956 年提出的。这是一种探讨个人所作贡献与所得报酬之间如何平衡的理论。每个人都会把自己付出的劳动和所得的报酬，与他人付出的劳动和所得的报酬进行比较；也会把自己现在付出的劳动和所得的报酬，与自己过去付出的劳动和所得的报酬进行历史性地比较。

当一个人知道他的行为努力与得到报酬的比值与他人的投入和报酬比值相等时，就是公平；否则，就是不公平。公平就能激励人，因此，人们行为能否受到激励，不仅决定于报酬类型和多少，还决定于自己的报酬和别人的报酬的比较。消除不公平的措施有两种：对投入不少而报酬不足的，应增加报酬；对报酬过多或投入过少的，应减少报酬或增加投入。

三、农民行为改变规律

（一）行为改变的一般规律

1. 影响行为的因素

人的行为受人的内在因素和外在因素的影响。

（1）内在因素　包括生理因素；心理因素，包括气质、能力、性格、态度、价值观、世界观、兴趣等，主要影响行为的强度和速度、行为的方向、行为的选择和行为的意义，但是对人们行为有直接支配意义的，则是人的需要和动机；个人经验；文化水平等。

（2）外在因素　包括环境因素，即自然环境（如地理、地貌、气候等）和社会环境（如社会政治、经济、文化、道德、习俗等）；情势因素，指的是他人制造的情境使人改变行为，如采用支持的方法使他人对行为改变感到有些需要，从而对改变行为产生信心，最终达到改变行为的目的。

2. 行为改变的层次性

农业技术推广工作的目的是通过引导和促进农民的行为自愿改变，来促进农业和农村发展。在整个推广活动过程中，需要发生不同层次和内容的行为变化，最终才能达到这一目的。据研究，人们行为改变的层次主要包括知识的改变、态度的改变、个人行为的改变、群体行为的改变。这四种改变的难度和所需时间是不同的（图 1-2）。

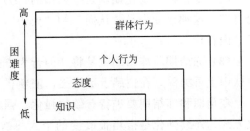

图 1-2　行为改变层次的困难程度

（1）知识的改变　就是由不知道到知道的转变。一般来说比较容易做到，它可通过宣传、培训、教育、咨询、信息交流等手段使人们得到相关知识并改变其知识结构，从而增加认识和了解。这是行为改变的第一步，也是基本的行为改变。只有知识水平提高了，并有了一定的认识，才有可能发展到以后层次的改变。

（2）态度的改变　就是对事物评价倾向的改变，是人们对事物认知后，在情感和意向上的变化。态度中的情感成分强烈，并非理智所能随意驾驭的。态度的改变一般要经过一段过程：遵从阶段，包括从众和服从两种情况；认同阶段，指人们自愿地接受他人的观点、信念，使自己的态度与他人的要求相一致；内化阶段，指人们真正从内心深处相信并接受他人的观点而彻底地改变自己的态度。

同时影响态度形成和改变的因素也比较复杂，包括对社会认识能力和程度、知识、个人经验、个体心理等主观因素，以及活动环境氛围及交往对象、团体的影响等客观因素。

由此可见，态度的改变比知识的改变难度更大，而且所需时间也较长。但态度的改变是人们行为改变关键的一步。

（3）个人行为的改变　个人行为的改变是个人在行动上发生的变化。这种变化受态度和动机的影响，也受个人习惯的影响，同时还受环境因素的影响。个人行为完全改变的难度更大，所需时间更长。

（4）群体行为的改变　这是某一区域内人们行为的改变，是以大多数人的行为改变为基础的。在农村，农民是一个异质群体，个人之间在经济、文化、生理、心理等方面的差异大，因而改变农民群体行为的难度量大，所需时间长。

比如对某项创新的推广，在经过一段时间的推广后，对于那些对创新接受比较快、条件也比较好的农民，可能改变了其个人行为，但也会有没有改变行为的。在没有改变的群体中，不同农民可能又会停留在不同的行为改变层次上。有的农民知识改变了，但未改变态度；还有的人知识、态度都改变了，但由于受某些条件的限制，最终行为没有改变。因此，推广人员要注意分析不同农民属于哪个行为改变层次，有针对性地开展推广工作。

3. 行为改变的阶段性

管理心理学的研究发现，个人行为的改变要经历解冻、变化和冻结三个时期。

（1）解冻期　就是从不接受改变到接受改变的时期。"解冻"又称"醒悟"。就是认识到应该打破个人原有的标准、习惯、传统及旧的行为方式，接受新的行为方式。解冻的目的在于使被改变者在认识上感到需要改变，在心理上感到必须改变。

促进解冻的办法是：增加改变的动力，减少阻力；将愿意改变与奖赏联系起来，将不愿改变与惩罚联系起来，从而促进解冻过程。解冻期应该消除对方的疑惧心理、对立情绪，要善于发现他们的积极因素，因人施教。

（2）变化期　变化期就是个人旧的行为方式越来越少，而被期望的新行为方式越来越多的时期。这种改变先是"认同"和"模仿"，逐渐学新的行为模式；然后逐渐将该新行为模式"内在化"。

（3）冻结期　冻结期就是将新的行为方式加以巩固和加强的阶段。这个时期的工作就是在认识上再加深，在情感上更增强，使新行为成为模式行为、习惯性行为。

变化期和冻结期要进行有效的强化。强化是对行为的定向控制，分连续和非连续两种强化方式。连续强化是指当被改变的个人每次从事新的行为方式时，都给予强化，如给予肯定、表扬、鼓励等。非连续强化是在每隔一定时间或有一定次数新的行为时给予强化。在通常情况下，开始时用连续强化，一段时间后两种强化兼用，到后来以非连续强化为主。

（二）农民行为改变的规律

1. 农民个人的行为改变

按照行为改变的一般规律——层次性规律，农民行为的改变也应该是：知识的改变→态度的改变→个人行为的改变→群体行为的改变。

农业技术推广要引导和促进农民行为的改变，而农民行为的改变既有动力又有阻力。推广人员要善于借助和利用动力，分析和克服阻力，才能搞好推广工作。

（1）农民个人行为改变的动力

① 农民需要是原动力。大多数农民有发展生产、增加收入、改善家庭生活的需要，这种需要是农民行为改变的力量源泉。

② 市场需求是拉动力。随着社会主义市场经济的发展，人们收入的增加，农民有志于参与市场交易，进行商品生产。因此，市场需求拉动着农民行为的改变。

③ 政策导向是推动力。农业生产关系国计民生，政府为了国家和社会的需要，要制定相应政策来发展农业、发展农村，推动农民行为的改变。

以上三个动力中，农民需要最重要，它是行为改变的内动力，属内因；市场需求和政策导向属外动力，属外因。外因通过内因起作用。

（2）农民行为改变的阻力

① 农民自身和他们所属文化传统的障碍。不少农民受传统文化影响较深，存在保守主义，同时，许多农民受教育的程度很低，掌握技术的能力低，这些使不少农民缺乏争取成就的动机，阻碍着他们行为的改变。因此，可以通过教育、培训等方式，提高农民的科学文化素质，从根本上改变农民的信念、观念和行为。

②农业环境中的阻力。主要是缺乏经济上的刺激和必要的投入。任何先进的农业技术，如果在经济上不给农民带来好处，都不可能激励农民的行为。另外，某项新技术即使可以使农民得到经济上的刺激，如果缺乏必要的生产条件，农民也难以实际利用。这些阻力在经济状况落后的地方往往同时存在。只有改变生产条件，增加经济上的刺激，才能激励和推动农民采用新技术。

（3）动力与阻力的互作模式　在农业技术推广中，动力因素促使农民采用创新，而阻力因素又妨碍农民采用创新。当阻力大于动力或两者平衡时，农民采用行为不会改变；当动力大于阻力时，行为发生变化，创新被采用，达到推广目标，出现新的平衡。当推广人员又推广更好的创新，调动农民的积极性，帮助他们增加新的动力，打破新的平衡，又促使农民行为的改变。农业技术推广工作就是在农民采用行为的动力和阻力因素的相互作用中，增加动力、减少阻力，推广一个又一个创新，推动农民向一个又一个目标前进，促使农业生产水平从一个台阶上升到另一个台阶。

（4）改变农民个人行为的途径　改变农民个人行为的途径可以从两个方面考虑：一是增加动力，二是减少阻力。

① 增加动力。根据农民的迫切需要，选择推广项目，激发和利用农民的采用动机；加强创新的宣传刺激，增加农民的认识，通过创新的目标来吸引他们的采用行为。如通过低息贷款、经费补助、降低税收等政策，推动农民采用创新；筛选和推广市场需求强烈、成本低、价格高、效益好的项目，促使农民在经济利益的驱使下采用创新。

② 减少阻力。通过提高农民素质和改善环境两个方面来减少阻力。可通过宣传、引导、示范、技术培训、信息传播，帮助不同类型的农民改变观念、态度和获得应用某项技术的知识与技能。

2. 农民群体行为改变

农业技术推广的目的，不仅要改变农民的个人行为，更重要的是改变农民的群体行为。

因此，有必要了解和掌握农民群体行为规律及其改变方式，从而更好地开展推广服务工作。

（1）群体成员的行为规律　群体成员的行为与个人的行为相比，表现出以下特点和规律。

① 服从。遵守群体规章制度、服从组织安排是群体成员的义务。当群体决定采取某种行为时，少数成员不论是否愿意，都得服从。

② 从众。指群体对某些行为（如采用某项创新）没有强制性要求，但当大多数成员在采用时，其他成员会感受到一种无形的群体"压力"，从而在意见、判断和行动上表现出与群体大多数人相一致的现象。从众行为是农民采用创新的一个重要特点。

③ 相容。指同一群体的成员由于经常相处、相互认识和了解，即使成员之间有时有不合意的语言或行为，彼此也能宽容待之。一般来讲，同一群体的成员之间容易相互信任、相互容纳、协调相处。

④ 感染与模仿。所谓感染，是指群体成员对某些心理状态和行为模式无意识及不自觉地感受与接受。在感染过程中，某些成员并不很清楚地认为应该接受还是拒绝一种情绪或行为模式，而是在无意识之中的情绪传递、相互影响，产生共同的行为模式。感染实质上是群众模仿。群体中的自然领袖一般具有较大的感染作用。在实践中，选择那些感染力强的农户作为科技示范户，有利于创新的推广。

（2）群体行为的改变方式　群体行为的改变主要有两种方式：一是参与性改变，二是强迫性改变。

① 参与性改变。就是让群体中的每个成员都能了解群体进行某项活动的意图，并使他们亲自参与制订活动目标、讨论活动计划，从中获得相关知识和信息，在参与中改变了知识和态度。这种改变的权力来自下面，成员积极性较高有利于个体和整个群体行为的改变。参与性改变持久而有效，适合于成熟水平较高的群体，但费时较长。

② 强制性改变。指一开始便把改变行为的要求强加于群体，权力主要来自上面，群体成员在压力的情况下改变，带有强迫性。一般地说，上级的政策、法令、制度凌驾于整个群体之上，在执行过程中使群体规范和行为改变，也使个人行为改变。在改变过程中，个人对新行为产生了新的感情、新的认识、新的态度。这种改变方式适合于成熟水平较低的群体。

（3）农民行为的改变方法

① 行政命令。行政命令方法所对应的是自上而下的农业技术推广机制。政策制定者普遍认为：a. 农民的需要和动机是一致和单一的，一套政策可以解决各地的大部分问题，所以认为政策的目标和内容是最重要的；b. "三农"的中心是农业问题，所以体现在政策上是农业技术为中心和产量为中心；c. 农民素质较低，有时没有解决问题的能力，专家和政府官员比农民见多识广，比农民能力强。因此必须由专家和政府替他们寻找解决问题的方法。

运用行政命令的方式去改变农民的行为需要如下条件：a. 必须有足够的权力可以强制；b. 必须了解如何达到目的，即有达到目的的方法与手段；c. 必须有能力去检查被强制的人是否按要求去做；d. 使用强制力量便意味着行使权力的人必须对农民的行为负责，如果失败或造成损失应全面承担责任。

这种方式可以在相对短的时间内，改变较多农民的行为，但耗费大，且被强制者未必总能按要求行动，同时也不利于发挥人的主动积极性。在农民有能力办到，有必要去办，但并没有意识到其重要性的情况下，可以适当地使用这种方式方法。所以，要想在改变行为的过程中发挥人的积极性，用强制的方法是不适宜的。

要使被强制者了解有什么制裁，并努力说服其自愿遵守规定。在这方面，推广可能是很重要的方法。例如，要使奶牛专业户的挤奶棚符合严格的卫生要求，乳品质量监督员必须事先宣讲某些规定与制度，如果专业户未按要求去做，监督员不得不使用某些规定、罚款及其他制裁手段达到目的。

② 农民自发式。这种方法是由农民依据自己在生产中的需要，主动寻求创新，在此过程中达到改变态度、改变行为的目的。坚持这种方法的人认为：a. 农民比任何人都更了解自己的需要，既然农业技术推广工作是为了解决"三农"问题，满足农民的需要，那么，让农民自己来陈述自己的需要是最合适的；b. 农民对符合他们切身利益的事情，会表现出极大的热情，较愿意给予支持，这样，通过农民自己的参加会促进激励他们的学习行为；c. 农民可以自由地发表自己的见解和观点，民主观念会得到巩固和加强。

这种完全依靠农民自发地陈述需要、主动寻找、学习采纳并改变态度和行为的方法，能反映农民的切身要求，能解决他们真正想解决的问题。但这种方法需要农民有一定的文化水平和认识问题、分析问题的能力，需要将零散的观点整合成大众的基本观点，同时还需要有一个比较通畅的、能快速沟通的交流渠道，而这些条件在我国的大部分农村尚不完全具备。

③ 建议和咨询方式。这种方式是由农民提出要求，经专家和官员协同分析，拟定突破口并进行一系列工作指导和帮助的改变方式。其应用条件是：a. 就问题的性质与选择"正确的"解决方案的标准方面，农民与推广人员的看法一致；b. 推广人员对农民的情况了如指掌，有足够的知识来解决农民的困难，而且实践证明，这些知识是科学的、可行的；c. 农民相信推广人员能够帮助他们解决问题；d. 推广人员认为农民自己不可能或不必要自己解决问题；e. 农民自己具备足够条件采纳建议。

这种方式的优点是：a. 既注重地方农民的参与，又注重专职人员的重要性，将农民的切身需求与专业人员的理论观点结合起来；b. 目标与行动方案能体现各方的见识和智能；c. 农民的积极性与专业人员的理性有机地结合起来。这种方法融合了前两种方法的优点，能达到良好的改变行为的效果。

④ 公开影响农民的知识水平和态度。其应用的条件是：a. 由于农民的知识不够或有误，或由于其态度与其所达到的目标不一致，推广人员认为单靠推广人员自己不能解决问题；b. 推广人员认为如果农民有更多的知识或改变了态度，就能够自己解决问题；c. 推广人员乐意帮助农民搜集更多、更好的信息，以促进农民改变态度；d. 推广人员有这种知识或知道如何获得这些知识；e. 推广人员可以采用教育的方法来传播知识或影响农民的态度；f. 农民相信推广人员的专长与动机，愿意合作，并从合作中改变其知识或态度。

用这种方法可达到长期行为改变的效果，能增强农民自己解决类似问题的能力和信心。这是在推广或培训项目中常用的一种方法。例如，推广人员教给农民如何防治病虫害。应首先讲害虫及作物的生命周期，使农民懂得在害虫最脆弱的时候安全用药。这样，农民再遇到类似问题，就可以根据自己积累的经验，分析并解决问题。

⑤ 通过提供物资、资金、技术和服务来引导农民行为定向变化。作为农业技术推广组织，不论是公有的还是私营的，必须让农民感到农民可以从物资交换中获得一定的利益或能满足他们的某种需要。在交换或提供服务的同时，规定一些农民可以接受的行为模式，以克服农民不情愿改变的行为心理，以达到行为改变的目的。

这种方法的关键是让农民体会到提供各种服务的目的不仅是为了推广组织创造收益，而是双方互惠的，甚至是专对农民有惠的，但这需要一定时间和耐心。例如，在某项创新推广的初期，可以向农民提供免费服务，无偿地将新技术或新产品赠送给农民，让他们试用。如果试用成功，农民就能够接受，并会自己去购买这项创新。无偿提供物资、技术或服务，可以作为农民尝试创新，改变传统生产行为的一种暂时性措施。

⑥ 操纵。操纵在这里的意思是指在农民尚未清楚的情况下来影响其知识水平和态度。其应用条件是：a. 推广人员坚信在某一确定的方向，改变农民的行为是必要而可行的；b. 推广人员认为由农民去做独立的决策是不必要或不可行的；c. 推广人员要掌握影响农民行为的分寸，使他们不易觉察到；d. 农民并不极力反对受这样的影响。

在这种情况下，实施影响的人要对其行为后果负责。如推广机构发表拖拉机及其他农业机械的操作性能方面公正的官方试验报告，于是，农民可根据这些报告，对照厂家在广告中的宣传来检验机械的操作性能。

⑦ 提供服务。指帮助农民做某些工作。其应用条件是：a. 推广人员有现成的知识或条件，能让农民更好地开展某项工作；b. 推广人员和农民都认为开展这项工作是有益的；c. 推广人员愿意为农民干这些工作。

如果无限制地为农民提供免费的帮助，很可能滋长其依赖思想，缺少自力更生精神。但千方百计地去赚农民的钱也是不应该的。

⑧ 改变农村的社会经济结构。在下述情况下，改变农村的社会经济结构可能是十分重要的影响手段：a. 推广人员认为农民的行为恰当，如农民自己组织专业技术协会、研究会等；b. 由于存在社会经济结构方面的障碍，农民处于不能按这种方式行动的地位；c. 推广人员认为结构方面的变化是合理的；d. 推广人员有权力朝这个方面开展工作；e. 推广人员处于可以通过权力或说服来影响农民的地位。

一般涉及政治体制、规章制度、组织形式等社会和经济问题时，如果存在障碍，可以做一些调整或改变，通过这种结构变化来带动农民行为的改变。例如，帮助农民建立各种经济合作组织、调整产业结构等，都可以在一定程度上促进农民行为的改变。改变社会机构也会遭到某些人及社团的反对，因为会导致他们丧失权利。农民组织协会就能更好地联合起来，可能有足够的力量来克服这种阻力。影响人们行为的方法是不断变化的。影响者和被影响者之间利益冲突与和谐的程度、双方对利害关系的认识状况，以及双方各拥有多少权利等都影响这些方法。就推广工作来说，推广人员与农民的利益是互相依存的，任何一方的某种变化都有可能破坏彼此的利益关系。通常农民不受与推广人员相同的道德约束，农民更易打破这种关系。因此，推广人员的活动要与贷款监督、投入分配、规章制度执行等结合起来，这样和农民的关系就会更紧密。

案例

宁夏回族自治区灵武市在推广水稻规范化旱育稀植技术时，当地农民既希望增产增收，又对新技术抱有抵触情绪。为了尽快推广该项技术，农技推广中心的技术人员在梧桐树乡的几个村进行了示范。他们早出晚归，宣传培训，组织配药浸种，育苗插秧，真心实意地为农民服务，把农民的事当作自己的事来做，干给农民看，带领农民干。农民被他们的精神所感动，纷纷采用规范化旱育稀植技术，取得了每公顷增收 2250 元的效益。

（三）行为原理在农业技术推广中的应用

1. 按农民需要进行推广

农民需要、市场需求和政策导向是农业技术推广工作的三大动力。当这三种动力方向一致时，形成正向合力，最有利于农业先进技术的推广，效益最为显著；当三种动力方向不尽一致但有互相接近的趋势时，经过调整可以形成一定的正向合力；当三种动力有两种或两种以上方向互不一致时，形成内耗，作用力互相抵消甚至形成负向合力，形成对新技术推广的阻力，最不利于农业新技术的推广应用。

按农民需要进行推广，是社会主义市场经济的客观要求。在市场经济条件下，作为相对独立的经济主体——农户，已成为自主的生产经营者，他们的生产经营是以满足市场和自身的经济利益为取向，即追求利润的最大化；此外作为宏观经济主体的政府，对农业经济的管理方式将由高度集中的计划与行政手段，转变为以价格、税收、信贷等经济杠杆进行宏观调控。因此，农业技术推广工作必须由主要向政府和国家计划负责，转向主要为农民及其经济利益服务，这样，推广工作就必须尊重农民的意愿，符合农民的需要，以增加农民的经济收入为最终目的，这与满足国家、社会的需要是一致的。

按农民需要进行推广，也是由行为规律所决定的。农民的需要是一种客观存在，是农民利益的集中体现，是农民从事生产活动的原动力所在。只有承认它、尊重它、保护它，才能调动农民的主动性和创造性，促进农业的发展。按农民需要进行推广，正是通过满足农民在生产经营中的实际需要，来帮助农民实现增加收入的最终目标。

按农民需要进行推广，推广机构和推广人员应注意的问题：一是应深入了解农民的实际需要，要启发诱导、挖掘农民需要；要尊重农民的客观需要；辨别合理与不合理、合法与不合法的需要；分析满足需要的可能性、可行性，尽可能满足农民合理可行的需要。二是分析农民需要的层次性，推广人员应该对不同地区和不同农户确定不同的推广目标，满足不同地区、不同农民的需要。三是分析农民需要的主导性，所谓需要的主导性就是在众多的需要中，某种需要在一定时期内起主导作用，它是关键的需要，只要一经满足，就会有较大的效果。如对农民尊重的需要有时会占主导地位，农民希望推广人员看得起他，与他平等对话，而不希望推广人员指手画脚、高人一等。

2. 运用期望激励调动农民积极性

正确确定推广目标，科学设置推广项目。期望理论表明，恰当的目标会给人以期望，使人产生心理动力，激发热情，引导行为。因此，目标的确定是增强激励力量的最重要的环节。在确定目标时，要尽可能地在组织目标中包含更多农民的共同要求，使更多的农民在组织目标中看到自己的切身利益，把组织目标和个人利益高度联系起来，这是设置目标的关键。再者，在确定目标时，要尽量切合实际，因为只有确定的目标经过努力后能实现，才有可能激励农民干下去；反之，目标遥远、高不可攀，积极性会大大削弱。

认真分析农民心理，诱发农民兴趣。同样的目标，在不同人的心目中会有不同效价，甚至同一目标，由于内容、形式的变化，也会产生不同的效价，所以要根据不同农民的情况，采取不同的方法，深入地进行思想动员，讲深、讲透所要推广的项目的价值，要从经济利益和从社会效益的角度去提高农民对推广项目效价的认识。只要推广的项目，农民很看重、很向往，觉得很有意义，这样其效价越高，激励力量就越强；反之，农民觉得无足轻重，漠不关心，其效价就会很低甚至为零；如果农民觉得害怕、讨厌而不希望实现，其效价为负数，不但不会激励积极性，反而会产生抵触情绪。

提高推广人员自身素质，积极创造良好推广环境，提升推广期望值。对期望值估计过高，盲目乐观，到头来实现不了，反遭心理挫折；估计低了，过分悲观，容易泄气，会影响信心，所以对期望值应有一个恰当的估计。当一个合理的目标确定以后，期望值的高低往往与个人的知识、能力、意志、气质、经验有关。要使期望变为现实，还要求推广人员训练有素，既要有过硬的专业技术本领，也要有良好的心理素质，同时，要努力创造良好的环境，排除不利因素，创造实现目标所需的条件。

3. 改变农民行为的基本策略

农民行为受个人特性和外界环境共同影响，要改变行为，必须改变个人特性，或改变外界环境，或二者同时改变，有以下3种策略。

（1）以改变农民为中心的策略　如果某地制约农民行为改变的主要因素是农民素质差，就可以采取提高农民本身素质为主的策略，通过推广工作直接改变农民的知识、态度，提高他们自身素质，减少或完全克服行为改变的阻力。

（2）以改变环境为中心的策略　即变革社会环境或农民工作环境的策略。在许多场合下，农民之所以没有采取新技术，不是由于自身素质差，而是出于环境条件不具备；一旦为农民创造了新的工作环境，提供各种必要的服务，环境方面的障碍就会减少或排除。

（3）农民与环境同时改变的策略　即提高农民素质与改变其工作环境同时进行。

4. 农民群体行为的改变

农民群体行为的改变，是一种最困难、最费时但却是最重要的行为改变。群体行为的改变首先是集体意识的培养，并把集体意识上升为集体主义，最后才能使他们步调一致，达到群体行为的改变。

（1）集体意识形成的条件　集体意识的形成需要以下条件：一是具备共同的目标利益，这是形成集体意识的基础，是鼓励成员为之奋斗的方向；二是具备合理的奖惩制度，这是集体稳定与发展的重要手段，它把集体利益、个人利益和成员的努力紧密地联系起来，可以充分调动成员的积极性，促进集体的发展；三是具备自然领袖，这是集体的核心，自然领袖是成员内心公认的组织者和领导者，他以身作则，率先垂范，关心和爱护成员，组织管理能力强，专业水平高，作风民主，不谋私利；四是亲近和友爱，这是集体意识的纽带，群体内领导和成员之间、成员和成员之间的相互同情、关心、帮助，使成员在感情上相互依赖，不可分离。

（2）集体主义的培养　集体意识只是一种朦胧的、萌芽状态的成员意识，往往具有暂时性和随意性。因此将集体意识升华为集体主义是十分重要的。集体主义培养的途径主要有以下两个方面。

① 集体活动。有效的集体活动包括集体舆论、集体感受、竞赛和模仿。

A. 集体舆论。指对社会生活、个人活动的事实做出的一致判断。舆论的形成有时是自发的，有时是有意识的。舆论有正确与错误之分，因此集体要力求控制舆论。

B. 集体感受。在社会共同体中，人们的情绪状态相同，就是集体感受。集体感受有肯定与否定之分，一个健康集体的特点是：精神饱满、气氛热烈、情绪高涨。

C. 竞赛。指个人或集体的各方，力求超过对方成绩的相互行动。竞赛和竞争不同，它没有对抗趋向。竞赛可令参与者情绪饱满，并相互感染，因为每一方都力求取胜，获得荣誉，从而显示集体的团结和意志的力量。

D. 模仿。就是自觉或不自觉地模拟一个榜样，农村中年轻人模仿有经验的中老年人就是如此。对于榜样的模仿是根据上级的指示、成员之间的约定或是自发进行的。模仿和其他心理现象一样，逐渐成为团体和集体中人与人关系的内容和形式。

② 个人修养。修养是一个含义广泛的概念，主要是指人们在政治、道德、学术及技艺方面勤奋学习和刻苦锻炼的功夫，以及长期努力所达到的一种能力和思想品质。集体成员的个人修养好、思想境界高，集体主义精神就越容易增强。

（3）群体行为改变的方法

① 风俗习惯性行为调节改变。风俗习惯是人类在长期的生产活动中自发形成、自觉遵守的，反映人们共同意志的行为规范，包括风尚、礼节、习惯等，具有如下特点。

一是规范的形成具有自发性。风俗习惯是人们在长期的生产活动中逐步形成的，具有约定俗成的特征。它的产生和变化有两种趋势：一种是个别形成而为大家所接受的行为规则；另一种是个别违反而不加惩罚的行为规则。

二是规范的遵守具有自觉性。由于规范是自然形成的，因而对于这种规范的遵守，具有自觉的性质，没有谁会去故意破坏它。

三是规范反映全体社会成员的共同意志。由于规范反映的是社会成员的共同意志，因而对每一个社会成员都有约束力，具有调节、改变人与人之间关系、建立良好社会秩序的功能。

② 知识情感性行为调节改变

A. 科学调节改变。科学的中心问题是真理问题。通过学习科学，认清真理与谬误，调节自己的行为。

B. 道德调节改变。道德的中心问题是善的问题，通过评价向善而斗恶，自觉按照道德规范约束自己，改变调节自己的行为。

C. 艺术调节改变。艺术的中心问题是美的问题，通过美的鉴赏和美的创造活动，使人们了解什么是美、什么是丑，从而自觉地按照美的形象塑造自己、塑造集体。

③ 政策法律性行为调节改变。包括社会规范调节和自然规范调节。

A. 社会规范。指调节人与人之间关系的行为规范，有法律规范、道德规范、宗教规范、日常生活规范等，如村规民俗、规章制度等。

B. 自然规范。指调节人与自然之间的关系，是人们如何利用自然力的行为规范，也叫操作规程，如土地法、水利法、森林法等。这种自然规范本身没有阶级性，但违反了它，往往不仅给违反者本人，而且也给社会造成极大的危害。

因此，现代社会把自然规范和社会规范一起确定为法定的义务，以政策、法律的形式公之于众，从而保证生产、社会生活的正常进行。

由于人们所处的层次不同，所发挥的作用不同，因而对于群体行为的影响和约束力也不同，改变群体行为，要综合而恰当地运用上述三种方法。

第三节 ▶ 农业技术推广沟通

农业技术推广沟通是指在推广过程中农业技术推广人员向农民提供信息、了解需要、传授知识、交流感情，最终提高农民的素质与技能、改变农民的态度和行为，并不断调整自己的态度、方法、行为等的一种农业信息交流活动。最终目的是提高农业技术推广工作的效率。

一、农业技术推广沟通的要素、程序和特点

（一）农业技术推广沟通的要素

农业技术推广沟通与一般的人际沟通一样，必须具备四大要素，即沟通主体、沟通客体、沟通渠道和沟通媒介。只有这四个要素有机结合，才能构成农业技术推广沟通。

1. 沟通主体

沟通主体指承担信息交流的个人、团体及组织。根据他们在沟通活动中所处的地位和职能，沟通主体又分为传送者与接受者。

传送者又叫信源，指在沟通中主动发出信息的一方。在农业技术推广机构中，推广人员一旦获得了农业创新的信息，就会产生向农村、农民推广此项创新的意向和行为，这时，推广机构和人员就成为传送者。传送者在沟通中居于主动地位，把所要传送的技术、信息等，通过加工变为接受者（农民）能够理解的信息发送出去，经过一定的渠道让农民接受。因此，传送者是首先发起沟通活动的一方。

接受者指接受信息的一方。当推广人员发出信息后，农民通过一定的渠道接受信息，有选择地消化这些信息，并转化为自己所能理解的形式，采取一定的行为，将此行为结果反馈传送者，所以接受者是被动的沟通者。

在双向沟通中，传送者和接受者是相对的，农业技术推广机构及人员与农民互为传送者和接受者，共同构成农业技术推广沟通主体。

2. 沟通客体

沟通客体指沟通的信息内容。农业技术推广的沟通客体主要由信息、情感、思想等构成。信息作为沟通客体极为普遍，在农业技术推广中，信息一般以农业科普文章、讲话、简报及声像资料的形式进入沟通过程。信息被誉为"无形的财富""廉价的投资"，作为沟通客体是必不可少。

情感也常常作为沟通的客体。例如，农民群体内聚力的大小取决于农民之间的人际关系状况；在推广人员与农民之间双方共同商讨技术问题，彼此发表各自看法，互相吸取对方的有益意见，相互满足心理上的需要，就会产生亲密感和相互依赖感，可见"感情投资"的重要性。用感情沟通的手段可以提高农民群体的凝聚力，增加农民主动采用农业新技术的积极性。

3. 沟通渠道

沟通渠道是指传送和接受农业信息的通道和路径。农业技术推广中常见的沟通渠道有以下几种类型。

（1）单串型　由首先发出信息的人经过一长串的人依次把信息传递给最终的接受者；接受者的反馈信息，则以相反的方向依次传递给最初的发信人。

（2）饶舌型　又叫轮式渠道，是由一个人把信息同时传递给若干人，反馈信息则由此若干人直接传递给最初发出信息的人。集体指导即属于此种类型。

（3）扩散型　指最初由一个人将信息传递给若干人，再由这些人把信息分别传递给更多

的人，使信息接收者越来越多，反馈信息则以相反的方向回流，最终流向最初发出信息的人，即平常所说的"一传十，十传百"。推广工作中，由推广人员首先指导科技示范户，示范户再带动周围一大批农民，就属于此种类型。

（4）全通道型　指参与沟通的多人互相之间均能有信息交流的机会。例如，推广工作中的农民小组讨论会、辩论会等。

4. 沟通媒介

沟通媒介指沟通的信息载体和信息传播工具。推广沟通常用的媒介有以下几个方面。

（1）大众传播媒介　利用电视、广播、报纸、杂志等大众媒介进行信息传播，具有速度快、覆盖面广的特点，但反馈信息少，对接收者的接收状况了解较少。

（2）声像宣传媒介　利用电影、录像带、幻灯等进行沟通。传播速度及覆盖面不及大众传播媒介，但反馈信息多，对接收者的接收状况有较多的了解。

（3）语言传播媒介　即通过口头语言和书面语言进行信息传播，前者如讲话、谈话、培训讲课、小组讨论等；后者如科技图书、科普文章、科技通信、培训教材等。

（二）农业技术推广沟通的程序

农业技术推广沟通的四要素结合完成农业信息的交流，这种结合是一种动态的结合，它可以分为6个阶段，即农业信息的准备阶段、编码阶段、传递阶段、接收阶段、译码阶段、反馈阶段。这6个阶段是按照一定的规律排列的，这种次序和规律就是沟通的程序。

因此，农业技术推广沟通的一般程序是：首先由推广人员进行农业信息准备，然后将这些信息进行编码，变成农民能够理解的信息传递出去，经一定的途径让农民接受；农民在收到信息以后，进行译解，变成自己的意见和采取一定的行为，并将行为结果反馈给推广人员。

1. 准备阶段

农业信息准备是指推广人员从多种途径获得农业信息，有了传播的意向，为信息的传递所做的准备工作。该阶段有下列工作要做。

（1）确定农业信息内容　即在正式沟通以前，先要系统地分析本次沟通所要解决的问题、目的、意义及信息的质量和适合性等。

（2）确定信息接收者　即农村中的集体和个人、领导或群众、示范户或一般农户等。

（3）确定信息传递时间　信息传递的时间很重要，过早时机不成熟，不一定能引起对方兴趣；过晚由于时过境迁而失去使用价值，因此要把握好沟通的时机。

2. 编码阶段

农业信息编码就是指推广人员将所要传播的信息，以语言、文字或其他符号来进行表达，以便于传递和接收。信息编码有以下几方面的要求。

（1）农业信息表达要准确无误　农业技术推广沟通最常用的工具是语言和文字。在与农民进行沟通时，要使用简单明了、通俗易懂、形象生动的语言文字来准确地表述科学概念、原理及技术方法。

（2）使用沟通工具时要协调配合　如书面语言和口头语言相配合，语言形式和非语言形式相结合。要根据沟通内容选择适当的沟通工具。

（3）要考虑农民的接收能力　在编码时要考虑农民的文化水平和接收能力。据研究，人在单位时间内所能接收的信息量是有一定限度的，因此，在一次沟通中，信息量不能太多，否则影响沟通效果。

3. 传递阶段

本阶段是推广人员借助沟通工具，通过一定的渠道，把农业信息传送出去的过程。有效的传递，要注意以下几点。

（1）选择合适的工具和渠道 统一信息可以通过不同的渠道和工具来传递，要以经济有效的原则进行选择。

（2）控制好传递的速度 传递的速度过快，可能会使对方接收不完全，欲速则不达；过慢则可能坐失良机，影响沟通效果。

（3）防止信息内容的遗漏和误传 要尽最大努力排除各种干扰，力求准确，无遗漏。

4. 接收阶段

本阶段指农民从沟通渠道接收农业信息的过程。

5. 译码阶段

该阶段是接收者（农民）把获得的信息进行译解，转换成为他们所能理解的形式的过程。要求接收者能充分地发挥自己的理解能力，准确地理解所接收的信息的全部内容，不能断章取义，更不能误解传递者的原意。

6. 反馈阶段

本阶段是接收者对接收到并理解了的信息内容加以判断，向传递者（推广人员）做出一定反应的过程。本阶段要注意以下两个问题。

（1）反馈要及时 这样可使传递者及时了解信息被接收的程度，便于传递者及时采取相应措施，提高沟通效果。

（2）反馈要主动、清晰 反馈者要清楚地说明自己的意图，接收者要积极主动地反馈，这样才能真正实现双向交流，使沟通效果得以提高。

（三）农业技术推广沟通的特点

第一，在沟通中推广人员和农民都是沟通的参与者，从这个意义上说，两者是平等的关系，因为无论缺少哪一方，都不能进行沟通。但是农业技术推广沟通是农业技术推广人员为推广科学技术这个最终目的来与农民沟通的，所以推广人员常常以沟通的传送者的面貌出现，而农民则以沟通的接受者的面貌出现，两者互相提供的信息的数量和作用不同。

第二，在沟通中是推广人员主动适应农民，而不是农民去适应推广人员。如农业技术推广人员是根据农民的具体条件、具体需要决定沟通的方法和内容，而不是农民根据推广人员的需要来决定内容和方式。

第三，双方肯定是互相影响的，但这种影响作用和性质不同。推广人员对农民的影响是要提高后者的素质和技能，改变其态度和行为，也就是说，通过沟通要使农民掌握一定的先进技术，把科技成果传播普及开来，变为现实的生产力；而农民对推广人员的影响则是使后者对前者有更充分的了解，如当前存在的问题是什么、农民需要哪方面的技术和信息等，从而改变推广的方法和调整服务的内容。

二、农业技术推广沟通网络及沟通的障碍

（一）农业技术推广沟通网络

在农业技术推广过程中，除依靠推广人员和推广对象之间的人际沟通外，还有许多其他

的沟通方式。农业技术推广人员及组织需要同农村社会的各种团体，如农村基层行政组织、农民自助组织等，以及参与农业服务的各种组织，如农业科研、教育、生产资料供应、市场营销、金融与信息等机构，进行有效的沟通，因而沟通的形式必须多样化。

所谓沟通网络，是指各种沟通渠道的复合体。组成沟通网络的各个相关个体之间通过特定的信息流联系在一起。这种沟通网络有助于目标团体系统的所有成员都能经常接收到新的信息，它不仅具有信息传递的多方向性，而且还具有沟通主体的多元化特征。在沟通网络中，信息的来源可以是个人，也可以是群体或组织。要建立这种沟通网络，就需要充分利用各种沟通关系、各种有影响的人物及各种有助于实现团体目标的媒介等来加强信息的传播。

农业技术推广沟通网络是由众多的沟通链条构成的。网络中的任何一个沟通过程，从头到尾，由最初的信息来源者，即传播者产生或获得信息及编码，经过一遍遍的传递、译码、再编码、再传递，直至到达最终的接受者为止。但这条沟通的"链条"越长，最初的意思在这一过程被曲解的可能性也就越大。

沟通过程的某些环节并非是面对面的直接沟通，这样就缺少甚至没有及时反馈和纠正偏差的机会。沟通链条通常牵涉到沟通网络中许多不同的人，其中有些人是链条的最终环节。而推广人员则处于这一网络的交叉点，他们从多方面接受信息，并向更多的方面进一步传递信息。因此，他们可能犯的任何错误都将在整个沟通网络中成倍扩大。这就要求推广人员必须是一位职业沟通者，是沟通专家。

沟通网络战略的一个特点是在沟通过程中可以发现新的问题和疑难，从而可以鼓励提问并证实信息。为了有效地实施这种沟通网络战略，可以利用广播、电视等大众传播媒介普及一般性知识，也可以用团体咨询会议的形式提供详细的信息，还可以在农村市场或村庄宣传某项成果并为村民解答疑难。为了确保其他能够传播信息的消息灵通人士和有影响的知名人士能对工作给予支持，还要分别为商人、合作组织、公司企业等单位或个人以书面材料、图纸等形式提供咨询服务和帮助。

如果仅仅考虑一种信息渠道或一种传播媒介，那么沟通往往会失败。要想取得好的效果，最好是要熟悉特定团体的沟通网络，了解不同的团体（如妇女、青年等）常在什么地方集会，然后在推广工作中有目的地利用这些团体和集会。假如人们能够利用多种方式交流信息，评价反馈结果，并采取相应的行动，那么即使某一地区的推广人员暂时短缺，也可以通过这种沟通网络战略得以部分弥补，从而使农业技术推广工作得到较好的开展。

（二）农业技术推广沟通的障碍

农业技术推广沟通过程中常常会因沟通要素的质量不高、沟通工具的运用不佳、沟通方法的选择不当，以及沟通渠道的流通不畅等造成沟通的障碍，主要有以下几个方面。

1. 语言方面的障碍

（1）语言差异造成隔阂　我国地域辽阔、人口众多，各地的语言差别大，单就汉族而言，虽然都用汉语，但各地的方言较多，由于不同方言发音上的差异，就给沟通带来障碍。一般来讲，不同地区的人们虽然不一定自己会讲普通话，但却能听懂，所以要求推广人员尽量使用普通话进行沟通，特别是到外地。但如果能够用某地区的方言也许沟通效果更好。

（2）语义不明造成歧义　语义不同就不能正确表达思想，造成误解。比如，一位农民到种子站购买麦种，农民问"这个小麦种种了几代了?"，销售人员随口答"二代"。这位农民调头就走了。从这件事反映出这位农民有些科技常识，他知道杂交种二代不能再种了，但他误认为小麦品种也是杂交种，事实上小麦品种是常规种，"二代"照例是可以播种的。但销售人员没有仔细理解农民问话的真正含义，简单地回答，结果造成误解。为克服语言方面的障碍，推广人员一定要准确地把握词语的含义，不要使用语义不明的词语与农民沟通。

2. 观念方面的障碍

观念属于思想范畴，由一定的经验和知识积累而成，是在一定的社会条件下，被人们接受、信奉并用以指导自己行动的理论和观点。有的观念是促进沟通的动力，有的观念则成为沟通的障碍。观念方面的障碍主要有以下几种。

（1）封闭观念排斥沟通　封闭观念源于小农经济，农民祖祖辈辈在一小块土地上耕种劳作，自给自足，简单的劳动只凭经验和力气即可，不需要分工协作，与外界联系甚少，必然产生封闭观念。这种封闭观念导致忽视科学、不易采用新技术，更反对竞争与冒尖，自然排斥科学知识的沟通。遇到这种情况，推广人员要有耐心，通过热情、反复沟通与农民拉近感情，取得农民的信任和认同，然后再用大量的事实和数据说服农民。

（2）僵化观念窒息沟通　僵化观念就是把某种认识神圣化、凝固化，视为永恒的真理不可更改。如农民喜欢从自己过去的体会中寻找经验，自己没有经历过的事就难以相信并接受。对于农业生产中某些陈规陋习，有时也不愿意轻易放弃。遇到这种情况，推广人员要让农民参观示范点，让农民亲眼所见新技术的优点，并耐心说明新技术能带来的具体好处，以改变农民的原有认识。

3. 角色不同形成的障碍

处于社会中的每个人在社会这个大舞台中都扮演着不同的"角色"，如果缺乏明智或陷入盲目，常常由于不同角色之间缺乏共同语言而导致沟通障碍。

（1）年龄不同可能形成"代沟"　社会学家把年龄差距悬殊的人之间的沟通困难称作"代沟"。农村中有许多青年人在得到革新技术的信息后，总想试一试，而一些老年人认为他们的行为是"虚、空、浮""好高骛远"；而青年人也常常把老年人的丰富经验说成是"好落后"，把一些正确的忠告说成是"思想僵化"等。作为农业技术推广人员应该了解由于"代沟"而带来的沟通障碍，引导他们在大目标一致的前提下，相互体谅、相互理解、求同存异。

（2）专业不同可能形成"行沟"　俗话说，"隔行如隔山"。从事不同专业和行业的人，当然是对自己的"本专业"或"本行业"熟悉、精通，对其他行业比较生疏。所以在思考问题时常常是从本专业的角度出发，这是很自然的。不过这样，不同专业或行业的人就会对同一问题或同一事物形成各自的看法和态度，在互相沟通时就会产生"行沟"，如解决贫困地区农民脱贫的方法，有人认为要加大资金投入，有人认为要加大物质投入，有人则认为需要政策引导，有人认为需要提高农民素质……各人都有各人的道理。打破"行沟"最有效的办法就是换位思考，调个角度看一看，彼此理解了，就会识大体、顾大局，再沟通时就顺利了。

（三）影响农业技术推广沟通的因素

农业技术推广沟通是一种具有信息反馈的双向沟通过程，推广人员和推广对象在沟通中的地位是对等的，是互为信息的传送者和接受者。因此，推广人员和推广对象发出信息和接受信息都会受到传播技术、知识、态度、社会与文化背景等因素的影响。信息的内容、使用的符号和处理方式及所使用的媒介等因素都会影响推广沟通的效果。可以说，影响农业技术推广沟通过程的因素很多，如沟通环境、沟通目的和沟通反馈，以及社会知觉、自我认识、风俗习惯、组织行为等。

1. 沟通环境因素

沟通环境是指沟通现象赖以发生效果的社会、文化、心理背景。它可以理解为传送者与接受者在沟通过程中形成的沟通惯例，它是在某种环境中人们对待沟通的习惯和定势，如对传媒的选择习惯、使用习惯、关注程度等。这种背景也包括由一定社会结构、文化素质、心理状态综合而成的社会文化氛围，如特定的价值观念、文化传统、情绪反应定势、意见倾向等。

2. 沟通目的因素

沟通目的是传送者选择传播内容的出发点和希望达到的效果。传送者选择传播内容不是任意的，而是综合考虑了自身的使命、传媒通道、传播内容的可接受性、接受者的接受程度等多方面的情况而确定的，同时接受者在接受传送者的信息内容时，也必须考虑自己的需要，接受的条件与可能（包括文化技术素质、经济条件、生产条件等），采用的接受方式等情况而确定沟通活动的有效性。

3. 沟通反馈因素

沟通反馈是指接受者对传播内容的反应。传送者则在反馈的基础上调整传播内容和方式。由于推广沟通是双向沟通过程，因此，沟通过程中沟通反馈十分重要。反馈是否及时畅通，既对调整沟通双方的传播内容和方式起关键作用，同时又是保持沟通双方能否继续进行，达到目标的重要保证。因为信息内容如一个人的想法、意图、愿望、知识等，这些都是存在于大脑之中的生理体验，为了传送给另一个人，沟通双方必须在推广沟通过程中，适当地运用信息反馈和重复，以领会传送者的意图及信息各方面的特征，并确认所传播的信息是否已被正确地接受。

4. 社会知觉因素

农业技术推广活动中，人际关系的建立，均以社会知觉的结果为基础，要想建立良好的人际关系，首先必须有正确的社会知觉。所谓社会知觉，是指主体对社会环境中的有关个人或团体特性的知觉。其内容包括对人的知觉、人际知觉、角色知觉三个方面。

（1）对人的知觉　指对别人的动机、感情、意向、性格等的认识。影响对人的认知的因素有：过去的经验、已有的知识、当时的情绪状态、环境气氛等。由于个人生活经历、所受教育、职业、处境、兴趣、年龄等方面的条件不同，可能对同一认知的对象产生不同的认知结果，或对不同的认知对象产生完全相同的认知结果，其中极可能有错误的认识。

（2）人际知觉　指对人与人相互关系的认知。判断人的关系时，通常不但要了解对方的动机、性格以及行为特征，同时也需要了解对方与其他许多人之间的关系。因此，在农业技术推广活动中必须了解每一个人与其他人的相互关系，这样才能在处理人际关系时比较全面，不出差错。

（3）角色知觉　指对某人在社会上所扮演的角色的认识与判断，以及有关角色行为的社会标准的认识。在农业技术推广活动中，推广对象有着不同的社会角色，有干部、农民、老人、妇女，他们在采用技术上有自己的选择，如老人和妇女愿意采用省力的技术。正确认识不同角色的行为标准和心理需要后，便能处理好与这些人的关系。

5. 自我认识因素

自我认识，是指综合过去和现在对自己的观察而得出的有关自己的知觉认识，包括对自己的身体、欲望、情绪、态度、思想、品质、能力等方面的认识。正确的自我认识是推广人员选择正确的态度和行为去适应外界环境需要的前提条件之一。同时，基于正确的自我认识所产生的态度和行为来把握自身特点，能达到与环境的和谐统一。人们认识自我，往往通过与别人相比较，通过别人的态度和自己的工作成果来实现。

6. 风俗习惯因素

风俗是某一社会文化区域内人们共同的行为模式，反映的是某一地域团体的社会文化性质。风俗习惯是制约个人行为的客观社会心理因素，会给农业技术推广沟通带来影响。由于我国农村社会的经济、文化发展不平衡，社会的风俗习惯构成了一种既丰富多彩，又良莠混杂，科学与迷信并行的状况。这对推广沟通既有积极影响，又有消极影响。推广人员应学会利用风俗的积极影响，因势利导、顺水推舟地传播技术，同时还要为改造旧俗、革除陋习，创造科学文明的社会习惯而不懈努力，使风俗为科学技术的普及和传播服务。

7. 组织行为因素

我国农业技术推广活动中有正式组织和非正式组织，不同组织的行为也直接影响推广沟通的进行。正式组织是有效实现推广任务而规定成员之间相互关系和职责范围的一定的组织体系，如我国现有的省、地、县、乡各级农业技术推广中心（站）。非正式组织就是一种非官方的，以群众的感情、兴趣、爱好等为基础而自然形成的民间组织。这种非正式组织中有领袖人物，有形成的共同习惯和准则，主要功能在于满足个人的心理需要。

无论是推广人员还是推广对象都在一定的正式组织中和非正式组织中扮演不同的角色。在正式组织中，他要遵守组织章程，按组织要求办事，同时他在由他与同事之间形成的非正式组织中遵守某些规范。当非正式组织的目标与正式组织的活动目标一致时，就会促进推广任务的完成；相反，有差异时，就会形成不同程度的抵触，直接影响推广工作的顺利进行。

社会知觉、自我认识、风俗习惯与组织行为等因素，其中任何一种因素对农业技术推广沟通的影响都不是单方面的，而是复杂的、综合的。在推广沟通中，对这些因素应进行全面的分析，千方百计地利用有利因素，排除不利因素，使农业技术推广的沟通能顺利进行。

三、农业技术推广沟通的一般准则、基本要领和技巧

（一）农业技术推广沟通的一般准则

1. 维护和提高信息源的信誉

沟通能否成功在很大程度上取决于信息接收者对待信息源的态度和方式。如果一个农民认为某个推广人员是一个可信赖的信息源，那么他对这个推广人员提出的建议就会抱积极的态度从而加以采纳。

获得信任是有效沟通的基础和前提，推广人员应该具有廉洁公正、平易近人的形象，从而得到农民打心底里的尊重、佩服和信赖。推广人员能够应用沟通艺术形成轻松和谐的沟通气氛，沟通时注意自己的词语、表情、情感及农民的反应，及时调整自己的行为，使沟通双方的交往愉快而自然，从而强化沟通活动的效果。推广人员还应努力做到尊重农民，真诚地帮助农民，针对农民的文化素质、生活习惯、技术要求、心理特点等进行沟通，尽可能平等地对待各类农户，处理好与当地政府的关系，处理好与当地意见领袖的关系。

推广人员应了解农民的需要与问题，向他们介绍实用的技术与信息，培养他们的自主能力与自我决策能力；同时需要熟练地掌握专业知识以及党的农村政策，必要的法律知识及国

情、乡情知识等。没有这些必要的知识作基础，就会在沟通中"无的放矢""言之无物""空洞乏味"。

2. 信息内容应及时并适用

推广人员需要根据不同推广对象的兴趣、需要与问题，有针对性地提供技术和信息咨询服务，同时要考虑当地的自然与生产条件：一要考虑当地农业结构，在优势产品中优先推广，农民积极性最高，也最易获得成功。二要考虑当地的地理条件，选定的推广项目是否适合当地的土壤、气候、水源条件，是否做到扬长避短，发挥技术优势，弥补不足是至关重要的。如安徽省来安县地处江淮分水岭两侧，是典型的缺水易旱丘陵区。以前推广"旱改水"技术群众难于接受，推广保护地栽培技术以后，由于节水、避灾、减灾作用显著，农民尝到了甜头，这一技术迅速由点到面推开，形成了独具特色的地膜早玉米、早花生、早棉花、早山芋，早瓜菜的"五早"生产。三要考虑当地农民的传统种植习惯，允许新技术有一个逐步规范的过程。四要考虑农业结构调整的需要。农民自己选定的种植项目往往适应当时的市场需求，代表他们的种植愿望，以此为切入点选定的适用技术最易获得理想效果。

3. 信息处理应简单明了并层次清楚

首先，要求在信息传播中正确选用媒介，使编码简单、通俗易懂，适合推广对象的接受能力。多运用图片、图表，通常比只用语言文字效果更好。其次，在传播每一个新的概念之前需要指明其意义，因为对传播者而言可能是很简单的术语，但对接受者而言可能意思不明。再次，组织信息时要注意信息的逻辑顺序和结构安排，使接受者更易理解。要本着既要抓住技术精髓又要结合当地生产实际的原则，尽量使农业技术量化、直观化、程序化，真正使技术由复杂变得简单、由抽象变得具体，这样的技术农民最欢迎也最易接受。如制订技术操作规程、农业设施建造规范和主要农作物病虫草害综合防治流程，或将推广技术编成群众好学易记的"顺口溜"等，均能够收到良好的效果。

4. 建立良好的沟通网络

农业技术推广人员与农民、农业企业组织、农业服务的机构、政府部门和农业科研教育机构共同构成沟通的网络，其中农业技术推广人员是这种沟通网络中关键的一员。推广人员需要加强同网络中其他成员的沟通，建立畅通的沟通渠道以形成高质量的信息流，为农村社区的发展提供更有效的服务。但是我国推广部门与科研、教学部门尚没有联结成整体，推广沟通网络体系不完善制约着有效的农业技术推广工作的进展。我国面向生产第一线的基层推广网络建设比较弱。基层推广组织是稳固我国农业技术推广体系的基础，负责完成联系千家万户、宣传科技知识、落实新技术新成果的具体工作，他们的工作成效直接关系到政府是否发挥了在农业技术推广沟通中的主渠道作用。为了完善基层的推广网络，近年来我国通过改革推广体制，在县级以下创办跨乡镇的区域站和农业科技（简称农科）示范场，取得了明显的成效。

此外，农科单位、农业院校和社会团体应逐渐加入推广网，形成强大的合力。农科单位加入推广网是我国农业科技体制创新的必然结果，因为农业科研成果要成功地走向市场，需要科技人员进入生产第一线，开展形式多样的农技推广，促进农民增产增收，同时为自己创造效益。农业院校加入推广网有利于缩短教学与实践的差距，培养技能型人才；而且农业院校拥有较多的人才、实习基地和示范园，信息资源丰富，传播能力强。共青团、妇联、科协等社会团体经常以农技推广为载体，开展活动，来增加自身的凝聚力和社会影响力，也是农技推广的潜在力量。

实施农业的产业化通过农业龙头企业，把先进的农业技术传给千家万户，有助于提高沟通效率，是一条比较实在的路子。因为农业产业化不仅能克服单家独户的农民生产规模小、经济缓冲能力差、不敢承担太大新技术风险等问题，同时可以建立"产、学、研"一体化的科技创新模式，使信息的发送者和接受者密切沟通。产业化中的龙头企业与农民风险共担、利益共享，两者形成了一种相互促进、相互制约的真切互动。这种动力机制使龙头企业更贴近农户，贴近生产实践，有着极大的沟通优势，能取得更好的推广成效。龙头企业出于竞争的需要，对先进技术的应用和开发比较积极，将逐渐成为农业科技创新的主角。

民营技术推广组织，特别是以农业专业技术协会为主体的农民自发组织起来的农民合作组织，是我国农业技术推广的一支生力军。它有效地弥补了从乡镇到农民的这段空白，是农业技术推广沟通中承上启下的关键组织。民营推广组织比较好地建立起了农民之间、农民与推广人员之间的沟通联系，对农村的情况和农民的需要有亲身感受和深入的了解，从而使组织在技术推广过程中，始终能根据农业和农民的需要进行，因而其推广手段、技巧和语言，农民都乐于接受并信任。因此应加强政府推广组织与民营推广组织的协作，使民营推广组织成为政府推广组织与农民之间建立联系的有效组织形式。

用数字化的信息来指导、服务农户是农业技术推广沟通的发展方向，目前许多地方已有成功的尝试。实现农业技术推广的信息化需要政府的主导作用，将农业科技信息网列入农业基础设施项目，修建乡村信息之路，如果能够实现农业科技信息网"村村通"，将使农业技术推广工作实现一个大的飞跃。

（二）农业技术推广沟通的基本要领

1. 摆正"教"与"学"的相互关系

在沟通过程中，推广人员应具备教师和学生的双重身份，既是教育者，要向农民传递有用信息，同时又是受教育者，要向农民学习生产经验，倾听农民的反馈意见。要明白农民是"主角"，推广人员是"导演"，因此，农民需要什么就提供什么，不是推广人员愿意教什么，农民就得被动地接受什么。推广人员与农民两者是互教互学、互相促进、相得益彰的关系，推广人员应采取与农民共同研究、共同探讨的态度，求得问题的解决。

2. 正确处理好与农民的关系

国家各级推广机构的推广人员既要完成上级下达的任务，又要为农民服务。在农民的心目中，常认为推广人员是代表政府执行公务的。推广人员有时也会不自觉地以"国家干部"的派头出现。这就难免造成一定的隔阂，影响沟通的有效性。所以，在农业技术推广中，推广人员一定要同农民打成一片，了解他们的生产和生活需要，与他们一起讨论其所关心的问题，帮助他们排忧解难，取得农民信任，使农民感到你不是"外来人"，而是"自己人"。

3. 采用适当的语言与措辞

推广人员要尽可能地采用适合农民的简单明了、通俗易懂的语言。例如，解释遗传变异现象时可用"种瓜得瓜、种豆得豆"等形象化语言；解释杂种优势时可用马与驴杂交生骡子为例来说明等。切忌总是科学术语的"学究腔""书生腔"。同时还要注意自己的语调、表情、情感及农民的反应，以便及时调整自己的行为。

4. 善于启发农民提出问题

推广沟通的最终目的就是为农民解决生产和生活中的问题。农民存在这样那样的问题，但由于各种原因（如文化素质、传统习惯等）使其很难表达清楚。这就要善于启发、引导，使他们准确地提出自己存在的问题。如可以召开小组座谈会，相互启发、相互分析，推广人员加以必要的引导，这样就可以较准确地认识到存在的问题。

5. 善于利用他人的力量

由于目前推广人员数量较少，不可能直接面对千家万户，把工作"做到家"。因此，要善于利用农民中的创新先驱者作为"义务领导"、科技示范户等，把他们作为科技的"二传手"，借助他们的榜样作用和权威作用，充分利用"辐射效应"，使农业科学技术更快更好地传播，取得事半功倍的效果。

6. 注意沟通方法的结合使用和必要的重复

多种方法结合使用常常会提高沟通的有效性，所以要注意各种沟通方法的结合使用。如大众传播媒介与成果示范相结合、家庭访问与小组讨论相结合等。行为科学指出，人在单位时间内所能接收的信息量是有限的，同时，在一定的时间加以重复则可使信息作用加强。所以在进行技术性较强或较复杂的沟通时，适当进行重复能够明显增强沟通效果。例如，大众传播媒介，需要多次重复才能广为流传，提高传播效率。

7. 强化信息反馈

农业技术推广人员要保持与农民的密切联系，倾听他们的意见，并注意吸收和使用已经由农民自己发展的"乡土知识"，大力开展双向沟通，用人与人之间信息交流的形式对对方施加影响力。在将新技术传播给农户后，应经常了解掌握技术的使用效果和使用中遇到的问题，以便及时改进和提高。对不适应条件或效益不理想的技术要立即停止推广，以减少不必要的损失。反馈渠道可以通过田间访问、随机抽查、组织用户座谈、专家田间评估等形式调查了解，也可通过经营服务窗口、科技赶集、开通农技服务热线等形式得到信息反馈。

（三）农业技术推广沟通的技巧

1. 留下美好的第一印象

农业技术推广人员到一个新的工作地点，要与别人第一次见面。初次见面，别人往往对你形成一定的认识，这就是第一印象。农业技术推广人员的工作对象主要是农民，他们都非常朴实，只有给他们一个朴实的印象，推广人员才便于与之交流和沟通，才有利于开展工作。保持面带笑容、自然开朗、朴素大方、积极肯干，就会给人留下美好的第一印象。

2. 做农民的知心朋友

农业技术推广工作者需要成为农民的知心朋友。推广人员要克服以下四方面的缺点。

（1）封闭内向　农业技术推广活动需要推广人员与农民进行大量的交流，如果推广人员性格过于内向，少言寡语，不大愿意主动与人交往，就会被人误认为是"高傲""难以接近"，就会疏远想与推广人员接触的人。

（2）心胸狭窄　推广人员如果心胸狭窄、缺乏自知之明、容不得不同意见，就会断送友情和人缘。在农业技术推广活动中，推广人员应心胸宽广、性格开朗、与人为善。

（3）性格多疑　如果推广人员多疑、对他人不信任、从不与人进行心灵沟通，就很难建立良好的人际关系。推广人员应该相信农民，与农民坦诚相待。

（4）狂妄自大　若推广人员觉得自己知识渊博、经验丰富，因而自以为是、狂妄自大、瞧不起人，会引起农民群众的反感，就会拉大与农民的心理距离。因此，要获得推广事业的成功，做农民的知心朋友，应努力做到以下几个方面：

一是尊重他人，关心他人，对人一视同仁，富有同情心；

二是热心集体活动，对工作高度负责；

三是稳重、耐心、忠厚、诚实；

四是热情、开朗、喜欢交往、待人真诚；

五是聪颖，爱独立思考，善于解答别人提出的问题；

六是谦虚、谨慎、仔细、认真；

七是有多方面的兴趣和爱好，不受本人所学专业的限制；

八是知识渊博，说话幽默。

3. 与农民沟通之前先"认同"

（1）认同的含义　农业技术推广工作比较单调，下乡时会看到农村的大杂院，狗、猪满院跑，鸡、鸭满院飞，初做推广工作都会不习惯。怎么办？这就需要"认同"。"认同"在心理学上是指在千差万别当中，在一定的条件下能够在某些方面趋向一致。认同的过程就是协调人际关系的过程。

（2）认同的三个阶段

① 顺应。就是要求一方迁就另一方。迁就在沟通中很重要，双方暂时迁就，就会有机会互相了解、体谅，各自就会逐渐打开心扉，开始说真话。

② 同化。顺应可能是不十分乐意的，也许是一种策略，而同化则是另一回事，最后可以"入乡随俗"。"人家这样干我也这样干""老推广人员能这样咱也能这样""他是人咱也是人，为什么不能像他那样呢？"这样干得多了，下乡次数多了，就习惯了、适应了，觉得没有什么不舒服不自在了，这就是被同化了。

③ 内化。就是推广人员长期和农民在一起，各方面或某些方面都达到高度一致，十分默契，对于推广对象的性格、兴趣、习惯和作风等摸得很透，十分适应，双方觉得非常合得来。

（3）认同的原则　推广人员和推广对象表现亲密、和睦、团结一致的认同是正常的，但还需注意，这种认同往往是在非原则问题上，并注意用好的同化差的、真的同化假的、文明的同化落后的、积极的同化消极的，不能本末倒置。

（4）站在对方的角度上看问题　推广人员每推广一项技术，每说一句话，都要站在对方的角度上看问题，不妨做这样的假设："我如果是他会怎么看？怎么想？怎么做？"即设身处地，换位思考。做到了这一点，农民就会对推广人员或推广人员推广的内容感兴趣。实事求是、客观地站在对方的角度上看问题，应该成为农业技术推广工作者的工作原则。

（5）善于发挥非正式组织的作用　非正式组织的存在，对农业技术推广活动有积极作用，也有消极作用。就其积极作用而言，它可以沟通在正式交往渠道中不易沟通的意见，协调一些正式组织难以协调好的关系，减少正式组织目标实施中的阻力；同时与非正式组织成员的沟通，还可以结识许多新的朋友，扩大推广效果。就其消极作用而言，容易形成小圈子，一个人有消极的情绪后，会影响到一大批人。

要注意发挥非正式组织的积极作用，纠正和克服消极作用。如在农业技术推广中，寻找非正式组织中的领袖人物，可以将其培养成科技示范户、科技标兵。利用他在非组织中的地位和威信，形成科技推广的"辐射源"，以其为中心向四周成员"辐射"，达到事半功倍的效果。

 **知识归纳**

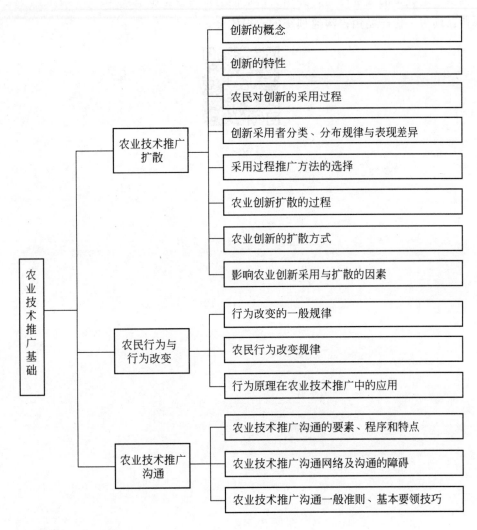

```
                              ┌─ 创新的概念
                              │
                              ├─ 创新的特性
                              │
                              ├─ 农民对创新的采用过程
                              │
                  农业技术推广  ├─ 创新采用者分类、分布规律与表现差异
                  扩散          │
                              ├─ 采用过程推广方法的选择
                              │
                              ├─ 农业创新扩散的过程
                              │
                              ├─ 农业创新的扩散方式
                              │
                              └─ 影响农业创新采用与扩散的因素

  农业技术推广基础              ┌─ 行为改变的一般规律
                              │
                  农民行为与    ├─ 农民行为改变规律
                  行为改变      │
                              └─ 行为原理在农业技术推广中的应用

                              ┌─ 农业技术推广沟通的要素、程序和特点
                              │
                  农业技术推广  ├─ 农业技术推广沟通网络及沟通的障碍
                  沟通          │
                              └─ 农业技术推广沟通一般准则、基本要领技巧
```

技能训练

沟通与交流技能

1. 训练目标

通过现场产品推销，训练针对不同群体、对象的沟通技巧。

2. 训练方式

（1）前期准备　推销的物品，如学生日用品、节日专用物品、青年时尚消费品。

（2）具体方法

① 课堂上，学生互扮推销者和消费者，训练沟通能力。

② 可以规定每位同学在一定时间内推销一定数量的日用品，强化沟通能力的训练，并总结评比。

3. 实战演练

将学生分派到农资门市，训练针对农民的沟通能力。为强化训练效果，规定单位时间内向农民推销一定数量的农资产品，并作为沟通能力的考核依据。

作业：撰写一份产品销售沟通训练的心得体会。

自测习题

第二章

农业技术推广程序、方式与方法

学习目标

知识目标

◆ 掌握农业技术推广的一般程序。

◆ 了解我国农业技术推广的方式。

◆ 掌握技术承包方式的几种类型。

◆ 理解项目计划方式、技物结合方式、企业牵动方式、农业开发方式、科技下乡方式。

◆ 了解农业技术推广的基本方法。

◆ 了解大众传播法的特点，掌握大众传播媒介的类型及应用。

◆ 了解集团指导法的特点，掌握集团指导法的应用。

◆ 理解个别指导法的特点与应用。

能力目标

◆ 明晰农业技术推广的一般程序。

◆ 能解释农业技术推广方式中的项目计划方式。

◆ 能根据不同的推广项目运用具体的推广方法。

第一节 ▶ 农业技术推广程序

农业技术推广程序是农业技术推广方法和技能在推广工作中的具体应用，它是一个动态的过程。我国的农业技术推广程序概括起来可分为项目选择、试验、示范、推广、培训、服务、评价七个步骤。其中试验、示范、推广是农业技术推广的基本程序，其他步骤是在此基础上的辅助措施和手段。

一、项目选择

项目选择是推广工作的前提，是一个收集信息、制订计划、选定项目的过程。如果选准了好的项目，就等于农业技术推广工作完成了一半。项目的选定首先要收集大量信息，项目信息主要来源于四个方面：引进外来技术，科研、教学单位的科研成果，农民群众先进的生产经验，农业技术推广部门的技术改进。

推广部门根据当地自然条件、经济条件、产业结构、生产现状、农民的需要及农业技术的障碍因素等，结合项目选择的原则，进行项目预测和筛选，初步确定推广项目，推广部门聘请有关的科研、教学、推广等各方面的专家、教授和技术人员组成论证小组，对项目所具备的主观与客观条件进行充分论证。通过论证认为切实可行的项目，则转入评审、决策、确定项目的阶段，即进一步核实本地区和外地区的信息资料，详细调查市场情况，吸收群众的合理化建议，对项目进行综合分析研究，最后做出决策。确定推广项目后，制订试验、示范、推广等计划。

二、试验

试验是推广的基础，是验证推广项目是否适应于当地的自然、生态、经济条件，以及确定新技术推广价值和可靠程度的过程。由于农业生产地域性强，使用技术的广泛性受到一定限制，因此，对初步选中的新技术必须经过试验。而正确的试验可以对新成果、新技术进行推广价值的正确评估，特别是引进的成果和技术，对其适应性进行试验就更为重要。同时，新品种的引进和推广也需要先进行试验。

试验一般分为小区试验（又称适应性试验）和中区试验（又称中间试验、区域试验、生产试验）两个阶段。小区试验一般在科研部门进行，中区试验一般在县农业技术推广站（中心）的基地（点）上进行，也可在科技示范户和技术人员承包的试验田中进行。

在推广过程中，进行小区试验是将科研院所、高等院校及国内外的科研成果引入本地、本单位，在较小的面积上或以较小的规模进行试验，其目的是探讨该项技术、新成果在本地的适应性和推广价值。在小区试验基础上进一步扩大试验的规模，即中区试验。中区试验的目的主要是进一步验证新技术的可靠性。通过多年的试验，掌握农艺过程和操作技术，获得第一手资料，直接为生产服务。有时为了加快试验速度，可以在以往农业技术推广工作取得丰富经验和对当地生产实际深刻了解、对新技术有一定了解的基础上，对新技术明显不适应的部分直接加以改进或重新进行组装配套。

三、示范

示范是推广的最初阶段，属推广的范畴。示范是进一步验证技术适应性和可靠性的过程，又是树立样板对广大农民、乡镇干部、科技人员进行宣传教育、转化思想的过程，同时还是逐渐扩大新技术的使用面积，为大面积推广做的准备。示范的内容，可以是单项技术措施、单个作物，也可以是多项综合配套技术或模式化的栽培技术。

目前我国多采用科技示范户和建立示范田的方式进行示范。搞好一个典型，带动一方农民，振兴一地经济。示范需迎合农民的直观务实心理，达到"百闻不如一见"的效果。因此，示范的成功与否对项目推广的成效有直接的影响。

四、推广

推广是指新技术应用范围和面积迅速扩大的过程，是科技成果和先进技术转化为直接生产力的过程，是产生经济效益、社会效益和生态效益的过程。新技术在示范的基础上，一经决定推广，就应切实采取各种有效措施，尽量加快推广速度。目前常采取宣传、讲座、技术咨询、技术承包等手段，并借助行政干预、经济手段的方法推广新技术。在推广一项新技术的同时，必须积极开发和引进更新、更好的技术，以保持农业技术推广的旺盛生命力。

五、培训

培训是一个技术传输的过程，是大面积推广的"催化剂"，是令农民尽快掌握新技术的关键，也是提高农民科技文化素质、转变农民行为的有效途径之一。培训时多采用农民自己的语言，不仅通俗易懂，而且农民爱听，易于接受。

培训方法有多种：如举办培训班、开办科技夜校、召开现场会、巡回指导、田间传授和实际操作，建立技术信息市场、办黑板报、编印技术要点和小册子，通过广播、电视、电影、录像、电话等方式宣传介绍新技术、新品种。

六、服务

服务贯穿于整个推广过程中，不局限于技术指导，还包括物资供应及农产品的贮藏、加工、运输、销售等利农便农的服务。各项新技术的推广必须行政、供销、金融、电力等部门通力协作，为农民进行产前、产中、产后一条龙服务，为农民排忧解难。

具体来说，就是帮助农民尽快掌握新技术，做好产前市场与价格信息调查、产中技术指导、产后运输销售等服务；为农民做好采用新技术所需的化肥、农药、农机具等生产资料供应服务；帮助农民解决所需贷款的服务。所有这些是新技术大面积推广的重要物质保证，没有这种保证，新技术就谈不上迅速推广。以上几方面也是新技术、新产品推广过程中必不可少的重要环节。

七、评价

评价是对推广工作进行阶段总结的综合过程。由于农业的持续发展，生产条件的不断变化，一项新技术在推广过程中难免会出现不适应农业发展的要求，因此，推广过程中应对技术应用情况和出现的问题进行及时总结。推广基本结束时，要进行全面、系统的总结和评价，以便再研究、再提高，充实、完善所推广的技术，并产生新的成果和技术。

在农业技术推广程序中，"试验、示范、推广"是三个基本环节，一般情况下按照这一基本程序进行。特别是某项技术的适应性、有效性未得到充分论证时，组装配套技术若在没有相应配合的情况下盲目大规模推广，往往会给生产造成损失。但在推广实践中，有很多情况需要灵活掌握推广程序。通常在下列情况下可以灵活运用推广程序。

第一，在相同自然条件下，由于发达地区和欠发达地区农民思想观念和经济条件不同，某项新技术已在发达地区大规模推广，而欠发达地区尚未采用，这种情况下可以组织农民到发达地区参观，运用示范、培训等推广手段直接进行推广。

第二，农民在多年的实践中总结出的行之有效的实用技术、先进经验等，推广部门在及时总结关键技术的同时，可采用召开现场会等方式进行大力宣传，不必进行试验、示范就可以在同类地区直接大力推广。

第三，科研部门在当地自然条件和生产条件下培育的某些新品种等成果，由于在本地区进行了多年多点试验和一定规模的示范，在农民中产生了一定的影响，这样的品种一经审定后，可直接进入推广领域，不必重复试验。

第四，由于科研单位研究的某项技术就是针对某一地区存在的主要问题进行研究的，当研究成功后，可以减少中间环节，直接在当地推广。

第五，大规模综合组装的技术多数是在当地应用多年的各单项技术，或是正在推广应用的技术，实践证明是行之有效的，所以组装起来后不必进行试验、示范，就可在同类地区大力推广，达到增产、增收的目的。

第六，科技成果管理规定，某些科研成果在认定时，必须有一定的试验、示范规模，而这些试验、示范工作多是科研部门和推广部门共同完成的，对于这样的成果，推广部门不必进行试验、示范，就可以在其适应的区域内推广。

第七，"教学、科研、推广"相结合的协作攻关项目，教学、科研、推广单位统一制订试验研究和示范推广方案，由攻关人员在试验基地进行试验研究后，筛选出最优调控模式并进行示范，这样的成果通过鉴定后，即可直接在适宜地区推广。

综上所述，农业技术推广程序在推广过程中起着非常重要的作用，是推广工作的步骤和指南，不但要求每个推广人员必须掌握，而且还要求推广人员根据项目的性质及当地自然条件和经济条件灵活运用。

案例

测土配方施肥技术是湖南省重点推广的一项农业技术。株洲县农业局土肥站在推广测土配方施肥技术时，精心组织、认真落实，重点进行试验、示范、培训和土样分析，为不同乡镇农民提供适合当地土壤和作物的施肥配方。他们主要开展了以下工作。

一是开展项目试验，让测土配方施肥技术深入农民心中。为了大力推广测土配方施肥技术，土肥站组织开展了肥效田间试验，即"3415"田间试验10个、肥效校正试验10个、不同肥料用量试验2个、不同质地土壤及追肥比例试验2个。通过试验探索经验，也能对农民进行示范和引导，让农民看得见、学得着。

二是开展技术培训，提高农民科学施肥水平。结合全县土壤条件、作物生产情况和农民要求，在洲坪、太湖、雷打石三个水稻测土配方施肥核心示范区开展测土配方施肥技术培训，举办技术培训班24期，培训农民2215人，发放"测土配方施肥技术明白纸"2000余份、"测土配方施肥建议卡"2200余份。通过培训农民既学到了测土配方施肥技术，又提高了科学施肥水平。

三是开展技术指导，提供配套技术服务。重点指导科技示范户、水稻测土配方施肥核心示范区农户采用测土配方施肥技术。土肥站更新仪器设备，免费为农民进行土壤样品分析，并提供施肥配方。协调生产资料经营部门购进所需要的化肥，满足农民实施测土配方施肥技术的需要。

经过3年的不懈努力，测土配方施肥技术已经在全县推广应用，创造了良好的社会效益和经济效益。

第二节 ▶ 我国的农业技术推广方式

随着农业由计划经济向社会主义市场经济、粗放经营向集约经营经济增长方式的加速转变，现代农业技术推广也正向"农业增效、农村稳定、农民增收"的目标转变，其服务范围和内容也正向产前、产中、产后全过程服务，以及"产、供、销"等一体化系统服务转变。农业技术推广在新的形势下，推广方式在继承原有的示范、培训、蹲点、咨询等方式的同时，提出并形成了一些适应市场经济发展和"两高一优"的农业发展新形式。

一、项目计划方式

项目计划方式是政府有计划、有组织地以项目的形式推广农业科技成果，是我国目前农业技术推广的重要形式。农业科技成果包括国家和各省、市（县）每年审定通过的一批农业科技新成果，农业生产中产生但尚未推广应用的增产新技术，以及从国外引进、经过试验示范证明经济效益显著的农业新技术。各级农业科研行政部门和农业技术推广部门，每年都要从中编列一批重点推广项目，有计划、有组织地大面积推广应用。如农业农村部和财政部共同组织实施的综合性农业科技推广"丰收计划"，科技部设立的"国家科技成果重点项目推广计划"及应用科技振兴农村经济发展的"星火计划"，教育部提出的"燎原计划"，还有"菜篮子工程"、科技扶贫项目、黄淮海综合开发、农业科技园区建设项目等。各省、直辖市、自治区不同层次还有相应的推广项目，这些均已成为农业新技术推广的重要途径。

按项目计划推广，一般要经过项目的选择、试验、示范、推广、培训、服务、评价等步骤。项目要选择当地生产急需的、投资少、见效快、效益高的技术；适应范围广、增产潜力大、能较快地在大面积上推广应用的技术。项目的论证要考虑到推广地区农民的文化素质和经济状况、推广人员能力，以及物资供应、市场影响等因素。项目经过论证，报上级批准后，方可定为推广项目。一般各级管各级的推广项目，由上级主管部门组织协调实施。一个项目一般推广3～4年，取得预定效益后再实施新的推广项目。

项目计划实施时，一般动员和组织教学、科研、推广三方面的成员组成行政和技术两套领导班子。技术指导小组负责拟定推广方案及技术措施；行政领导小组主要协调解决推广中的各种矛盾和问题，做好农用物资供应及科技人员的后勤服务工作。

二、技术承包方式

技术承包方式主要是各级农技推广部门、科研、教学单位利用自身的技术专长在农业技术开发的新领域，为了试验示范和获取部分经济效益的一种推广形式，是推广单位或推广人员与生产单位或农民在双方自愿、互惠、互利的基础上签订承包合同，运用经济手段和合同形式推广技术。它是联系经济效益计算报酬的有偿服务方式。

在具体的推广过程中，承包可以是技术推广组织或个人，也可以合股联合；可以承包单项技术，也可以承包某种作物；可以承包某户、某村，也可以承包某个地域；可以一季一包、一年一包，也可以一包几年；可以进行农事劳务承包，也可以进行产品后的处理，如保鲜、贮藏、加工、运输、销售等方面的承包。目前技术承包归纳起来主要有以下 5 种类型。

1. 联产提成

承包方对所承包的项目负责全过程综合性技术指导，并规定产量、质量指标，超产按规定比例提成，减产要分清原因，如因技术失误应按规定赔偿。

2. 定产定酬

承包方对其承包的项目负责技术指导，达到规定的产量指标，按规定收取报酬，除因技术失误造成减产外，不取报酬，也不赔偿。

3. 联效联质

承包方对其承包的项目负责技术指导，达到或超过规定的效果和质量指标，则给予合理的报酬，如因技术失误达不到规定的效果和质量而造成损失，则应适当赔偿。

4. 技术劳务

这种方式是指耕地承包，育秧、插秧承包，防治病虫害承包，收获、脱粒、运输、销售承包等，不仅包技术，还包劳务。签订合同，保质保量，实行有偿服务。根据具体情况，又有全包、半包和临时包，这主要取决于双方自愿。下面以植物病虫害防治技术劳务承包为例。

（1）全包　植保站（公司）与农户签订合同，带人、带机、带药防治病虫，合同规定双方的权利和义务，如防治面积、防治次数、防治效果、应交纳费用、双方的经济责任等。

（2）半包　由农民购药，植保站（公司）负责定期检查病虫发生情况和确定防治适期，并派人出机进行防治，农民交纳一定的防治费用。

（3）临时包　由植保站（公司）发出病虫情报，农民临时请植保公司承包，植保公司带人、带机、带药进行防治，防治一次，就包一次效果，农民交一次费用。

5. 集团承包

集团承包是近几年来在以上四种技术承包基础上兴起的农业技术推广新方法。这个集团是由技术、行政、商品、供销、财政、金融等多部门的人员组成的技术推广团体，在充分调动各方面积极性的基础上，做到以配套技术为核心、行政领导为保证、物资服务为基础，达到推广技术、促进生产的目的，也称为"政、技、物"三结合的推广运行机制。

集团承包是为农民提供综合和系列服务的好形式，它有利于大项目、重点项目的实施，并形成规模生产、规模效益。承包集团可以包项目、包规模、包技术指导、包产量、包效益，并开展技术、信息、物资、培训全方位的服务。

承包要坚持双方自愿、有偿服务、层层签订合同，明确双方"责、权、利"，并进行公证。实践证明，搞好农业技术集团承包要建立"三个系统"，即建立领导指挥决策系统、专家技术指导系统、物资供应服务系统，实行"三农"结合，即农业院校、农业科研单位、农业技术推广机构共同参与集团承包。

技术承包虽然取得了一定的成绩，但也有不少问题有待研究解决，如减产了要赔款，超产却要不到超产款。此外，承包者要担风险，如遭受自然灾害的影响，因生产资料（如农药、化肥、农膜等物资）短缺或供应不及时影响了产量，虽然不是承包者的责任，但减产了总是影响承包者的声誉。

三、技物结合方式

技术与物资结合是近年来出现的一种行之有效的推广方式，它是以示范推广农业技术为核心，提供配套物资及相关的产品销售加工信息服务。这就要求农业技术推广人员采取技术、信息和配套物资三者相结合的推广方式。2006 年发布的《国务院关于深化改革加强基层农业技术推广体系建设的意见》中指出，积极稳妥地将国家基层农业技术推广机构中承担的农资供应、动物疾病诊疗以及产后加工、营销等服务分离出来，按市场化方式运作。鼓励其他经济实体依法进入农业技术服务行业和领域，采取独资、合资、合作、项目融资等方式，参与基层经营性推广服务实体的基层设施投资、建设和运营。

推广机构兴办经济实体，是技物结合推广方式的具体表现形式。常言道，"既开方又卖药"，即根据技术推广的需要，经营相应的物资供销业务，这样就解决了过去技术推广与物资供应相脱节的弊病，为加速农业技术推广，提高经济效益提供了物质保障。如畜牧兽医技术推广部门，办孵坊、育雏、配种、饲养保险，出售良畜、种蛋、兽药等经济实体；植保技术推广部门供销农药、药械、燃油、地膜、生长激素等，开展药械租赁、维修业务等经济实体；养蜂技术推广部门兴办实体，提供养蜂技术咨询，组织蜂具生产和供应，联系蜜源地点和运输，以及蜂产品的收购和销售等配套服务。

技物结合推广方式的作用在于：第一，技术推广与农用物资经营相结合，增强了推广机构自我积累、自我发展的能力，改变了过去"实力不强，说话不响，办事不像"的被动局面，使一大批新技术、新物资能及时应用于生产；第二，促进了农用物资的流通，方便了群众，满足了生产的需要；第三，农业技术推广机构及推广人员可因地制宜地开展产前、产中、产后系统服务，兴办经济实体，走农业产业化之路，有效地促进了农业生产的发展。

需要注意的是，农业技术推广机构兴办经营实体必须以农民的实际需要为出发点，以为农民服务为指导思想，不搞单纯追求经营利润活动，一切经营活动都应该立足于农业技术推广。"立足推广搞经营，搞好经营促推广"，要把推广与经营紧密结合起来，坚持工作实体与经营实体同步、协调、和谐发展。

四、企业牵动方式

为了适应新阶段农业和农村经济结构调整的需要，兴办农产品加工等龙头企业，发展"贸工农、产加销"一体化，以市场为导向，农民按合同生产、交售，企业按合同收购、加工、销售，使农民种养有指导，生产过程有服务，销售产品有门路。这种推广方式，企业承担了一部分农技推广工作，同时加强了基地建设，形成了生产经营规模，搞活了市场，引导农民完成产业结构的调整。

目前出现的推广形式主要为"公司＋基地（农户）＋市场"类型。例如，荷兰豆的推广应用就是采用的这种方式，即基地农民种植生产→农技人员指导→企业加工销售。这种模式对促进我国"两高一优"农业生产的持续发展是个极好的途径。

企业牵动推广方式的优点：一是实现利润在各个环节的合理分配，生产者、加工者和销售者利益均沾，风险共担；二是农业技术推广机构已成为企业内部的一个机构，推广机构、企业与农民三者的经济效益紧捆在一起，加强了新技术推广的紧迫感和责任感；三是农技推广活动成了企业的一个重要活动，其活动经费、技术人员的报酬等直接进入生产成本，由企业支付，减轻了国家负担。这种推广方式也有它的局限性，只适于商品率高、经济效益比较高的畜牧、水产和某些特殊经济作物。在市场经济还不发达的情况下，宜成立各类农村合作经济组织和专业协会，快速推广先进科技成果，提高农民的产业化经营水平和抗市场风险能力。

五、农业开发方式

该方式主要是指对尚未利用的资源运用新技术进行合理开发利用，使之发展成为有效的农业新产业。其中农业科技开发是手段和桥梁，是农业开发的核心。农业开发模式主要是按照"两高一优"农业高新技术发展的要求，满足广大农民对农业生产高效益的需要。

具体办法是，农贸结合，建立基地，推广农业技术，开展综合服务，走以市场为导向的农业技术推广新路。此法的好处是，促进了各地"名、特、优、新、稀"农产品的开发性生产。由于我国各地自然资源和社会资源的不同，社会经济条件也存在较大的差异，因此在开发农业资源所采取的途径、方式也就有所不同，也就出现了不同的农业开发类型，主要有以下几种。

1. 创汇农业开发

该类型以出口创汇为目标，以开拓国际商品市场信息为依托，以科学技术开发为龙头，集中投入一定的财力、物力和人力，建立出口创汇生产基地。这种开发方式，技术周期短、更新快、对市场反应灵敏，因而对市场和技术信息依赖性强，对人才的条件要求也比较高。

2. 区域综合开发

该类型开发模式根据区域规划和生产力的合理布局，为建立不同类型、不同层次的"种、养、加工、生产、销售"一条龙的商品生产基地，促进各生产要素的优化配置，实行多学科、集团化、集约化的基地开发。

3. 城郊农业开发

这种科技开发方式，按照"服务城市、富裕农村"的原则，以实施"菜篮子工程"为主要内容，把科技开发纳入区域城乡经济发展计划，满足城市人民的生活需要，既促进城市大工业的发展，又有利于城郊自身经济的繁荣。

4. 庭院经济开发

该类型以庭院农业为基础，围绕主导产品实行多层次的空间利用和种、养配置，发展相应的技术，使多年不显眼的空地变成商品生产的场所，使专业户升华为规模经营。

5. 生态农业开发

该类型以生态学理论为指导，把农业资源作为一个系统，通过科学技术的投入，合理有效地发挥各种资源的生态潜力，形成复合的、立体的、农林牧渔综合发展的农业生产结构，达到合理利用地表、地下、水面、空间，使社会效益、生态效益和经济效益有机地统一，促进农业持续稳定地发展。

6. 系列化产业开发

该类型以一项农产品生产经营为基点，然后延长、拓展，逐步形成产前、产中、产后的系列化配套技术体系，使单纯出售初级农产品转向农副产品的深度加工开发，从而提高农业经济的整体效益。

六、科技下乡方式

科技下乡是以大专院校、科研院所等单位为主体，将高校、科研机构和技术部门的科技成果和先进技术，通过适当的方式（如科技大篷车、小分队等）介绍给农民和乡镇技术干部，使科技应用于农村各行各业，从而推动农村经济的发展，有利于提高社会、生态、经济效益，加速乡、村物质文明和精神文明的建设。

科技下乡是具有中国特色的农业技术推广方式，具有多重意义，具体如下。

① 科技下乡是"科教兴国""科教兴农"的政策体现，推动了"农科教、产学研"的结合，促进了农村经济的发展。

② 科技下乡为学校与地方、教授与农民沟通信息架起了桥梁，实现了农业科技信息的直接传递，加速了高校、科研院所科技成果的转化及农村产业结构的调整。

③ 科技下乡是目前我国农业技术推广体系的重要补充。科技下乡一般由农业主管部门牵头组织，由科研院所和大专院校具体实施；具有技术性强、针对性强、系统性强等特点，能对症下药，解决实际问题，加快了科技推广速度。

④ 科技下乡是提高农民科学文化素质的有效途径。通过科技下乡，向农民灌输新思想、新观念、新理论，增强科技意识。

⑤ 有利于充分发挥科研院所和大专院校的潜力。科技下乡活动为科研和生产实践找到了结合点，为教学、科研提供生产中需要研究的新问题、新思路，培养、锻炼一批理论基础扎实、实践经验丰富的科研、教学业务骨干。

⑥ 科技下乡有助于农村调查研究，有利于宣传党的方针政策。

七、科技入户方式

科技入户方式是科技成果转化的直通车，能打通农技推广的"最后一公里"。农户作为我国农业生产经营的基本单位，承担着接受和使用农业新技术的任务。从农业发展和农民实际需要出发，推动农业科技入户，对于提高农民科学文化素质和科技应用水平，加速农业科技进步与创新，加快建设中国特色的现代农业，具有特殊重要的意义。为此，农业部在2004年专门颁发了《关于推进农业科技入户工作的意见》，以文件形式系统地要求推进科技入户这种农业技术推广方式，并全面地提出了20条行之有效的措施。

科技入户方式是组织各级各类科技单位和人员深入生产第一线，示范推广优良品种和配套技术，对农民进行农业科技培训，实现"科技人员直接到户，良种良法直接到田，技术要领直接到人"；直接目的是培育和造就一大批思想观念新、生产技能好、既懂经营又善管理、辐射能力强的农业科技示范户，发挥科技示范户的带动作用，拓宽科技下乡的渠道；同时在全国构建政府组织推动，市场机制牵动，科研、教学、推广机构带动，农业企业和技术服务组织拉动，专家、技术人员、示范户和农户互动的新型农业科技网络。

八、专业协会方式

专业技术协会、专业合作社是农民在参与市场过程中，根据当地产业发展特点，自发组织起来的，是以农民为主体、农民技术员为骨干，吸收部分专业技术人员作顾问，主动寻求、积极采用新技术、新品种，谋求高收益的经营组织。各地常见的农民专业技术协会有专业合作社园艺协会、种植协会、养殖协会、果树协会等多种专业类型。

中共中央、国务院在《关于当前农业和农村经济发展的若干政策措施》中明确指出："农村各类民办的专业技术协会（研究会），是农业社会化服务体系的一支新生力量。各级政府要加强指导和扶持，使其在服务过程中，逐步形成技术经济实体，走自我发展、自我服务的道路。"

专业协会、研究会、合作经济组织上靠科研、教学、推广部门，下连千家万户，面对城乡市场，且有较强的吸收、消化和推广新技术与新成果的能力，以及带领农民走向市场、参与市场竞争的能力，已成为农业技术推广的新型组织形式，成为一支重要的推广力量。目前，我国农村专业协会、专业合作社进行农业技术推广工作主要有以下三种方式。

一是技术服务方式。农村专业协会、专业合作社通过开展技术研讨活动，交流、发现和解决一些农业生产中的技术难题，为会员及周围群众的生产、经营提供技术服务。

二是开发方式。通过引入教学、科研单位进行协作攻关，解决当地一些影响农业生产发展的主要技术问题，或引入大的农业项目，来进行共同研究与开发。这种方式实现了研发者和生产者的直接结合，有利于研究新的技术措施，开发新的生产项目，能产生较好的社会效益和经济效益。

三是"科、教、商贸"一体化方式。农村专业协会、专业合作社牵头组织，由农业科研单位进行项目的研发、选择与改造组装，农业教育部门进行技术培训和推广，物资部门进行农业生产资金的组织、农用物资的配套供应和农产品的销售、运输和深加工。

第三节 ▶ 农业技术推广的基本方法

农业技术推广方法是指农业技术推广部门、推广组织和推广人员为实现农业技术推广目标所采取的不同形式的组织措施、教育和服务手段。对农业技术推广方法的分类有多种方式，但最常用的一种是根据信息传播方式的不同，分为大众传播法、集体指导法和个别指导法3类。

一、大众传播法

大众传播法是指农业技术推广人员将有关的农业信息经过选择、加工和整理，通过大众传播媒介传递给农业技术推广对象的方法。

（一）大众传播媒介的特点

1. 传播的信息权威性较高

信息权威性的高低，除了与信息本身的价值高低有关外，还与信息传播机构的声望有关。如中央电视台和某个人发布同一信息，人们在心理上的接受程度是不一样的。同样的信息，由大众媒介传播，就比个人传播具有更高的权威性。

2. 传播的信息量大，速度快，成本低，效益高

大众媒介，如印刷品可印刷若干份、广播稿件可播放多次，且通过大众媒介可在较短时间内把信息传遍全国乃至全世界。由于大众媒介传播速度快，范围广，尽管制作需要投入较多的资金，但如果按接收节目人数的平均费用计算，大众传播媒介提供信息是最廉价的。

3. 信息传递方式基本是单向的

通过大众传播媒介发送信息，信息发出者与接受者之间无法进行面对面的沟通，基本上属于单向传播。

（二）大众传播媒介的类型

大众传播媒介主要有文字印刷品媒介和视听媒介两种类型，并各有自己的特点。

1. 文字印刷品媒介

文字印刷品媒介主要包括报纸、书刊和活页资料等，它属于占有空间的媒介，读者享有控制阅读速度、阅读时间和地点的主动权。这种媒介在传播理论、观念及较详尽的资料等方面，效果较好。

（1）报纸、杂志　报纸传播的对象广，速度较快，信息容量比较大。推广人员可通过报纸报道一些重要的农业技术推广活动或与农业技术推广有关的各种信息。推广人员可通过报纸报道下列内容：重要的推广活动，如调查研究、参观考察、演讲、会议等；各种与推广有关的信息，如科研成果、推广成果、典型经验、市场信息、统计数据等；特写文章，较详细介绍的背景信息。

杂志与报纸相比，容量更大、内容更丰富，但一般周期较长，及时性方面不如报纸。

（2）墙报　墙报是应用比较广泛的一种技术推广手段。一般来说，墙报具有体裁广泛，形式、内容丰富，时间可根据要求而定，且省时省力、灵活多样等特点，是适合于在一定区域内传播农业技术推广信息的媒介。墙报一般张贴在人群密集的建筑物上，或是村委会、公共场所的墙壁上。当然，如果再加上新颖实用的内容，图文并茂、具有乡土气息的版面，就一定能够吸引更多的农民。但墙报具有传播面狭小的缺点。

（3）黑板报　黑板报具有花费少的优点。它是一种既经济又实用的推广传播媒介，可以在人群密集的街道、农贸中心等地方挂一块黑板，利用文字或图表进行有关农业技术推广信息的传播。办黑板报在内容选择方面一定要与时俱进，切实根据农民当前生产的实际需要或针对需注意的问题，用文字或图表以简明扼要的形式加以介绍，以便让农民及时了解。此外，也可利用黑板报刊登有关科普知识，如有关食品安全等方面的问题，提高农民的文化素质。黑板报要注意经常更新内容。

2. 视听媒介

广播、电视、录像、电影等属于视听媒介。用这种媒介宣传信息，比单纯的语言、文字、图像（绘画、照片）传播信息更直观，更形象化。视听媒介以声像与农民沟通，是一种农民喜闻乐见的方式。

（1）广播　广播是依靠声音传递信息，且占用时间的媒介。其传播速度快，适于传播较简单的信息，如天气预报、病虫害警报、宣传农民典型成功的经验等。因此广播是一种传播农业信息常用的手段。广播包括无线广播和有限广播两种，二者都是只能单程传递声音，不能传递图像。

（2）电视　电视是可将图像和声音远距离直接传播的一种手段，是当代人们传递和接受声像信息最多、最快的一种工具。在农业技术推广中，可运用电视节目举办农业技术专题讲座，介绍新信息、新品种和新成果等，影响面大，效果好。在电视教学中，把原理、原则与实物、图片、图标、数据结合在电视媒介中运用，是一种理论联系实际的有效手段。电视教学的内容根据需要灵活安排，时间可长可短，可复制使用，也可作为技术培训的使用。

（3）录像　录像是把图像和声音信号变为电磁信号的过程。如为了搞好品种推广，在农民采用前，农业技术推广人员可把成果示范的整个过程用录像把它记录下来，然后播放给农民看，这样可以使农民在较短的时间内亲眼目睹品种栽培的整个过程，使农民自愿改变行为，达到农业技术推广的目的。

（4）电影　电影是用摄影胶片，通过复杂的调控过程，用声、光、电传递音像的一种动态视听媒介。农业电影主要有农村故事片、农业科教片、农业纪录片等。在农村可经常播放科教片，寓教于乐，既传播农业新技术，改变农民的传统观念，又可作为一种群众性的娱乐活动，效果俱佳。

（5）网络　通过网络传播农业技术已成为广大农民接受新技术的一条重要渠道。网络传播具有以下特点。

一是实时性。信息可以实地随时传播，既包括了传播的真实性，又包括了传播的有效性。农业新技术可以在网络上以文本、图像、音频、视频形式立即公布，满足广大农民的技术需求。

二是兼容性。与传统大众媒体相比，网络具有极大的兼容性，包括了所有媒体的传播方式，可以实现双向传播。

三是延展性。从时间上看，不受传统媒体出版发行周期的限制；从空间上看，信息的发布是无限的。

目前，我国的农业信息网络建设速度很快，网络终端已经普及到乡镇，下一步建设的重点是村级信息网络。广大农民足不出户、轻点鼠标，就能了解到各类农业技术和市场信息，还可以利用网络出售自己的产品。

3. 静态物象传播媒体

静态物像是以简要明确的主题将物像展现在人们能见到的场所，从而影响推广对象的方式。如广告、标语、科技展览、陈列等。静态物像媒体以静态物像与农民沟通。这里着重介绍科技展览陈列的方式。

科技展览是将某一地区成功的技术或优良品种的实物或图片定期、公开地展出。由于科技展览把"听"和"看"有机地结合起来，环境和气氛比较轻松愉快，有利于推广人员和农民的和谐交流，也有利于技术的普及和推广。为提高科技展览的效果，一般应将展览场所安排在交通方便、较为宽敞的地方，并设置明显的标记。展览之前，要广为宣传，使农民知道展览的时间和内容；展览过程中，陈列品要突出主题，以明显的对比、生动的形象、鲜明的色调，配合讲解，示范表演。最好在介绍技术时，附有资料或销售相应的生产资料和其他物品。科技展览的陈列品有以下几种形式。

（1）样品　如农用物资、农机具、农业生产成果样品或标本等，能直观地反映推广内容的形态特征，加上图文介绍，便于农民了解其性能、特点、使用方法等。使用样品可信度高、直观性强，便于扩大传播范围和满足农民重复性学习的要求。在展品选择上，要求具有典型性和代表性，反映出实物的真实特征，可通过操作、表演、示范方式强化传播效果。

（2）模型　如绘制农业技术成果的图片或制作模型，反映其特征或特性。可以运用放大、缩小或夸张手段，提高清晰度和可视性，一般比实物造价低、耐搬运。

（3）照片　与模型的特点和功能基本一致，照片的画面更真实可信。通过对不同时间、空间的照片进行编辑、排列，可以全面、系统地反映农业技术的全过程，增强传播效果。

（三）大众传播法的应用

从事农业技术推广工作，要根据大众传播媒介的不同特点和农民采用新技术的不同时期，灵活选择合适的传播媒介，以提高农业技术推广的效果。

如在农民采纳新技术的认识阶段，可利用广播、电视等传播适合农民需要的科学技术新信息，以引起农民的注意和重视；当农民已经了解科技信息，需要进一步深入学习时，应采用科技展览的方法，新技术与原技术对比可加深他们的认识，激起对新技术的兴趣；当农民准备试用时，就应向他们提供相应的产品、资料等，组织现场参观，使他们掌握技术细节，以确保试用的成功。

总之，大众传播的方法要根据不同的推广对象及其认识程度，有针对性地采用。一般来讲，大众传播法适用于以下几种情况。

① 介绍农业新技术、新产品和新成果等，让广大农民认识新事物的存在，并引起他们的注意。

② 传播具有普遍指导意义的有关信息（包括家政和农业技术信息）。

③ 发布天气预报、病虫害预报、警报等，并提出应采取的具体防范措施。

④ 针对多数农民共同关心的问题提供咨询服务。

⑤ 宣传国家的农业政策与法规。

⑥ 介绍某人的成功经验，以扩大影响面。

二、集体指导法

集体指导法又称群体指导法或团体指导法，它是指推广人员在同一时间同一空间内对具有相同或类似需要与问题的多个目标群体进行指导和传播信息的方法。运用这种方法的关键在于形成适当的群体，即分组。一般而言，建立成员间具有共同利益、易于沟通的群体是比较理想的。

（一）集体指导法的特点

（1）与个别指导相比，集体指导法对象相对较多，因而推广效率较高　集体指导法是一项小群体活动，涉及目标群体相对较多，推广者可以在较短时间内把信息传递给预定的目标群体。

（2）基本是属于双向交流，反馈及时　推广人员和目标群体可以面对面地沟通，这样在沟通过程中若存在什么问题，可得到及时的反馈，以便推广人员采取相应的方式，使农民真正掌握所推广的技术。

（3）利于开展讨论，达成一致意见　推广人员与农民可以进行讨论，农民与农民也可以直接进行讨论或辩论。通过讨论可以澄清其对某些技术信息的模糊认识和片面理解。通过互相交流、讨论，最后达到完全理解、掌握技术的目的。

（4）在短时间内难以满足每个人的特殊要求　集体指导法的指导内容一般是针对这个小群体共同关心的问题进行指导或讨论，对某些人的一些特殊要求则无法满足。

（二）集体指导的原则

1. 重引导，坚持自愿参加

集体指导的内容，一定要适合农民的需要，要想农民之所想，急农民之所急，讲农民心里想知道、想解决的问题，这样才能调动农民学知识、用技术的积极性，引导农民主动自愿参加学习。不能采用强迫的手段，要求农民学习。

2. 重实际，考虑农民特点

农民既是生产者又是经营者，他们每天除了从事生产和经营活动外，还要完成许多家务劳动，体力和精力消耗很大，所以农民晚上休息较早。为此，进行集体指导时，一方面要选择合适的时机，如雨天和农闲季节；另一方面，要努力提高集体指导效率，讲课时多举实例，多讲怎么做、少讲为什么，尽可能利用课件、挂图、实物、标本、音像等直观指导教具，有助于提高农民参与仿效的积极性。

3. 重质量，注重指导效果

集体指导的对象多而复杂，授课前一定要做好充分准备。讲课要有讲稿或教材，必要时可印发一些文字材料，对农民容易提出的问题及解答的方式、方法做到心中有数。同时讲课时语言要简洁精炼，形象生动，幽默风趣，朴实无华。

（三）运用集体指导的要求

1. 对推广对象的要求

集体指导是推广人员与农民、农民与农民之间面对面交流的集体活动，所以选择参加集体指导的对象必须是对同一类问题感兴趣的人，这样容易在讲授、示范、讨论过程中形成共同的语言和兴趣，实现同一目标。

2. 对时间的要求

多数人同意后，就把集体指导的时间确定下来，利用各种方式通知每位参加者，尽量保证全部参加。

3. 对方法的要求

集体指导法的方法较多，如小组讨论、示范、讲座、现场会、参观考察等。指导方法的选择要根据培训的内容和效果而定，选择能解决问题的最有效方法。有时根据要求可以两种或几种方法结合，穿插进行，如讲座与参观考察、小组讨论与示范相结合等。

4. 对方式的要求

参与式讨论是集体指导方法最突出的特点，因此，必须引导农民提高参与意识，只有当每位成员充分参与到该组织中来，并敢于发表自己的见解时，才能使这一形式更活泼、更具有吸引力，从而收到理想的效果。

5. 对规模的要求

小组活动的规模不能太大，一般最适宜的小组规模为20～40人。规模大，容易出现松散，讨论问题时也不容易形成一致的意见；规模小，有利于成员之间的密切接触，有更多的参与机会，有更多的条件来增进友谊与互相帮助。

（四）集体指导法的具体应用

集体指导法的形式很多，常见的有集会、小组讨论、示范（如成果示范、方法示范）、实地参观和短期培训等，现分别介绍如下。

1. 集会

集会有很多种类，按讨论的方式分类，有以下几种形式。

（1）工作布置会　上级推广部门向下级推广部门安排部署推广项目时，一般多用这种形式。在工作布置会上，提出项目要求、目标、方法和具体实施方案。

（2）经验交流会　邀请项目推广的先进典型、劳动模范、科技示范户等介绍他们的经验、做法及体会，达到传播技术和经验的目的。

（3）专题讲习班　定期用广播或报告会的形式，就推广项目的技术问题进行讲解，或提供有关信息和技术专题知识，组织农民听讲，规模可大可小，根据实际情况而定，时间以1天为宜。例如，农药安全使用、病虫测报、土壤诊断测试讲习班等。

（4）科技报告会　组织专家、学者和农业技术推广人员成立科技报告团，进行巡回演讲并发放科技信息资料，报告内容要精炼，适合农民需要，时间宜短不宜长。

2. 小组讨论

小组讨论是由小组成员就共同关心的问题进行讨论，以寻找解决问题方案的一种方法。对推广人员来说，通过组织小组讨论，一方面是使大家共同关心的问题达成共识，另一方面是通过交流，达到互相学习的目的。这种方法的优点在于让参加者积极主动参与讨论；同时可以倾听多方的意见，从而提高自己分析问题的能力。其不足之处是费时，而且如果人数太多，效果也不理想。

为了搞好小组讨论，提高小组讨论的效果，应注意做好讨论前的准备工作。这需要明确讨论的主题，确定讨论的参加者和讨论的地点，并做好通知。一般小组讨论的适宜人数在6～15人，最多也不应超过20人。讨论地点最好安排在一个较安静、环境较好的地方。

一般来说，讨论由推广人员主持。如果参加者中有些人组织能力较强，也可以选择参加者来主持。讨论时，一般主持人和参加者一起就座，常坐成圆圈型，这样可以消除彼此的距离障碍。在讨论开始时，主持人一般先向参加者介绍讨论的主题，并简明扼要地说说讨论的目的和意义。在讨论过程中，主持人最主要的职责是为大家创造一个轻松、愉快的讨论环境，尽量创造条件让所有的参加者都能积极主动地参与讨论，畅所欲言，同时做好讨论的记录。在讨论结束时，就大家共同关心的问题做一下总结，以取得预期的效果。

3. 成果示范

成果示范是指在农业技术推广专家（技术人员）的直接指导下，农业生产者在自己承包经营的土地上，把经当地试验示范取得成功的某项技术成果或综合组装配套技术，严格按照其技术规程要求实施，将其优越性和最终成果展示给周围的农民，以引起周围农民的兴趣和采纳激情，并采用适当的方式鼓励、敦促他们仿效过程。这种方法用农民实际成功的经验去推广新技术，更能引起农民学习的兴趣。但作为成果示范的技术一定是在当地经过试验示范成功的技术，且选择的内容要与农民和社会的需求相一致。成果示范的组织与实施需注意以下几个方面。

（1）成果示范前的准备　首先，应考虑该技术是否适宜用成果示范法推广。适宜用成果示范法来推广的农业技术，一般是生产周期比较长的技术，不能在短时间内完成，为了让农民亲眼目睹该技术的优越性，只能在该技术显示其优越性的最佳阶段请农民来观摩。比如，作物品种推广就比较适宜用该方法推广。

其次，进行示范的设计，并确定示范户和示范地点。在进行示范设计时，一般采用简单对比。示范地点的确定既要考虑选择的地块有代表性，又要考虑交通方便。比如，中低产田改良技术，地块的选择就应选择在中低产田，而不能选择在高产田来示范该技术。在选择示范户时要考虑两个方面：一是他本人在农业技术推广人员的指导下，有能力完成该技术生产的整个过程，因此应选择具有一定文化水平和农业生产经验并具有一定经济和物质基础的人员；二是具有一定的影响力和凝聚力，这样一旦示范成功，通过示范户来宣传该技术的优越性，有利于农民仿效。

（2）成果示范的实施　在成果示范实施的过程中要注意以下几方面：推广人员要经常与示范户联系，尤其在生产的关键阶段，要亲自到示范田去，与农民一起观察，以便及时发现问题，确保万无一失；在示范过程中，对示范的每一环节试验的结果都要做详细的观察记载；在成果显示阶段，组织农民到现场参观考察，以鼓励、敦促农民仿效；尽可能利用各种途径和方法宣传示范效果。

（3）成果示范的总结　在成果示范实施完成之后，要进行全面的总结，并写好总结报告。总结的内容包括示范内容、范围、计划、比较结果、讨论分析、存在问题及效果和群众反映等，并附上原始记录和照片等资料。

4. 方法示范

方法示范是向一个群体或一个小组介绍某项新技术措施如何一步一步完成的方式。在示范过程中，最好能让每个参加示范的人都有机会操作这项新技术，获得"边看边学，做中学"的效果。例如，果树修剪、棉花打顶等都可通过方法示范把技术在短时间内传递给农民。

方法示范的组织与实施需注意以下两点。

（1）示范前的准备　首先确定示范的内容，并收集有关示范内容的信息。如果树修剪技术示范，在示范之前，不但要准备如何进行修剪示范，还要掌握有关修剪的原理，即为什么要这样修剪，如果不这样，会产生什么后果。其次准备示范所需材料与工具。在正式示范前，要练习示范表演，确保在示范中万无一失。

（2）方法示范的实施　示范者首先要选择一个合适的操作位置，这个位置要让观众能看清示范的动作。在示范表演前，示范者要介绍自己的姓名和所属的单位，并宣布示范的题目、该项新技术的重要性等。在示范时，示范操作要慢，最好边做边讲解；同时要注意语言尽量通俗、简明扼要。在示范结束时进行总结，对关键的技术环节再强调一次。最后有可能的话，让推广对象自己操作练习，以便及时发现问题，保证他们即学即会。

5. 实地参观

实地参观就是组织农民小组到某一地点考察其本地所没有的农业技术措施或项目。参观的地点可以是一个农业试验站、一个农场、一个农户或是一个社区组织等。组织农民到实地参观，可让农民到实地亲眼目睹一些新的技术措施；同时增加农民对该技术措施的感性认识，扩大视野。因此，实地参观是一种通过实例进行推广的，集讨论、考察、示范于一体的重要推广方法。其不足之处是费用较高。

组织实地参观，需要确定参观团的负责人。在参观前，负责人要与参观点的有关人员联系，确定参观时间、地点和人数，并做好交通工具等安排。在参观出发前，应把详细的活动日程安排告诉大家。在参观过程中，推广人员可跟农民边看边议，进行实地指导。每个参观点结束后，最好组织农民讨论，并让参观者提出他们各自的想法。

6. 短期培训

在农业技术推广工作中，短期培训的目的主要有两种：一种是实用技术的培训，这类培训主要结合农业技术推广项目实施进行，开展有针对性的实用技术培训；另一种是对农民进行农业基础知识的培训，如"绿色证书"培训。搞好实用技术的短期培训，在培训过程中要多讲怎么做、少讲为什么。

对农民进行农业基础知识的培训，目的是为了提高农民分析问题解决问题的能力，讲课内容要力求语言通俗、易懂，尽可能运用直观的教学手段，提高教学效果。

三、个别指导法

个别指导法是推广人员和个别农民接触，讨论共同关心或感兴趣的问题，向农民提供信息和建议的推广方法。该方法的最大优点是能直接与农民进行面对面的沟通，有针对性地帮助农民解决问题，其不足之处是费时，若没有良好的交通和通信设备作保障，工作效率很低，无法满足许多农民的需要。

（一）个别指导法的特点

1. 针对性强

目标群体中各成员的需要具有差异性，推广人员可根据农民的要求，与农民进行直接面对面的沟通，帮助其解决问题。从这个意义上讲，个别指导法正好弥补了大众传播法和集体指导法的不足。

2. 解决问题的直接性

推广人员与个别农民或家庭直接接触，平等地展开讨论，充分地交流看法，认真听取农民的意见，坦诚地提出解决问题的方法和措施，使问题及时解决。

3. 沟通的双向性

推广人员与农民沟通是直接和双向的。一方面有利于推广人员直接得到反馈信息，了解真实情况，掌握第一手材料；另一方面能促使农民主动地接触推广人员，愿意接受推广人员的建议，容易使两者建立起相互信任的感情。

4. 信息发送量的有限性

个别指导法是推广人员与农民面对面的沟通，在单位时间内发送的信息量是有限的，且服务范围窄，占用人力、物力多，费用高。

（二）运用个别指导的要求

1. 良好的交通和通信条件

个别指导需要与农民进行直接联系，由于农民居住分散，联系和沟通有一定的困难，具有良好的通信和交通条件是个别指导顺利进行的前提和保证。

2. 足够数量和高素质的推广人员

个别指导对推广人员有以下要求：一是推广人员要有解决实际问题的推广能力；二是推广人员要不怕苦、不怕累，具有强烈的事业心、责任感和献身农业的精神；三是推广人员态度要谦虚，对农民要有爱心、有耐心，尊重农民；四是推广人员要深入研究和充分了解农民的个别需求，及时掌握反馈信息。

3. 技术指导与经营服务相结合

在个别指导时，推广人员提出解决问题的办法，往往需要技术和物资配套应用，如果推广单位能实现"既开方又卖药"，则更能方便农民，有针对性地解决生产技术问题，同时推广单位也能有一定的收益。

（三）个别指导法的应用

个别指导法主要有农户访问、办公室访问、信函咨询、电话咨询、田间旗帜、计算机服务等形式，现分别叙述如下。

1. 农户访问

农户访问是最常用、最有效的推广方法之一。通过农户访问，推广人员可以最大限度地了解农民的需要，并帮助农民解决实际问题，特别是解决个别农民的特殊问题尤为有效。但由于农户访问主要是推广人员同每个农民之间的交谈，它要求在很短的时间内进行大量的信息交流，因此该方法要求农业技术推广人员的素质较高。

（1）访问农户适宜时期　一是受农民的邀请；二是与农民约定的时间，推广人员与农民建立较密切的关系，或使农民认识推广人员的能力与热诚；三是农民试用新技术、新方法时，如农民接受推广人员建议引种杂交高粱进行试种，推广人员的访问会促进农民实施新技术；四是推广人员为了掌握某地区的农业问题及农业技术推广工作的成果时；五是在技术采用或生产出现特殊情况时，需要推广人员的指导。

（2）访问农户注意事项　为了提高访问农户的效果，要注意以下几点：一是访问要有计划、有目的、有准备地进行，如果农民提出的问题解决不了，要实事求是地向农民讲明；二是选择好访问对象，应重点选择农村的示范户、专业户和贫困户，以及具有代表性的一般农户；三是坚持经常访问，特别是在关键时期要不失时机地对农户进行访问，不断向农民提供信息，发现问题并及时帮助农民解决问题；四是访问农户时，推广人员要有同情的态度，关心农民的生产和生活问题，并有兴趣和信心帮助其解决；五是做好访问记录，尽可能多记、记全，访问后要及时整理；六是访问要有结果，对被访问农户要进行考评。

（3）访问农户实施步骤　访问农户分为准备、访问、解决问题及考评4个实施步骤。

① 农户访问前的准备。首先明确访问的目的，然后确定访问的时间和对象，并尽可能地了解要访问对象的基本情况。若农户访问是属于友谊性的访问，一般要农民邀请才去；若是为了解决当前农业生产问题，或是了解该地区农业存在的问题，一般选择农民采用某一农业创新过程的关键时期或农闲季节进行。

访问对象的选择，一般重点选择农村的"三户"，即科技户、示范户、专业户，以及具有代表性的一般农户。确定要访问的对象后，对被访问者的基本情况要事先了解，包括性格、社会地位、社会观念、生产经验、经济情况、家庭情况以及对新事物的认识态度等。只有这样，才能为下一步搞好访问打好基础。访问农户结果建议卡如表2-1。

表 2-1　访问农户结果建议卡

访问人：　　　　　　　　　　　　　　　　　　　　　访问时间：　年　月　日　时

访问项目内容	
现状、问题说明采取对策 备　注	

② 进行访问。为了使推广人员更好地与农户进行面对面的交谈，达到预期的效果，在交谈过程中要注意以下几方面：要尊重农民，态度要和蔼，尽量创造轻松的交谈气氛；在交谈过程中，尽可能维持双向沟通，并虚心、诚恳、耐心地听取农民的意见和要求；避免触及个人隐私；做好访问记录。

③ 解决问题。访问农户主要目的是要解决问题，帮助农民排除困难、提出改进措施和办法、传授农业知识等。访问人员不可擅做主张，代替农民做任何决定，这是访问的一项重要原则。农民自己决定如何解决问题，不仅能培养农民处理事务的能力及学习的经验，而且对农业技术推广工作的开展极为有利。访问过程中，若有些问题不能当场解决，农业技术推广人员回去后，需想办法帮助农民解决，并及时反馈。同时制订出下一次访问的计划，以便保持农户访问工作的连续性。

④ 考评工作。由于访问农户是一项费工、费时的工作，每次访问农户都希望能得到好的效果，因此访问之后要做好考评工作。对被访问的农民进行考评时，按下列几方面进行。

一是活动考评。指被访问农民尚未按照推广计划开展活动。对这类农户，推广人员应做出打算，是同意他不开展活动或劝说并希望他能尽快开展活动。

二是结果考评。指被访问农户按照推广计划已开展了活动。对这类农户，推广人员应考虑其开展活动后的效果如何，是否得到了益处，如果没有，应提出补救的办法。

三是继续学习考评。指被访问农户在执行推广计划中，由于对该项成果或技术的有关知识与技术要点尚未完全理解和掌握，因此在开展活动中，遇到一定的困难，对这类农户推广人员应打算是否提供给他学习的机会、是否要继续访问或提供资料。

四是传播访问成果考评。指被访问农户已经执行推广计划并取得了较好的效果，对这类农户，推广人员应该考虑如何将他的效果应用到其他农户身上，该农户能否充当示范角色、承担扮演义务领导者的角色，能否作为典型材料来讨论。

农户访问具有以下优点：推广人员可以从农户那里获得直接的原始资料；与农民建立友谊，保持良好的公共关系；容易促使农户采纳新技术；有利于培育示范户及各种义务领导人员；有利于提高其他推广方法的效果。

其缺点是费时，投入经费多，若推广人员数量有限，则不能满足多数农户的需要；访问的时间有时与农民的休息时间有冲突。

2. 办公室访问

办公室访问又称办公室咨询或定点咨询。它是指推广人员在办公室接受农民的访问（咨询），解答农民提出的问题，或向农民提供技术信息、技术资料。一般农民来办公室访问（咨询），总是带着问题而来，他们期望推广人员能给他们一个满意的答复。因此，对在办公室进行咨询的推广人员素质要求较高。

在组织实施办公室访问时，要注意办公地点和时间的选择。办公室应设在交通比较方便的地方，如靠近市场，这样便于农民来访。办公时间必须是定期的，且向广大农民公告。办公时间的确定，首先应该从农民角度考虑，如农民一般早上赶集较早，这样最好办公室的上班时间要提早。在办公室门前需挂一本登记簿，若推广人员不在，可让其留下姓名与所提的问题，以便推广人员以后与来访者联系。推广人员应热心接待农民，让他们带着问题来，满意而归。

办公室访问的优点：来访问的农民学习的主动性较强，利于推广；推广人员节约了时间、资金，与农民交谈，拉近了双方的关系。

办公室访问的缺点：来访的农民数量有限，不利于新技术迅速推广；农民来访不定期、不定时，提出的问题千差万别，给推广人员工作带来一定的难度。

3. 信函咨询

信函咨询是个别指导法的一种非常重要的形式，是以发送信函的形式传播信息。它不受时间、地点等的限制，也没有方言的障碍。仅为推广人员的工作节省了大量时间，而且农民还能获得较多较详细、可保存的技术信息资料。

信函咨询在发达国家和地区应用较为普遍，但在发展中国家和地区应用较少。其原因一是农民文化程度低，不愿意看资料，有的也看不懂资料；二是农业技术推广人员回函要占用较多时间，见效慢；三是函件邮寄时间长，解决问题不及时等。因此，为了激发农民的积极性，推广人员在回答农民的问题时，应尽可能选用准确、清楚、朴实的词语，避免使用复杂的专业术语，字迹要清楚，并注意向农民问候。对农民的信函要及时回复。

进行信函咨询时应注意：第一，推广部门要设专职或兼职人员负责处理农民的来函；第二，回答问题必须建立在了解当地情况的基础上，必要时要进行实地调查和了解，然后再做出回答；第三，对农民提出的问题及时回答，不能延误，以免耽误农时和失去信誉，如果推广人员答复不了，要请有关部门的专家答复；第四，答复的内容要让农民能够看得懂，最好使用当地农民习惯的语言或方言，必要时可连同答复寄送有关技术资料。

4. 电话咨询

利用电话进行技术咨询是一种及时、快速、高效率的沟通方式，在通信事业发达的国家或地区应用较广泛。但使用电话咨询也受到一些条件限制，一是电话费用高；二是受环境限制，只能通过声音来沟通，不能面对面地接触。

5. 田间旗帜

田间旗帜是在推广人员走访农户或到田间调查，未遇到当事人时而采取的一种约定俗成的沟通方法。如推广人员到田间调查时，发现某一块田病虫严重，或是脱肥，或是生长过旺，需要采取某种措施，可将调查结果、处理意见或建议写好，放到事先准备好的小三角形红旗的口袋里，用树枝或铁丝将其竖立在田中农户易于发现的地方。农户看到小红旗时，从口袋里取出信息后将旗插回原处，然后按技术人员的建议进行操作。推广人员可在下次，根据问题解决的情况与农户联系。

这种方法的明显优点是，当农民不在家或不在地里时，推广人员也无须花费时间去找他们。问题处理之后，仍然可以按照原定计划继续进行下一步工作，有利于推广人员有效地安排自己的工作。

6. 计算机服务

自从人类进入计算机时代以来，计算机已成为农业技术推广工作的重要工具，发挥出十分重要的作用。

（1）技术监测系统　指推广人员通过对农业环境、农业生态和农作物生长发育情况的观察资料进行分析处理，获得农业生产所需要的信息，并向生产者发出预报、警报或报告，为农业技术措施的选择提供依据。这一系统的服务内容包括病虫害预测、天气（尤其是灾害性天气）预报、土壤肥力及矿质营养监测、作物生长发育进程监测等。例如，丹麦植物保护研究中心建立的病虫害监测系统，在播种之前调查到当年可能的种植者，随后与之联系并定期发出灾害情报和植保通信。

（2）信息服务系统　指建立通用技术信息库，将农业科学研究成果和实用技术信息贮存于软件中，用户根据需要，输入关键词即可调出有关信息，用以指导农业生产。这样的系统可大大提高数据的共享和查询效率。

（3）专家系统　专家系统是人工智能研究的一个应用领域，总结和汇集专家的大量知识与经验，借助计算机进行模拟和判断推理，以解决某一领域的复杂问题。专家系统的结构一般由人机交互接口、推理机构、知识库和综合数据库组成。我国农业专家系统的研究，始于20世纪80年代，目前已有不少应用于生产实践。如黑龙江省的大豆生产专家系统，水稻、小麦栽培管理专家系统，作物病虫害预测、预报和防治专家系统，配方施肥及配合饲料专家系统等。

农业专家系统具有系统性、灵活性和高效性的特点。专家系统一旦建立，操作简单，无须计算机专业人员，一般初中以上文化程度的农民就可使用。

知识归纳

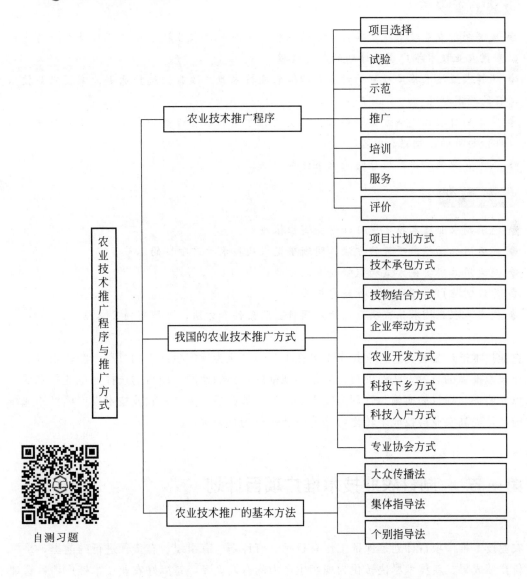

自测习题

第三章

农业技术推广项目选择与实施

学习目标

知识目标 ▶▶

◆ 理解制订农业技术推广项目计划的依据，了解制订农业技术推广项目计划应考虑的条件，掌握农业技术推广项目计划的制订过程。

◆ 了解农业技术推广项目的特点，理解农业技术推广项目的选择原则，掌握农业技术推广项目的确定程序。

◆ 掌握制订项目实施方案的要求、落实实施方案和监督检查的方法，以及农业技术推广项目评估的目的、步骤和内容。

◆ 熟悉农业技术推广项目的验收条件和方法。

能力目标 ▶▶

◆ 能编制农业技术推广项目计划并写出依据。

◆ 能运用选择推广项目的方法，明晰确定农业技术推广项目的环节。

◆ 能运用落实实施方案和监督检查的方法。

◆ 能编制推广项目的可行性研究报告。

◆ 能实施农业技术推广项目，运用项目验收条件和方法，并撰写项目总结。

农业技术推广是将先进科学技术由潜在生产力转化为现实生产力的过程，实施项目带动是农业技术推广的有效方法；项目计划是实现推广目标的蓝图，项目的选择与论证是实现目标的重要前提，项目的实施与管理是实现目标的有效途径。重点是农业技术推广项目的选择与实施，是提高农业科技成果转化，创造最佳效益的有力保障。

第一节 ▶ 制订农业技术推广项目计划

农业技术推广项目计划是保证工作有目标、有计划、有组织、有步骤进行的前提，是将农业科技新成果、新技术尽快转化为现实生产力的有效途径，是搞好农业技术推广项目管理的重要环节。

一、制订农业技术推广项目计划的依据

（一）国家的需要

我国是一个农业大国，农业科学技术是我国农业持续发展的基础，为促进农业科技进步，保障我国近 14 亿人口的食物安全，国家会组织各级农业技术推广机构实施科技推广计划，如"丰收计划""星火计划""科技成果重点推广计划"等。这是制订农业技术推广项目计划的主要依据。

（二）农民的需要

农业技术推广是为农村社会和农民服务的，农民的需要是制订农业技术推广项目计划的主要依据。农业技术推广项目计划必须符合农民的利益，满足农民的生产生活需求。不同地区的农民所处的经济条件、生活条件和环境条件各异，对推广工作的要求不同，在制订农业技术推广项目计划时，一般要满足大多数农民的要求，在可能的条件下，应尽量满足所有农民的需要。

（三）社会的需要

发展农业生产的最终目的，是为了满足社会的需要。农业技术推广项目计划也同其他任何计划一样，都只能是社会长期发展计划的一部分。农业技术推广项目计划要同社会的长期发展计划有机地结合起来，保持计划在宏观整体上的一致性。社会需要增加粮食作物和经济作物的生产，为城乡提供食品和工业原料，增加农副产品出口创汇等等，在制订计划时都要加以认真考虑。

不同地区的自然条件、生活习惯和经济状况都不一样，其社会需要自然也就各不相同。我们在制订推广项目计划时要考虑各地区的差异和不同需求，尽可能做到因地制宜、因时制宜，做到既能合理利用当地自然、资源优势，又能满足需要。

（四）市场的需要

我国经济体制改革是要建立社会主义市场经济，随着农业生产水平、技术水平的不断进步，市场经济将日益发展。农业产品已不只是产品，还越来越多地体现商品属性。农民生产的目的不仅在于自身的消费，更多的是为了交换，是为了面向市场。因而，在商品经济条件下，制订农业技术推广项目计划必须考虑到国内外市场的需要，既要增加产品数量，更要大幅度提高产品质量；同时要以市场为导向，根据农产品市场需求，调整农业生产结构与布局，调节市场供应季节，做到均衡供应，提高农产品的商品率，充分发挥市场效益。

（五）专家的意见

从事农业科技工作的专家，由于精通理论和长期工作实践，在技术上具有权威性。他们根据国内外的科技信息、自身的科技活动，结合当地的实际情况，从历史经验和现实需要出发，提出需要改革的技术措施和推广目标，在制订推广项目计划时，应认真加以考虑。

以上几个方面的依据应有机结合，融为一体，如发生矛盾、难以一致时，首先要选择农民的实际需要，因为社会的需要、市场的需要和专家的意见最终都得通过农民去实现，如果

农民认为暂时不需要，就不应勉强作为制订计划的依据。

二、制订农业技术推广项目计划应考虑的条件

（一）技术的适应性

农业生产是有生命物质的再生产，生产条件、地域性等差别很大。因此，一项技术要在一定地区推广，首先应考虑该地区的自然条件等是否适应。例如，北方旱作农业技术就只能在北方干旱、半干旱地区推广，而不宜在长江流域等湿润的地区推广；相反，水稻半旱式栽培及稻田综合（稻、萍、鱼、菜等）利用技术推广项目也只能在南方具有灌溉条件、水源充足的地区，特别是冷、烂、毒等低产稻田实施，而不能在干旱缺水地区进行。其次，是要考虑该项技术在这些地区的应用程度，如果已经基本普及，则不必再做推广计划；如果是推广不够，还有潜力或尚是一项新技术，那就应当考虑安排。还要看该项技术在这些地区推广可能取得的社会效益和经济效益是否显著，能否较大幅度地实现增产增收等。

（二）农民的接受程度

农业技术推广的程度和效果如何，在很大程度上取决于该项科技能否被农民群众所接受和掌握。被推广地区农民的文化水平、科技素质和经营条件都是接受推广技术的直接影响因素。还有一些项目可能引起生产结构和劳动力布局的变化，当地农民能否与之适应，也要认真研究。农业生产是一种复杂的能量转化过程，人们的劳动行为、农作物的生育规律和自然条件，共同构成对农作物产量的制约因素。从某种意义上讲，人的劳动行为包括接受技术的程度，还占有重要的地位。因为农民接受技术的相关条件越好，那么农民的信心就越足，取得的效益就越高，技术推广就越快。

（三）支农服务的可能性

农业技术推广工作是一项综合性很强的社会工作，涉及的范围广、部门多，许多农艺措施的技术效果往往取决于物化程度，也就是化肥、农药、农膜等能量的释放。因此，技术推广应用光靠农业科技推广部门和农民的积极性是很不够的。所以，我们在制订计划时要考虑当地政府对这些问题是否具有积极的态度，以及物资、信贷、工商等各相关部门是否积极配合和协作，能否保证农业生产资料的供应、信贷资金的投入和产品的销售。

（四）推广机构自身的行动能力

农业技术推广项目的实施要靠训练有素的推广人员的积极努力和辛勤工作，没有一定数量相适应的农业技术推广服务人员直接指导和帮助，靠一般号召是无法完成计划的。因此，我们在制订计划时，除考虑推广人员的素质、专业配备外，还要考虑农业技术推广部门自身配套的物资、设备、经费来源等条件。如果这些条件尚不具备，或经过努力仍不合乎要求时，则不宜轻易做出计划，以免计划难以实施。

三、农业技术推广项目计划的制订

农业技术推广项目计划应紧紧围绕科技、经济、社会发展，以及农业、农村、农民的需

要；明确发展方向和具体任务，突出重点、统筹安排，注意计划的系统性和连续性。

（一）项目分析

1. 农业生产现状调查

调查预定推广区域的自然条件、生产条件、经营条件、技术应用条件等。首先拟订调查提纲，按调查提纲要求有计划地进行调查。定性方面要求准确，定量方面要求精确，为合理制订农业技术推广项目计划奠定基础。

2. 历史比较分析

制订农业技术推广项目计划既要根据现状，又要借鉴历史，总结农业科技推广经验，了解经济发展、生产发展、技术发展规律，为制订农业技术推广项目计划提供科学依据。

3. 预测未来

制订农业技术推广项目计划，要立足现实，但项目实施要有一个过程，预测其发展趋势和可能出现的情况，是保证推广项目效益、制订农业技术推广项目计划的重要依据。

（二）确定推广目标

编制农业技术推广计划，首先要制订出推广目标。制订目标应从实际出发，结合本地生产发展、科技发展状况，提出符合客观条件和促进发展的目标。要防止盲目追求高指标和脱离本地实际，进行科学的预测和论证，包括目标的综合性、阶段性、层次性和客观性等；指标要明确，应在分析以往数据及经验基础上，预测、论证、确定；内容要全面等。

1. 确定项目的推广规模与范围

根据推广项目的适应范围、科技推广人员的技术保障能力，确定农业技术推广的区域和领域，再制订年度推广计划。

2. 制订项目的具体指标

农业技术推广项目指标应包括经济指标、教育指标、社会指标、生态指标等。如经济指标，指项目的经济效果，包含土地产出率、增产率、劳动生产率、农产品市场竞争力、农产品流通加工率等。

3. 确定推广进度

根据农业技术推广规模与范围，推广的难易程度及推广人员的技术保障能力等，确定农业技术推广的周期和阶段时间要求。

（三）编制推广项目计划

根据农业技术推广项目计划的目标要求，项目计划按期限分长期和短期。短期计划一般以 3～5 年为实施期限，应注意将新技术、新成果和近期能应用的实用技术结合，在保证近期生产发展的同时，适度考虑技术的超前发展；短期计划以促进当前生产发展和解决当前生产实际问题为主，选择实用和成熟的技术项目。

计划确定时，要有几个不同的草案，然后从不同的草案中进行优选，做出最后的选择。优选决策过程，是从比较到决断的过程。在这一过程中，要有严肃的态度、严谨的逻辑和严格的程序。农业技术推广计划的编制涉及农村科技、经济、社会的协调发展和千家万户的不同需求，加上农业生产的地区性、季节性、综合性强和生产周期长等特点，对计划的内容要做出全面的科学论证和评价，全面权衡计划执行后可能带来的种种结果，最后做出审慎的决策，并经过规定的批准手续，把农业技术推广计划确定下来。

第二节 ▶ 农业技术推广项目的选择与确定

我国的农业科技迅速发展，科技成果层出不穷，可供推广应用的农业科技成果和先进技术不断涌现。因地制宜地择优选择合适的农业科技推广项目，是搞好农业技术推广工作的首要问题。

一、农业技术推广项目的特点

农业技术推广项目是按照农业技术推广的总体计划，对某一专项任务以项目的形式进行有计划、有组织、有步骤、有检查地实施与管理的过程。其具有以下特点。

1. 直接的生产性

农业技术推广项目是根据一个地区的农业生产需要，为解决农业生产中的问题，而进行的一种直接的科技投入。这种投入能有效地改善农业生产要素的质量和效能，具有很强的针对性、生产性，每个项目的推广应用，都直接带动农业生产水平的提高，产生明显的社会效益、经济效益和生态效益。

2. 学科上的综合性

农业生产是一个复杂的系统工程，同一生产过程需要多种生产要素的配合，才能发挥整体效能。农业技术推广项目多是组装配套的多学科、多项技术的组合，单一技术难以获得显著的经济效益。这就要求推广组织在推广项目实施中，合理组成完整的技术体系。如良种良法齐推广，体现学科的综合性、技术的完整性。

3. 推广的周期性

任何一项农业科技成果的推广应用，都要经历发生、发展、衰亡的过程，在时间上表现为明显的周期性。科技成果在农业生产中的推广应用要经过"试验—示范—推广"过程。

要使科技成果转化为现实生产力，需要科学的计划、严密的组织、多部门的协作，使其尽快在农业生产中发挥作用。同时要积极引进和开发新的科技推广项目，不断推动农业科技进步。

二、农业技术推广项目的选择

农业技术推广项目的选择，必须从当地实际出发，按照项目选择的原则进行，并在对成果的技术先进性、适应性、经济合理性等方面进行综合评价后，才能确定为农业科技推广项目。

（一）项目的来源

1. 科研成果

科研成果即通过国家和省（直辖市）科委、农业主管部门及有关部门审定公布的农业科技成果。这些成果一般都是来自科研、教学单位的应用技术科研成果，具有区域内、国内或国际先进水平。

2. 农民群众的先进经验

这类技术是农民群众在长期生产实践中的创造，有着坚实的实践基础，适应性强，容易推广。

3. 技术改进成果

这是科研单位、农业技术推广单位在原技术的基础上进行某方面的提高和改进，或由推广单位对多方面、多来源、多专业的成果或技术综合组装的成型技术及常规技术的组装配套。

4. 引进技术

引进技术即从国外引进的先进成果和技术。

上述四个方面的项目有各自的特点。科研成果和引进技术多属原件，以单项技术为主，深度较强，一般是在本地域内代表最先进的水平，但必须对其适应性等方面进行严格的试验，方可入选。群众的技术经验土生土长，适应性强。改进或组装的技术综合性强，比常规技术具有更新的特点和更加适合生产的要求，推广中需要多专业的配合。

（二）项目的选择

准确地选择农业技术推广项目，是决定工作成效的重要前提。因此，选择项目时要考量以下几点。

1. 项目的先进性

所谓先进性，一是要有创新，即要选择最新的科研成果和技术；二是经济合理性，即项目要有最佳的投入产出比，也就是要选择那些投资少、见效快、效益高的项目，不仅要有显著的经济效益，还要有显著的社会效益和生态效益。

2. 项目的成熟性

项目的成熟性是指项目的可靠性和相对稳定性，这是保证项目取得成功的基本条件。所选项目在满足其技术要求的条件下，必须是真正有效的，并保持较长时期的稳定性，以免给生产造成损失或造成人、财、物的浪费。

3. 项目的适应性

每项科技成果都是在特定的地域和自然、生产条件下形成的。因此，引进和选择项目时，首先要考虑当地的自然条件和生产条件是否适应。科技项目只有在适宜地区推广，才能达到预期的目的。

4. 项目技术的综合性

选择技术项目推广时，应注意项目技术的综合性，尽可能将相关科技成果与技术组装配套，综合推广应用，形成相对完整的技术体系，以充分发挥技术效益。

5. 项目产品的需求性

在市场经济发展中，推广任何农业技术，其最终目的都是为了直接或间接地满足消费者的需要。因此，推广项目的选择必须兼顾产品的市场需求。既要考虑产品的产量，又要考虑产品的质量。随着人们生活水平的提高，对产品质量的要求将越来越高。既要销得出，又要价格合理，否则，项目将难以推广。

6. 项目的技术要求和农民接受能力的一致性

农民是农业技术推广项目的接受者，项目推广的程度和效果如何，在很大程度上取决于农民对该项技术的接受和掌握程度。农民接受技术的能力越强，取得效益越高，推广就越快。因此，在选择项目时必须考虑农民的接受能力，要选择那些农民经过培训能够掌握的技术。

7. 项目要符合农民需要

推广农业科技首先是为农民服务的，选择项目必须符合农民利益。这不仅要看项目投资大小、见效快慢、效益高低，而且要看项目要求的条件是否符合农民所处的经济条件、环境条件。

8. 项目要符合现行技术政策

技术政策是一定时期有关专业技术在国内应该如何发展的各项规定。推广项目的性质必须符合现行农业发展技术政策的要求，与现行技术政策相抵触的项目不能列为推广项目。

三、农业技术推广项目的确定程序

确定农业技术推广项目属于开展农业技术推广的前期准备，其程序包括项目的申请、项目的评估、论证及立项确定等。这一过程有着严格顺序，必须步步紧扣。

（一）申请农业技术推广项目

农业技术推广管理、领导部门在确定农业科技推广的大方向后，下级部门便开始推广项目的申请。申请项目应提供以下材料。

1. 推广项目申报书

提供项目申报书的目的是通过申报书来阐述立项的必要性、可行性，并对项目及技术依托单位给予介绍，以便使主管人员对项目全面认识和了解。申报书一般应包括以下几部分内容。

一是申报项目基本情况。主要包括：项目名称、技术依托单位、主要参加单位、成果来源、研制起止时间、成果鉴定情况（组织鉴定单位、鉴定日期、成果水平）、成果应用情况（应用于生产的时间、应用范围）、科研投入经费、成果获奖情况（获奖人员、获奖名称、等级及授奖部门）等内容。

二是申报推广的理由。这部分是考核项目的重要依据，主要包括：推广内容，其中包括推广项目的技术内容、原理及技术路线、和国内外同类技术的比较等；推广的必要性及推广范围预测；已应用推广情况；典型实施范例的社会、经济效益分析。

三是技术依托单位的基本情况。包括单位名称、性质、地址和项目实施具有的人力、物力、财力及组织能力。

四是推广措施。指项目承担单位在实施项目过程中采用的措施，包括推广方式、布点情况、推广进度安排、主要协作关系等。

2. 成果鉴定书

成果鉴定书是指成果持有单位完成成果后的最终成果结论。国家各部委有明文规定，非鉴定成果一律不予列入推广计划。原农业部的"丰收计划""新品种扩繁计划"，以及国家科委的"星火计划"立项都必须有鉴定书。

3. 项目简介

这主要用于宣传，对领导、对农民、对相关部门的宣传，求得方方面面的支持，有助于项目的确定与实施。要求一定要精练简洁、主题突出和通俗易懂。

（二）农业技术推广项目的评估、论证

推广项目申报书上交后，主管部门对重点项目还要请申请单位提交可行性报告并请专家对项目进行科学性和可行性分析，修改项目中不成熟、不合理的部分，以增强农业技术推广项目的准确性和可行性。

1. 可行性研究报告

项目的可行性研究是项目准备的核心内容，其目的是为了从技术、组织管理、社会效益、生态效益、经济效益、实施力量等各有关方面论证整个推广项目的可行性和合理性。可行性研究报告由申请单位填报，报告一般包括如下几部分。

（1）推广项目概况　包括项目的目的、意义、国内外现状、水平、发展趋势及项目的内容简介。

（2）技术可行性分析　其中包括主要技术路线、需解决的技术关键、最终目标和技术经济指标、实施项目所具备的条件和项目完成的生产条件。

（3）市场预测　包括国内外需求情况及市场容量分析、产品价格与竞争力分析等。

（4）预计项目完成的经济效益、社会效益　一般从新增总产值、新增纯收益、节能节材情况、节约利用资源情况、改善环保的作用、对促进社会发展的作用等方面论述。

（5）推广项目的技术方案及推广范围、规模和年限（项目计划进度安排）。

（6）预计的推广经费及用款计划。

（7）经费偿还计划。

2. 农业技术推广项目的评估、论证

农业技术推广项目的评估、论证是准备中的关键环节，是能否立项的重要步骤。它从科学、技术、经济、社会等方面对拟定项目进行系统、全面的科学论证和综合评估，论证项目的选择是否符合原则，项目要推广的技术或成果是否先进，开题的必要性，技术路线的先进性、合理性，实施的可能性，项目实施后的社会效益、经济效益和生态效益是否显著，项目的经费概算是否合理等。项目的评估和论证是为确定项目提供决策依据，为以后的实施和完成奠定基础。

农业技术推广项目的评估、论证一般以会议的形式进行。由项目主持部门聘请有关科研、教育、推广及行政等方面的专家、教授和技术人员组成项目论证小组。论证小组一般由7~15人组成，要求参加人员必须具备中级以上技术职称，组长应由具有高级技术职称并有较高学术水平的人员担任。

（三）农业技术推广项目的立项确定

农业技术推广项目经评估、论证后，就转入立项确定的阶段。

1. 项目决策

项目的决策人或决策机关在项目论证的基础上，进一步核实本地区、外地区、国内外的信息资料，市场和农村调查情况；根据国家政策，同时征询专家意见，吸收群众的合理化建议，从系统的整体观念出发，对项目进行综合分析研究，最后做出决策，确定农业技术推广项目。

2. 签订项目合同

农业技术推广项目确定后，项目双方还应签订合同书，至此项目才正式立项。农业技术推广项目合同的主要内容一般包括：立项理由（包括推广的项目、意义、国内外水平对比和发展趋势）；项目主要内容及技术经济指标；经济效益和社会效益，预期达到的目标；采用的技术推广方法和技术路线；分年度计划进度（包括推广地点、规模）；经费的筹集、去向及偿还计划；配套物资明细表；参加单位和项目组负责人等。

第三节 ▶ 农业技术推广项目的实施

农业技术推广项目确定之后，搞好项目组织实施，是完成项目任务的关键和重要保证。必须落实到具体的推广机构、推广人员，并对其实施的全过程进行管理，以保证项目得以实现。因此，农业技术推广项目的实施，是农业技术推广工作的一项重要内容，具体包括制订实施方案，建立实施机构，确定工作任务，进行项目指导、服务与监督检查等。

一、制订农业技术推广项目的实施方案

项目的实施方案是为有效执行项目计划，安排业务活动的概要。

1. 项目的内容

项目的主要内容有：项目设置的意义、需要解决的问题及完成任务的具体指标；项目实施的时间、地点、推广单位、推广人员、协作单位、协作人员；实施项目应采取的技术路线；完成项目工作应保障的措施，包括任务的具体分解，试验、示范点的安排，推广方法的确定与技术指导的方式，推广经费的具体使用安排与配套物资供应等；领导班子、协调机构和技术指导组织的建立；推广过程应注意的问题等。

2. 签订合同

项目实施（推广）单位与项目主持人要签订好项目实施合同和实施方案。合同内容应包括项目的可行性论证，完成项目的年限与进度，项目要达到的技术经济指标，人、财、物的供给与保证，推广总经费及年度拨款金额，有偿使用经费与经费回收及违约处理等。

通过签订合同，将任务的完成以法律的形式固定下来，使承包单位及个人明确自己的任务与责任，保证项目工作的顺利实施及项目目标的顺利完成。

3. 组织协调、分级管理

合同签订后，下达工作任务，明确工作责任，由主管单位（牵头单位、项目主持人）将承担单位、推广地区单位、协作单位、科技成果发明创造单位及个人等划分职责范围，责、权、利结合，分级管理，使项目管理层层落实，推广计划通畅执行。

4. 监督检查

在项目推广实施中，主管单位要及时检查评比，按照合同规定对组织实施的过程、计划任务的进度等进行定性、定量检查，并建立定期报告制度。

二、建立项目的实施机构

推广项目承担单位在项目下达后要建立项目的实施机构，这是确保推广项目顺利实施并

圆满完成的组织保证。包括确定项目及人员组成，明确项目负责人。在参加人员的搭配上，要吸收行政领导、科研人员、物资部门的人员参加。对一些规模大或重点的项目，可成立行政领导小组、技术指导小组和项目协作组。

1. 行政领导小组

行政领导小组主要由有关政府领导牵头，由农业、物资、财政、商业、供销、银行等单位的负责人组成。其主要任务是进行组织协调工作，宣传教育和群众思想发动，保障配套资金和物资的供给，提供市场信息，帮助解决有关实际问题和困难。

2. 技术指导小组

技术指导小组主要由农业技术人员组成。其主要任务是在推广项目执行中进行技术指导，负责解决推广过程中的各种技术问题。重点是进行项目试验示范、创办样板、开展技术培训和技术指导、印发技术资料、监督检查项目的落实情况，以及搞好项目的总结交流验收活动等。

3. 项目协作组

对于一些跨省、直辖市、自治区，或跨地区、县的规模较大的农业技术推广项目，还应成立全国性或地方性的项目协作组，以共同保障项目的组织实施。项目协作组的组成人员可以是全国农业技术推广机构，或各省、县的项目承担单位的负责人，并吸收有关农业研究单位、教学单位及其他相关单位参加。其任务是共同进行项目的落实、检查、考察参观、交流经验、现场验收等工作。

三、进行项目指导、服务与监督检查

1. 项目技术指导

一项新的科技成果，是根据客观规律、理论原理，按一定的程序和方式，凭借某种技艺、技能产生的。因此，科技成果的传播、推广就要求接受成果的人员懂得该项技术成果产生的基本理论、基本知识和运用的基本技巧，通过科技推广人员的技术指导，使成果接受者能够顺利掌握新的科技，运用新的技术。农民只有知道项目技术的基本原理和基本知识，掌握操作方法与操作技能，才能真正实施，做到有效推广。

2. 项目经营管理指导

在农业技术推广计划执行过程中，农村、农民面对的政治、经济、社会、生产、技术、市场等问题交织在一起，这些问题的组织、协调与管理是一项专门的技能，需要农业科技推广人员的指导和帮助。推广人员的工作是否有针对性，是否能够落到实处，对科技推广项目能否顺利实施起关键作用。有效的项目经营管理指导更有利于农业科技成果的推广实施。

3. 项目服务

项目服务包括产前、产中、产后服务。产前服务，主要是为农民提供技术、市场和效益等多方面的信息，帮助农民准备技术推广项目所需资金；产中服务，主要是技术保障及建立项目示范、项目技术档案、搞好培训等；产后服务，主要是帮助农民疏通流通渠道、推销项目产品等，保证农业技术推广为农民获得较好的经济效益。

项目实施是一个动态过程，为了全面分析考核、比较、评价技术推广项目的执行情况和实施效果，就必须对整个实施过程进行详实记录。记录内容包括：推广的项目或对象、推广的时间和地点、推广人员和劳动力安排、设备资金运用情况等；同时完成月度、季度、年度报告。

4. 监督检查

项目实施过程中要加强管理和监督，目的在于促进项目保质、保量、高效地完成。项目计划下达单位和项目领导小组要定期对项目进展、经费使用情况等方面进行检查和监督，及时发现和解决项目实施中存在的问题，保证顺利完成各项目标任务。

为提高项目实施质量，一般实行年度和中期评估制度，对项目完成情况差或根本未完成计划任务的单位和个人，要通过整改、停止项目或绳之以法等形式进行处理，保证项目资金的合理使用和项目的顺利完成。

（1）监督检查的内容

① 检查项目实施方案落实情况。检查内容包括：推广范围，规模、项目推广组织管理措施，推广人员的岗位责任制落实及承担项目的各部门间协作情况等。

② 检查项目试验、示范田建立情况。检查试验、示范田设计安排是否符合方案要求、各项技术措施落实是否到位、田间技术档案建立情况等。

③ 对推广效果进行评估。指对技术措施实施后的效果检验，预测能否实现项目方案的技术经济指标，及时发现和解决方案执行过程中存在的问题。如发现技术方案不完善的共性问题，应及时反馈、修正等。

④ 及时总结典型经验。在检查过程中，及时发现和总结各承担单位好的推广方法和管理经验；对项目执行有推动作用的典型经验，要及时向整个项目示范区推广。

（2）监督检查的方法

① 建立定期报告制度。由项目承担单位在项目执行的各个阶段将项目执行情况结合自查进行认真总结，写成专题报告，向项目主持人和管理单位汇报。必要时可召开项目汇报会，总结前一阶段工作，提出下一阶段的指导性意见。

② 组织项目联合检查。为保证推广目标的实现，在项目执行的关键阶段，由项目管理单位和项目主持人组织有关专家和管理人员深入示范区联合检查，听取技术推广人员的汇报和农民的反映，进行田间实地考察，及时解决项目执行中出现的问题。联合检查结束后，写出专题报告，向项目管理单位和负责人反馈。

第四节 ▶ 农业技术推广项目的总结与评价

通过推广项目总结与评价，能够积累项目实施中的经验，发现项目实施中存在的问题，不仅可以不断地改进工作，提高技术推广的效益，也利于检验科技成果，以便更好地反馈，促进新成果的不断涌现。

一、推广项目的总结

农业技术推广项目完成预定目标，应由项目负责人主持，对项目执行结果、所取得的技术经济效益、科技推广经验及存在问题等进行全面总结。

1. 项目资料的汇总整理

将项目实施过程中的各种资料、数据按项目内涵进行系统整理和汇总，将试验、示范取得的资料进行数理统计分析，计算出结果。按照农业科技档案管理的有关规定，将汇总整理的资料存档保管。

2. 项目技术经济效益分析

对项目的各项技术经济指标实施结果进行核定，定性指标要有明确的内涵标准，定量指标按规定方法进行检测、调查，进行技术经济分析，作为推广工作评价、总结验收和报奖的依据。

3. 撰写项目工作报告

项目工作报告是对农业技术推广方法和组织管理方法进行总结的专题报告。推广项目完成的质量如何，在很大程度上可由项目的工作报告反映出来，因此要认真写好项目工作报告。工作报告的内容包括5个方面。

一是项目概况。包括项目来源、起止时间、参加人员、任务要求、指标完成情况等。

二是项目推广的组织管理措施。包括建立项目的组织领导体系、建立科技人员岗位责任制、制订项目管理办法等。

三是项目推广的方法与手段。包括项目实施中试验、示范网络的建立，围绕项目开展研究的具体方法，技术培训与普及，开展技术承包，方法与手段的创新等。

四是项目的配套服务。包括项目实施的政策保证、物资供应、金融服务等。

五是分析和建议。指出存在的问题与不足，提出改进意见。

推广工作报告要力求概括性强，内容充实，用数据、事实说明问题。报告一般分为题目、导语、正文、结束语四部分。题目的概括应精练；导语主要介绍推广情况及项目结果，导入正文；正文按报告内容论述，同时进行科学的分析，重点阐明对项目完成起主导作用的措施、做法、经验及存在问题，必要时用典型材料加以说明；结束语是用概括语言结束全文。

4. 编写项目技术总结报告

农业技术推广项目总结的总体要求是观点明确、概念清楚、内容充实、重点突出、科学性强。项目总结一般包括以下几个内容。

（1）立项的依据和意义　主要阐述推广项目确立的根据和由来，即总结项目的根据是否充分和可靠，立题是否正确、针对性是否强，项目是否对农业生产和农村的商品经济具有积极的作用和重大意义等，以便进一步检验确定项目的准确性和必要性。

（2）项目取得的成绩　指自项目实施以来，在推广面积、范围、产量水平、增产幅度等方面是否达到项目合同规定的指标，有何重大发现和突破，取得的经济效益、生态效益和社会效益如何。

（3）项目的主要技术　指项目实施中所采取的技术路线和原理是否科学和可行，以及有何创新、改革和发展。包括技术开发路线，技术本身的改进、深化和提高，以及技术的推广应用领域的扩大等。

（4）项目实施采取的工作方法　包括项目实施的试验示范、技术培训、协作公关、现场考察、经验交流、技术服务、技术承包等实施方法。

（5）项目的分析和建议　运用重要技术参数同国内外同类技术进行比较，并进行综合分析，以说明立项的重要技术参数的先进地位和程度、项目技术的特点和特征；根据项目实施的实际情况，项目技术的科学性和可行性，国家经济发展战略，农业的现状、条件与将来发展趋势，农民的意愿等因素进行综合分析，提出对项目的改进意见及今后立项研究的建议。

二、推广项目的评估

1. 项目评估的目的

农业技术推广项目评估是项目管理的组成部分，主要是对项目的作用、效果和影响等进行定性、定量分析，检查、考核科技推广项目工作是否按计划目标完成，以确定项目的价值，从而不断改进项目工作。

2. 项目评估的步骤

根据项目特点、范围和复杂程度，评估步骤主要包括：

（1）确定项目评估领域　一般包括评价项目内容、项目推广方法、项目的总体效益等。

（2）制订评估计划　包括评估的主要内容和如何进行评估，要列出具体日期、评估办法和评估方案。

（3）确定评估指标　设计出评估指标体系和评分标准。

（4）选择评估对象　要根据评估项目确定评估对象，一般采用抽样调查方法。

（5）收集评价资料　包括农民采用技术的人数、增加的产量、经济效益等。按照制订的评估方案进行评估。

3. 项目评估的内容

项目评估的内容主要是根据推广项目的目标，评价科技推广工作的效果，具体内容有：

（1）经济效益指标体系

① 项目总经济效益＝项目总增值－（新增生产成本＋推广费等）；

② 项目单位面积增产率＝［（推广后单位面积产量－推广前单位面积产量）/推广前单位面积产量］×100％；

③ 项目单位面积增加的经济效益＝（采用项目后总收入－推广后总支出）－（推广前总收入－推广前总支出）/有效推广面积；

有效推广面积＝推广面积－受灾失收减产面积；

④ 土地生产率提高率＝［（新技术推广后的土地生产率－1）/对照土地生产率］×100％；

⑤ 土地生产率＝产品量或价值量/土地面积；

⑥ 单位农用地面积总产值＝农业（农林牧副渔）总产值/农用土地面积；

⑦ 单位土地面积纯收入（盈利率）＝（农产品产值－生产成本）/土地面积；

⑧ 总产量＝单位面积产量×推广范围（或推广面积）；

⑨ 农产品商品率＝（总产量－自用量）/总产量。

（2）教育影响评价　重点评价推广教育活动对农民知识、行为、技能的影响。

一是农民的认识水平。农民对推广项目的态度，对学习科学技术的认识，学习的积极性和主动性等。

二是农民的生产技能。农民对推广的技术措施是否熟练掌握，学会了哪些新技术、新工艺，在应用过程中是否发生过技术事故。

三是解决实际问题能力。通过项目推广、技术培训和传授，农民对每项技术措施的基本原理和方法是否理解，能否在实践中创造性地应用和解决生产、生活中的问题。

（3）社会效益评价　评价推广项目的实施是否创造了社会财富，解决就业问题，改善劳动条件、生活条件及农村的两个文明建设等。评价推广项目的社会效益主要从以下几方面进行：第一，项目实施后所提供的就业机会；第二，劳动条件是否改进；第三，是否改善生活条件，农民储蓄是否增加；第四，是否提高科技、文化水平，受教育人数是否增加、素质是否提高等。

在评价时，可直接使用数量指标。

① 项目对劳动力的吸引率＝（参加生产的新增劳力数/原来参加生产的劳动力）×100％；

② 项目对农民生活水平提高率＝［（项目实施后生活消费额－实施前消费额）/项目实施前的生活消费额］×100％；

③ 项目对社区稳定提高率＝［（项目实施前事故数－实施后事故数）/项目实施前事故数］×100％。

（4）生态效益评价　进行生态效益评价的指标有土壤有机质含量、森林覆盖率等指标，以及消除、抵御和减少自然灾害对农业生产影响的能力，农业资源良性循环利用等方面。此外，评估生态效益还有水体污染、土壤污染、产品污染，以及空气污染、毁林、沙化等。尽可能多地与项目实施前发生的变化进行对比。

三、推广项目的验收鉴定

项目验收鉴定是对农业技术推广项目计划完成情况及项目所达到的技术水平作出科学的、客观的评价。项目验收鉴定具有正规性、严格性和法定性。这是科技管理工作的重要组成部分，也是科技进步的必然要求。

1. 验收鉴定的准备

（1）项目验收的申请　推广项目完成后，由主持人写出申请验收的报告，主持单位负责人签署意见，报成果管理部门审查，组织验收鉴定。

（2）搜集证明材料　包括项目成果应用情况及经济效益、社会效益、生态效益等，要由成果应用单位出具证明材料。证明材料中的数据要符合实际，与项目统计资料相吻合。

（3）提交验收鉴定的材料　提交的材料包括：①推广工作报告和技术总结报告；②科技成果应用单位证明材料；③项目任务计划书、原始调查资料、年度总结、技术推广方案等；④效益计算及分析报告；⑤与成果有关的论文材料、验收证明、表格、照片等。第十二章将具体介绍。

2. 验收鉴定的主要方式

验收鉴定根据不同条件可采用现场验收鉴定、会议验收鉴定、检测审定验收鉴定和网络验收鉴定等方式。

（1）现场验收鉴定　现场验收鉴定是指验收专家组通过考查研究工作现场的方式，对承担项目单位的推广工作结果作出是否完成预定计划的评价过程。采用现场验收的项目，往往是推广结果应用性极强的项目。这类推广项目的重点是解决大规模生产中遇到的难题，推广工作中所采用的技术和方法大都是理论依据充分的前人研究结果，推广的目的就是显著提高生产水平。因此，对这类项目的验收，只需要考查其在生产实践中应用的实际效果，可以直观考查研究结果，从而准确、公正地对推广工作的结果作出评价。

（2）会议验收鉴定　会议验收鉴定是指验收专家组通过会议的方式，对提交验收的项目进行技术审查和工作审查，依据推广单位提供的有关资料，并结合实地考察或检测，对推广单位的工作结果作出是否完成预定计划的评价过程。通过会议的方式，验收专家们可以对提交的技术材料、采用的方法和技术路线进行科学审查，还可以对推广工作全过程的技术档案进行必要审查，以确定结果的真实性、可靠性。

（3）检测审定验收鉴定　许多农业技术推广项目的结果必须要有国家指定的检测、审定机构的认证，方可视为合格有效的结果，如兽药制品、机械产品和农作物品种等的验收。

（4）网络验收鉴定　凡软课题项目，无须看现场的，可邀请有关专家，利用网上查阅资料方式，对项目完成情况的工作报告、研究报告、技术总结及有关模型、模式等进行审评，并写出验收意见。组织验收的单位要将全套资料上传至网络，待有关专家查阅评审后，收集各位专家的验收意见，写出综合评审意见，作出验收结论。

3. 验收鉴定的内容

验收鉴定主要是验收推广技术的来源、技术路线的选择是否合理，在可行性试验示范中技术的提高与完善程度，推广措施有无创新，应用推广后取得的经济效益、社会效益和生态效益等。同时，验收鉴定是否达到计划规定的技术指标，其技术特点、独创性是否达到国际、国内先进水平等。

四、推广项目成果报奖

凡是通过鉴定的科技推广成果，本单位和各级推广机构应予以登记，符合有关规定标准的成果，可以申报科学技术进步奖。我国的科技成果奖励由科委系统管理。地（市）级以上科委具有科技成果管理职能。

1. 成果登记

为了促进农业技术成果的推广应用，发挥出科学技术的巨大潜力和投资效益，国家科技部和各省、自治区、直辖市成果管理机构都实行了科技成果登记制度。该制度要求成果完成单位将通过专家鉴定或验收的重大成果及时公布，以促进成果转化。取得成果优先权，有利于今后成果的产权归属和成果报奖。成果管理机构将已经登记的科技成果定期汇编成科技成果公报向全社会公布，强化科技成果的宣传，促进科技成果向生产力的转化。

（1）成果登记的条件

① 经过合法的成果鉴定或验收过程。通过了鉴定（验收）专家组的审核并有明确的结论或验收意见，该结论得到了组织鉴定（验收）单位和主持单位的同意。

② 技术先进、应用广泛。成果的技术水平至少应达到国内领先水平，或是具有广泛的应用前景，并能带来巨大的经济效益。

③ 成果的技术资料齐全。进行登记的科技成果必须提供鉴定（验收）的全部技术资料，即研究工作报告、技术报告、国内外技术水平对比情况报告、查新报告、应用前景和经济效益分析报告及论文专著等附件。

（2）成果登记的程序　成果完成单位的科技管理部门应根据国家成果管理机构制定的成果登记条例，对完成鉴定（验收）的科技成果进行审查，将符合登记条件的科技成果挑选出来，并按照科技成果登记的要求准备技术资料。推广单位持成果登记报表和成果登记所要求的全套技术资料，到对口的科技成果管理机关登记。

2. 申请报奖

农业技术推广项目通过验收鉴定之后，就可以向有关成果管理部门申请报奖。根据有关规定，目前我国农业技术推广成果主要是申报国家、省级和地市级科学技术进步奖，承担农业农村部或省"丰收计划"项目的，可向农业农村部或省农业行政管理部门申报农业丰收奖。

（1）申请报奖的条件

① 部级一等奖。指推广国内已经取得的农业科技成果，推广时间在3年以上，在推广中成果的技术水平与工艺方法等方面有显著改进或创新，推广方法先进，并在推广中形成一整套的配套技术；其配套技术对推广先进农业科技成果有重要的促进作用，使推广范围超出一个省或某一特产作物的特定产区，产量提高10%以上、成本降低5%以上，取得了重大经济效益和社会效益的成果。

② 部级二、三等奖。在一等奖所要求的条件基础上适当放宽。

③ 其他。在推广已有的科学技术成果工作中，作出了创造性贡献，或在某些方面取得了突破性的进展，并获得了重大经济效益和社会效益的。

申报地方科学技术进步奖的成果，可按当地要求进行。

（2）申请报奖需要的材料

① 科学技术进步奖申报书。

② 项目验收鉴定证书。

③ 推广项目总结报告。

④ 有关证明等材料。其中经济效益证明须加盖行政时务印章。

报奖的主体材料是项目总结报告，主要对项目推广情况、效果及主要技术在推广过程中的改进和创新等方面进行全面总结。如果推广项目在某一方面有重大改进或发展，且受总结报告的篇幅限制而不能充分表达时，可以单方面自成材料，以突出成绩和特点。

（3）申请报奖的程序和要求　申报农业农村部科技进步奖，必须按以下程序和要求进行。

第一，省（自治区、直辖市）农业农村厅所属的推广单位，或地方与农业农村部双重领导的推广单位，其申请报奖成果归省（自治区、直辖市）农业农村厅统一管理，主管厅（局）进行审评后，将符合部级奖励条件的成果报农业农村部科技司。

第二，农业农村部直属推广单位，可将本单位申请报奖的成果直接报农业农村部科技司。

第三，对完成非主管部门委托任务所取得的成果，除按上述规定报送外，还应同时抄报任务委托单位。

第四，几个单位共同完成的推广成果，由项目主持单位会同参加单位协商一致后，按上述规定上报请奖。但其中部分推广成果是一个单位单独完成的，并可在生产上单独应用的，经协作项目主持单位同意后，也可以单独向归口部门申请报奖，但不得参与总项目重复报奖。协作推广项目的报奖必须有正式的技术推广合同书，明确推广内容、时间、参加人数、参加单位、主持或牵头单位、项目主持人及其他有关事项。

第五，农业农村部科技进步奖申报日期截至当年3月底，逾期上报的当年不能参加评奖。

第六，报奖材料必须认真填写，打印成文并加盖公章。报奖材料有成果鉴定书、推广项目总结报告、经济效益证明材料、申报书。申报书是报奖的关键材料，也是评奖的主要依据，申报书必按照"农业部部级科学技术进步奖申报书"填写说明认真填写。

第七，报奖单位必须在报送项目成果的同时交纳评审费，通过银行汇到科技成果管理单位。

 知识归纳

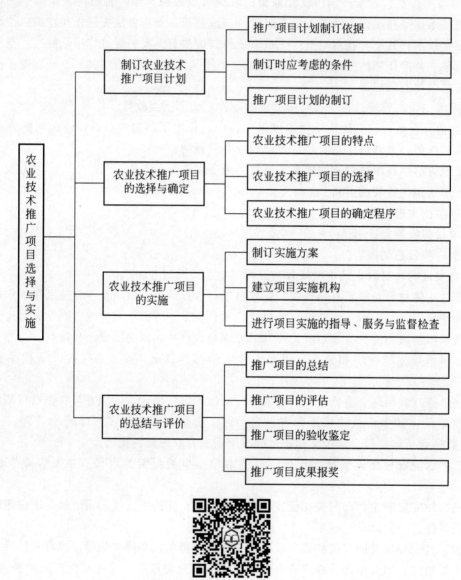

自测习题

第四章

农业技术推广试验

学习目标

知识目标 ▶▶

◆ 了解农业技术推广试验的类型。

◆ 理解农业技术推广试验的基本要求。

◆ 掌握农业技术推广试验的原则、实施步骤、总结方法要领。

能力目标 ▶▶

◆ 能够拟订并实施农业技术推广试验方案。

◆ 能够对农业技术推广试验方案的结果进行科学总结。

农业和生物学领域的科学研究推动了人们认识生物界的各种规律，促进人们发掘出新的农业技术和措施，从而不断提高农业生产水平，改进人类的生存环境。

农业和生物学领域中的科学实验的方法主要有两类：一类是抽样调查，另一类是科学试验。

第一节 ▶ 农业技术推广试验的类型

在农业技术推广过程中，不论是种植业，还是养殖业，均需要做各式各样的试验。由于这些试验规模有大有小，时间有长有短，涉及的因素有多有少，因而有多种分类方法。按试验的供试因子数，可分为单因素、多因素或综合性试验；按时间，可分为一年或多年试验；按区域大小，可分为小区和大区试验；按试验的性质划分，一般可归纳为技术适应性试验、探讨开发性试验两大类型。

一、按试验的供试因子数分类

试验方案是根据试验目的和要求所拟进行比较的一组试验处理的总称。农业与生物学研究中，不论农作物还是微生物，其生长、发育及最终所表现的产量均受多种条件的影响。其中有些属自然条件，如光、温、湿、气、土、病、虫等；有些是属于栽培条件，如肥料、水分、生长素、农药、除草剂等。

进行科学试验时，必须在固定大多数条件才能研究一个或几个条件的作用，从变动这一个或几个条件的不同处理中比较鉴别出最佳的一个或几个处理。这里被固定的条件在全试验中保持一致，被变动并设有待比较的一组处理的条件称为试验因素，简称因素或因子，试验因素的量的不同级别或质的不同状态称为水平。

试验因素水平可以是定性的，如供试的不同品种，具有质的区别，称为质量水平；也可以是定量的，如喷施生长素的不同浓度，具有量的差异，称为数量水平。数量水平不同级别间的差异可以等间距，也可以不等间距。所以试验方案是由试验因素与其相应的水平组成的。

1. 单因素试验

单因素试验是指整个试验中只变更、比较一个试验因素的不同水平，其他作为试验条件的因素均严格控制一致的试验。这是一种最基本、最简单的试验方案。

例如在育种试验中，将新育成的若干品种与原有品种进行比较，以测定其改良的程度。此时，品种是试验的唯一因素，各育成品种与原有品种即为各个处理水平，在试验过程中，除品种不同外，其他环境条件和栽培管理措施都应严格控制一致。又例如，为了明确某一品种的耐肥程度，施肥量就是试验因素，试验中的处理水平就是几种不同的施肥量，品种及其他栽培管理措施都相同。

2. 多因素试验

多因素试验是指在同一试验方案中包含 2 个或 2 个以上的试验因素，各个因素都分为不同水平，其他试验条件均应严格控制一致的试验。各因素不同水平的组合称为处理组合。处理组合数是各供试因素水平数的乘积。这种试验的目的一般在于明确各试验因素的相对重要性和相互作用，并从中评选出 1 个或几个最优处理组合。

如进行甲、乙、丙 3 个品种，与高、中、低 3 种施肥量的两因素试验，共有甲高、甲中、甲低、乙高、乙中、乙低、丙高、丙中、丙低等 9 个处理组合。这样的试验，除了可以明确两个试验因素分别的作用外，还可以检测出 3 个品种对各种施肥量是否有不同反应，并从中选出最优处理组合。

生物体生长受到许多因素的综合作用，采用多因素试验，有利于探究并明确对生物体生长有关的几个因素的效应及其相互作用，能够较全面地说明问题。多因素试验的效率常高于单因素试验。

3. 综合性试验

这也是一种多因素试验。但与上述多因素试验不同，综合性试验中各因素的各水平不构成平衡的处理组合，而是将若干因素的某些水平结合在一起形成少数几个处理组合。这种试验方案的目的在于探讨一系列供试因素某些处理组合的综合作用，而不在于检测因素的单独效应和相互作用。

单因素试验和多因素试验常是分析性的试验；综合性试验则是对于起主导作用的那些因素及其相互关系在已基本清楚的基础上设置的试验。它的处理组合就是一系列经过实践初步证实的优良水平的配套。例如，选择一种或几种适合当地条件的综合性丰产技术作为试验处理，与当地常规技术作比较，从中选出较优的综合性处理。

用于衡量试验效果的指示性状称试验指标。一个试验中可以选用单指标，也可以选用多指标，这由专业知识对试验的要求确定。如农作物品种比较试验中，衡量品种的优劣、适用或不适用，围绕育种目标需要考查生育期（早熟性）、丰产性、抗病性、抗虫性、耐逆性等多种指标。当然一般田间试验中最主要的常常是产量这个指标。

各种专业领域的研究对象不同，试验指标各异。如研究杀虫剂的作用时，试验指标不仅要看防治后植物受害程度的反应，还要看昆虫群体及其生育对杀虫剂的反应。在设计试验时要合理地选用试验指标，它决定了观测记载的工作量。过简则难以全面准确地评价试验结果，功亏一篑；过繁琐又增加许多不必要的浪费。试验指标较多时还要分清主次，以便抓住主要方面。

二、按试验的性质分类

1. 技术适应性试验

技术适应性试验是将国内外科研单位、大专院校的研究成果，或外地农民群众在生产实践中总结出的经验成果，引入本地区、本单位后，在较小规模（或面积）上进行的适应性试验。

（1）技术适应性试验的目的　主要目的是观测检验新技术成果在本地区的适应性和推广价值。任何一个新品种、一项新技术或新经验都有它产生和推广的条件，即使通过认真的常识性分析，从生态生产各方面判断，估计这些新品种、新技术、新经验在当地大体上有增产、增收的把握，也不等于完全有把握。因为这些技术成果对于推广者来讲都是间接的经验，缺乏感性认识，技术要点掌握不准，不经试验就大面积推广，有时还会造成严重损失，打击群众采纳新技术的积极性。

（2）技术适应性试验的周期　为了缩短推广周期，提高推广效率，适应性试验往往与简单的开发性试验结合进行。例如，某单位从外地引进一个新的小麦品种，可按简单的对比试验设计，与当地推广的1～2个品种进行对比试验。这样既可观察新品种抗冻、抗病、抗倒、成熟期等在当地的适应性，又可在对比试验中获得该品种的增产效果。再如，引进冀棉33B抗虫棉品种，与当地普通棉花品种作对照，一方面可观测抗虫棉在当地的适应性和可行性，又可通过对比获得抗虫棉的经济效益比较。

当引进新品种、新技术的原产地，与拟推广地区在气候、土壤等生态因素相差较小时，有丰富经验的推广工作者可直接做开发性试验；而当引进新技术、新品种与当地生态、生产条件相差甚大时，必须在完成一个生命周期（在时间上不同的物种相差甚大）适应性试验的基础上，再进行开发性试验和放大性生产试验。

（3）技术适应性试验的面积　技术适应性试验一般可在较小的面积（或规模）下完成，并与当地主推技术作简单的因子对比。技术适应性试验的面积（规模）可适当放大，人们常讲的生产试验（或称中间试验）就是放大的适应性试验。因为采用小区做适应性试验时，虽然可鉴别出生态适应性，但是它的实施条件一般比较优越，所获得的数据往往与大田生产存在一定的差距，而生产试验不仅面积较大，而且管理等条件贴近生产，更能反映新品种、新技术的可靠性和可行性。

例如，一个冬小麦的新品系（或从外省引进的优良新品种），必须经过各省种子部门统一组织的省区试两年，然后推荐到生产试验一年，才可审定推广。通过多年多点的区域性生产试验，基本可掌握每个参试新品系（种）的生态适应范围，生产适应性、稳定性，并可从各个品系的对比中鉴别出增产效果。

放大型的适应性试验（即生产试验），虽然能更好地反映某技术成果的适应效果，并兼有示范的作用，但在推广实践中，对新引进技术成果一般不采用这种试验形式。因为新技术成果具有不稳定性，往往会带来较多的损失。所以，仍以"小区适应性试验→小区开发性试验→生产示范"的形式为主。

三、探讨开发性试验

所谓开发性试验，是指对某些引进的新技术、新品种、新项目，进行探讨性的改进试验，以寻求该项新技术成果在本地的最佳实施方案，使其更加符合当地的生产实际，技术的经济效益得到更充分的发挥。开发性试验是理论联系实际，对原有技术成果进行改进创新的重要过程。

例如，一个新引进的作物品种，通过适应性试验仅可验证它在生育期、冬春性、成熟期等方面是否与当地的光照、温度、降水量和分布情况及耕作制度相适应；而这个品种在本地区的最佳播种期、播种密度、最适宜的行株距，以及肥水最佳施用量、施用时期等并不清楚，必须做一些单因素多水平或多因素多水平的因子试验，寻找出在当地种植的最佳技术参数，以修正或改进原育种单位在特定条件下所获得的推荐参数。

开发性试验是技术推广工作中常见的也是最多的试验，如肥料方面的施用时期、施用数量、施用方式试验，新农药或植物生长调节剂的稀释浓度、喷洒时期、施用方法试验，设施栽培中的温度控制试验，养殖中的放养密度、饲料配比试验等均属于开发性试验。开发多采用单因素多水平或多因素多水平的设计方法。

第二节 ▶ 农业技术推广试验的基本要求与设计

一、田间试验的特点

农业科学研究的根本任务是寻求提高农作物产量和品质，增加经济效益的理论、方法和技术。产量和品质是在大田生产中实现的，因此农业技术推广试验的主体是田间的研究。田间试验的结果能直接用以指导田间的生产，有时即便研究的直接对象不是作物本身，也要在田间通过作物的反应来检测某种技术的效应。如杀虫剂、杀菌剂、除草剂等的效果，可以直接通过害虫、病菌及杂草的反应检测，但在应用到生产前还必须观察农作物的反应；又如检测土壤的肥力水平，可以直接分析各种有效成分的含量，但最终还须看作物的产量或品质。

当然也有一些试验并不一定要看作物的反应，如研究昆虫、病菌、杂草本身的生长、发育及其影响因子等，但至少所要观察或搜集试验数据的对象总是田间自然条件下的生物体。在农业科学研究中，田间试验是主要形式，任何农业技术或措施在应用到大田生产前，都必须先进行田间试验，因此其不仅是进行探索研究的主要工具，还是联系农业科学与农业生产的桥梁。

田间试验有两个特点。

（1）田间试验的研究对象和材料是生物体本身　其是以农作物为主（也包括昆虫、病菌、土壤微生物、杂草等），将生物体本身的生育过程的反应作试验指标，研究有关生长发育的规律、某些因素的作用、某些技术的效果等，这是田间试验的重要特点。由于自然界的生物体往往是一个具有多种遗传变异的群体，即使用纯系品种的种子也往往存在一定变异性，因而试验材料本身便存在产生试验误差的多种因素。

（2）田间试验是在开放的自然条件下进行的　试验环境包括土壤、气候甚至病虫等生物条件，它们是多变的，再加上农作物试验周期长，尤其最后产品的测定要在田间自然条件下经历生长发育的全过程，因而田间试验的环境条件也存在着导致试验产生试验误差（包括系统误差和随机误差）的多种可能性。

二、试验的基本要求

1. 试验目的要明确

农业技术推广试验要有明确的试验目的，即明确当地生产中急需解决哪些问题、解决这些问题的主要障碍因素是什么、采取哪些措施能够解决这些问题等。要以此思路来确定试验项目，做到有的放矢。并通过对拟引入新技术成果的适应性、开发性试验，验证其适应性、先进性、实用价值、经济效益；结合当地气候条件、生产条件，对引入成果进行技术改进。有了明确的目的，不仅可以抓住问题的关键，而且可以节省人力、物力、财力，提高推广工作效率。

例如，通过观察分析，某研究者认为影响当地小麦产量再提高的主要因素是播种匀度，准备引进新机具以代替原有播种机。这要分两种情况处理，如当地主要使用畜力木耧，则可引进外槽轮播种机和木耧作对比试验；若当地已普及外槽轮播种机，则应引进水平圆盘播种机与外槽轮播种机作对比试验。

2. 试验要有代表性

适应性或开发性试验的代表性包括试验条件和试验材料两个方面。试验条件包括：自然条件，如气候、地形、地势、土壤质地、地下水深等；生产条件，如土壤肥力、耕作制度、排灌条件、施肥水平、农业机械化程度、生产者技术水平和经济条件等。

试验条件的代表性，是指其应基本代表农业技术将要推广地区的自然和生产条件，只有这样，才能有助于该技术的迅速推广。否则，试验结果就很难应用到所服务的大田生产实践中去。例如，目的在解决盐碱地上的小麦保苗技术，试验必须在盐碱地上进行，如果在一般地上进行，所获结果就不符合代表性的要求。

试验材料的代表性，是指试验所用材料必须是引入技术最典型的材料，对照也是最具典型代表的材料。例如，新旧品种试验，如果不是典型材料可能出现两种不真实结果：一是增产幅度太大，群众不信服；二是增产幅度过小，群众认为没有更换必要。特别是一些复混肥、农药、林果、苗木、新菌种等，在做试验时要格外注意生产厂家、商标号、规格、型号的代表性。

3. 试验结果要有可靠性

试验结果的可靠性关系到新引入科技成果在本地区表现结果的真实性。如果结果可靠，则真实地反映了该科技成果的表现，根据这个结果就能作出正确的推广决策；如果结果不可靠，则不能真实反映该科技成果的表现，根据这个结果就会作出错误的推广决策。

为了使试验结果可靠，在试验的全过程中，工作人员必须尽最大努力准确地执行各项技术措施，力求避免发生人为的错误，特别要注意试验的"唯一差异"原则，以提高试验的准确度和精确度。

4. 试验结果具有重演性

试验结果的重演性是指在相同条件下，重复进行该试验时，应能重复获得与原试验相类似结果的特性。这对于推广农业技术成果极为重要，特别是在种植业田间试验中，不仅农作物本身有变异，而且环境条件更是复杂多变。不同地区、不同年份进行的相同试验结果往往不同，这与地区间或年份间自然环境条件的变化有关，也可能与原试验结果不准确或缺乏代表性有关。

为了保证试验结果能够重演，首先要明确地设定试验条件，正确地实施试验，做好各项记录，以便重复试验时设定相同的试验条件；其次应将试验在多种试验条件下进行，即进行多年、多点试验。例如，品种区域试验常进行2~3年的多点试验，以了解品种在不同年份和不同地区的表现，使品种推广后能与原来的试验结果一致。

三、试验设计的原则

克服系统误差，控制与降低随机误差是田间试验设计的主要任务，也是试验设计原则的出发点和归宿。要做到这一点，必须分析试验中主要受哪些非处理因素的影响，在试验设计中加以控制，在试验的实施和取样测定过程中加以控制，才能获得无偏的处理平均值和误差的估计量，从而进行正确的比较，得出符合客观实际的结论。

1. 重复原则

试验中同一处理在实际中出现的次数称为重复，从理论上讲，重复次数越多，试验结果的精确度就越高。但由于实施过程中受试验材料、试验场地、人力、财力的限制，一项正规的试验，一般要求设3~5次重复。

设置重复有两个方面的作用：一方面是降低试验误差，提高试验结果的精确度；另一方面是估计试验误差，只做一次试验的结果无法估计误差，两次以上的重复试验，才能利用试验结果之间的差异来估计误差。

2. 随机原则

随机是指在同一个重复内，应采取任意的方式来安排各处理的排列次序，使每个处理都有同等的机会被分配在各小区上。随机的目的和作用在于克服系统误差和偶然性因素对试验精确度的影响。一般在试验中对小区进行随机排列，可采用抽签法或随机数字表法。

随机排列原则的理论依据来自大样本概率的稳定性。但试验实践证明，当一个试验仅有三个重复时，采用随机的方法安排各处理在区组内的位置，其效果不尽理想，需要按均匀分布的原则进行人为调整。

3. 局部控制原则

局部控制就是分范围、分地段地控制非处理因素，使其对各处理的影响趋向于最大限度的一致。

局部控制总的要求是在同一重复内，无论是土壤条件还是其他任何可能引起试验误差的因素，均力求通过人为控制而趋于一致，把难以控制的不一致因素放在重复间。

例如，土壤及肥力不均匀是影响试验的因素之一，增加重复次数虽可使试验误差降低，但由于试验田面积的增大，土壤差异也随之增加。为减少这种差异，则可采取局部控制的原则。采取按土壤及肥力变化趋势划分区组（重复），每一区组内再按处理设置小区。这样就使得每个区组内各处理小区间很少受土壤差异的影响，土壤差异则主要存在于重复间，而这种差异又可以通过适当的统计方法予以分开。

4. 唯一差异原则

唯一差异原则又称单一差异原则，是指试验的各处理间只允许存在比较因素之间的差异，其他非处理因素应尽可能保持一致。例如，油菜叶面喷施磷酸二氢钾的试验，不能只设喷与不喷两个处理，因为两处理之间除了磷酸二氢钾之外，还有清水影响。正确的设计应是：不喷施、喷施等量的清水、喷施适宜浓度的磷酸二氢钾液。若不清楚最佳浓度，可设几种不同浓度，并将每一种浓度作为一个处理。

因农业生产中植物、动物的生长发育及产量形成受多种因素的影响，若不遵循唯一差异原则，两种处理间虽然存在很大的差异，但这种差异是受何种因素影响则无法判断。在推广的适应性试验和开发性试验中，一般须遵循唯一差异原则，而综合性试验则可例外。

四、试验误差的控制

1. 试验误差来源及控制途径

试验中，由于受诸多因素的影响，使通过试验所获得的观测值除包含有理论真值外，还包含有试验误差。误差的大小决定着实际观测值的准确度和精确度，直接影响着试验结果的可靠性。虽然试验误差是客观存在的，但只要仔细分析误差的可能来源，就可以设法控制和降低试验误差。

（1）试验误差的来源

① 试验材料固有的差异。在试验中经处理的各供试材料在遗传和生长发育状况上存在差异。如基因型不一致，种子生活力有差异，试验用秧苗大小、壮弱不一致，供试肥料或农药的有效成分不一致等，都可能造成试验误差。

② 操作和管理不一致。试验过程中对材料进行栽培管理和结果调查时操作上的差异，会导致误差产生。例如，播前整地、施肥不一致及播种时播种深浅不一致；在作物生长发育过程中的田间管理，包括中耕、锄草、灌水、追肥、防治病虫害及使用除草剂、植物生长调节剂等的完成时间及操作标准不一致；收获、脱粒时操作质量不一致；观测记载时测定时间、标准、人员、仪器等的不一致，都会引起误差。

③ 外界环境条件的差异。试验是在一定的外界环境条件下进行的，各处理所处的环境条件存在差异，会导致误差产生。特别是在种植业田间试验中，试验地的土壤肥力差异是最主要、最经常的误差来源，也是最难以控制的误差来源。其他如病虫害侵袭、人畜践踏、狂风冰雹等一些偶然因素的影响也会导致误差的产生。

（2）控制试验误差的途径

① 对于试验材料固有的差异所引起的误差，可以选择同质一致的试验材料加以控制。在试验中如果采用直播，应严格要求所使用的种子的基因型同质一致；如果采用育苗移栽，应尽量选用生长势一致的幼苗进行移栽。

若秧苗的大小、壮弱不一致时，可按大小、壮弱分档，然后将同一规格的秧苗安排在同一区组的各小区内，或将各档秧苗按比例混合分配于各小区内，从而减少试验材料造成的差异。

② 对于试验过程中操作和管理不一致所引起的误差，可通过改进操作和管理技术，使之标准化来进行控制。总的原则是：操作要仔细，各种操作尽可能做到完全一致，一切管理操作、观察测量、数据采集都应以区组为单位进行，以减少可能发生的差异。

例如，整个试验的某项操作如果不能在1天内完成，则至少要完成一个区组内所有小区的操作。这样，各处理间如果有差异，也会由区组的划分而得以控制。进行操作的人员不同也会使相同的技术发生差异。如施肥、喷药或调查记载等，会因个人的操作方法或观测标准不同而造成差异。因此如果有几人同时操作，最好一人完成一个或几个区组，而不宜分派2个以上的人到同一区组进行操作。

③ 对于外界环境条件的差异所引起的误差，可通过控制外界主要因素来进行控制。在引起误差的外界因素中，土壤肥力差异是最主要的误差来源，如果能控制土壤差异而减少其影响，就可以有效地降低误差，提高试验的精确度。对于土壤差异可采用以下3种措施来控制：一是选择肥力均匀的地块作为试验地；二是采用合理的小区技术；三是应用良好的试验设计和相应的统计分析方法。

2. 试验地的土壤差异

试验地是田间试验最重要的试验条件。如上所述，田间试验的设计和实施主要是针对控制土壤差异而展开的，因而有必要了解试验地土壤差异的规律。

（1）土壤差异的来源　试验地的土壤差异，一方面是由于土壤形成的基础不同，历史原因造成土壤的物理性质与化学性质方面有很大差异；另一方面是由于在土地利用上的差异，如种植不同作物，以及在耕作、栽培、施肥等农业技术上的不一致等。

土壤差异集中地表现为土壤肥力的差异。以往研究证明，土壤差异具有持久性。在一田块上原有的肥力差异，以及由于作物栽培过程中某项技术措施上的差异所造成的肥力差异，一般均会维持较长时间。因此，选择试验地时，必须对这种情况加以慎重考虑，这对控制误差、提高试验精确度有十分重要的意义。

（2）土壤差异的测定　土壤肥力差异是可以测定的。测定土壤差异程度，最简单的方法是目测法，即根据前茬作物生长的一致情况加以评定。更精细地测定，可采用空白试验或均一性试验。土壤差异通常有两种表现形式：一种形式是肥力高低变化较有规则，即肥力从大田的一边到另一边逐渐改变，这是较为普通的肥力梯度形式；另一种形式是斑块状差异，即田间有较为明显的肥力差异的斑块，面积可大可小，分布亦无一定的规则。

由空白试验的数据可以计算单位小区的变异程度，用以表示该试验地土壤肥力变异的一般情况。还可进一步将单位小区合并成各种长宽形状及大小的试验小区，通过其变异程度的比较找出最适的小区形状及大小。

3. 试验地的选择和培养

正确选择试验地是使土壤差异减少至最小限度的一个重要措施，对提高试验精确度有很大作用。除试验地所在的自然条件和农业条件应有代表性外，还应从以下几方面考虑。

（1）试验地的土壤肥力要比较均匀一致　这可以通过测定作物生长的均匀整齐度来判断。有些试验处理可能对土壤条件有不同的影响。如凡是牵涉到肥料、生长期不同的品种或不同种植密度等的处理，就可能有这样的后效应，因而曾做过这类试验的田块，就不宜选作试验田。如有必要用这种田块时，应该进行一次或多次匀田种植。匀田种植的做法与空白试验相同，但由于目的只是期望通过这种种植减少土壤差异，所以不必划分为单位小区收获产量数据。

（2）选择的田块要有土地利用的历史记录　因为土地利用上的不同会对土壤肥力的分布及均匀性有很大影响，故要选近年来在土地利用上相同或接近相同的田块。如不能选得全部符合要求的土地，只要有历史记录，能掌握田块的轮作及栽培历史，对过去栽培的不同作物、不同技术措施能分清地段，则可以通过试验小区技术的妥善设置和排列做适当补救，亦可酌量采用。

（3）试验地最好选平地　在不得已的情况下，可采用同一方向倾斜的缓坡地，但都应该是平整的。试验时，要特别注意小区的排列，务必使同一重复的各小区设置在同一等高线上，使肥力水平和排水条件等较为一致。

（4）试验地的位置要适当　应选择阳光充足、四周有较大空旷地的田块，而不宜过于靠近树林、房屋、道路、水塘等，以免遭受遮阴影响和受人、畜、鸟、兽、积水等的偶然因素影响。试验地四周最好种有相同于试验用的作物，以免试验地孤立而易遭受雀兽伤害等。这对控制试验误差有一定作用。

（5）进行空白试验　对拟作试验用的田块，特别是在建立固定的试验地时，除掌握整个试验地的土壤一般情况及土地利用历史外，若有可能，最好还要进行空白试验。因为一致的种植不仅有助于降低土壤差异，更重要的是能更深入、具体地了解土壤差异程度及其分布情况，为进行试验时小区和区组的正确定位，以及小区面积、形状、重复次数等的确定，提供可靠依据，从而作出误差小而切合实际的试验设计。

（6）试验地采用轮换制　采用轮换制可使每年的试验能设置在较均匀的土地上。经过不同处理的试验后，尤其是在肥料试验后，原试验地的土壤肥力的均匀性会受到影响，而且影响的时间延续较长，并在一定时间内只能用作一般生产地，以待逐渐恢复均匀性。为此，试验单位至少应有两组以上的试验地，一组田块进行试验，另一组田块则进行匀田种植，以备轮换。

五、常用试验设计方法

1. 两处理相比较的试验设计

在农业技术推广试验中，只有两个处理的试验是经常遇到的。如引进一项新技术或一个新品种，与当地原有的技术或品种进行比较，试验中只有两个处理，一个是新技术或新品种，另一个是原技术或原品种对照。根据试验设计不同，两处理相比较的试验设计又可分为成组设计和成对设计两种。

（1）两处理相比较的成组试验设计　将供试的试验材料随机地分为两组，其中的一组给予 A 处理，另外一组给予 B 处理，两组试验材料彼此独立，两组内的试验材料数量可以相等也可以不相等，按照这种方法所设计的试验即为两处理相比较的成组试验设计。例如，喷施植物生长调节剂试验，如果所喷施的生长调节剂只有一个浓度，以喷清水为对照，则喷施生长调节剂为一组、喷清水为另一组，分别观察喷施后作物的生长情况。

按照成组试验设计所获得的数据资料称为成组数据资料，这类资料在进行统计分析时，以组平均数为代表值，将两组试验结果进行比较，以明确两种处理谁优谁劣。

采用成组试验设计时要注意以下三点：一是要按随机的方法将供试材料或小区划分到两

组中去；二是在条件允许的情况下，尽可能增大每组的重复次数以降低试验误差，提高试验精确度，同时也为试验提供一个无偏的误差估计值；三是选取试验材料时，要尽量选择同质一致的个体，以避免供试材料本身内存的变异而导致误差。

（2）两处理相比较的成对试验设计　成对设计又称配对设计，是根据局部控制原则，将性质相同的两个供试单位或供试材料配成一对，并设有多个配对，然后随机地将每一配对中的一个供试单位或供试材料给予 A 处理，另一个供试单位或供试材料给予 B 处理，按照这种方法所设计的试验即为两处理相比较的成对试验设计。例如，选面积相同的玉米小区 10个，将每个小区分成两半，其中的一半做去雄处理，另一半不去雄，观测两种处理方法的产量结果。

按照成对试验设计所获得的数据资料称为成对数据资料，这类资料在进行统计分析时，通过比较每个配对中两个处理差数的大小，来明确两种处理谁优谁劣。

成对设计具有较高的精确度。因为在进行试验设计时，同一配对内两个供试单位或供试材料的条件很接近，而不同配对间的条件可以有差异，但这种差异又可以通过同一配对的差数予以消除，因而可以控制试验误差，提高试验的精确度。

2. 随机区组设计

随机区组设计是根据局部控制原则，将试验环境划分为与重复数目相等数目的区组，一个区组内安排一个重复的全部处理，同一区组内的各处理都独立地随机排列。这是目前应用最广泛的试验设计，因为这种试验设计中，单因素试验、多因素试验及综合性试验都可采用。

（1）单因素随机区组设计　由于单因素随机区组试验中只包含一个试验因素，因此每一个试验水平称为一个处理，处理数等于水平数。在进行试验设计时，每一个区组内都包含所有的试验处理，且这些试验处理都随机地安排在各小区内。

例如，有一个包含 9 个品种的小麦品种比较试验，采用随机区组设计，重复 4 次（图 4-1）。设计步骤如下。

第一步，把试验地划分为与重复数目相同数目的区组。本例中重复 4 次，则把试验地划分为 4 个区组。

第二步，把每一个区组划分为与处理数目相同数目的小区。本例中共有 9 个品种，每一品种为一个处理，共有 9 个处理，则把每一个区组划分为 9 个小区。

第三步，把 9 个品种随机地安排在每一个区组内的各个小区上。

I	1	8	9	3	6	7	2	5	4
II	5	9	4	1	7	8	6	2	3
III	7	3	5	4	9	2	8	6	1
IV	2	1	6	5	8	9	3	4	7

图 4-1　9 个处理、4 次重复的单因素随机区组设计田间排列图

（2）两因素随机区组设计　由于两因素随机区试验中包含 A、B 两个试验因素，而 A

因素有 a 个水平，B 因素有 b 个水平。在进行随机区组设计时，首先将 A 因素的各个水平分别与 B 因素的各个水平配对，这样形成的配对称为处理组合。处理组合数等于各因素水平数的乘积，然后把每一个处理组合看作是单因素随机区组设计中的一个处理，按照单因素随机区组设计方法把各个处理组合随机地安排在同一个区组内的各个试验小区上即可。

例如，对某作物进行 3 种施肥量（高、中、低）和 4 种栽植密度（甲、乙、丙、丁）试验，采用随机区组设计，重复 4 次（图 4-2）。设计步骤如下：

第一步，将施肥量的高、中、低 3 个水平分别与栽植密度的甲、乙、丙、丁 4 个水平进行配对，形成 $3 \times 4 = 12$（个）处理组合，为便于试验设计，给每个处理组合编一个代号。处理组合名称及代号为：1-高甲、2-高乙、3-高丙、4-高丁、5-中甲、6-中乙、7-中丙、8-中丁、9-低甲、10-低乙、11-低丙、12-低丁。

第二步，把试验地划分为与重复数目相同数目的区组。本例中重复 4 次，则把试验地划分为 4 个区组。

第三步，把每一个区组划分为与处理组合数目相同数目的小区。本例中共有 12 个处理组合，每一处理组合为一个处理，共有 12 个处理，故把每一个区组划分为 12 个小区。

第四步，把 12 个处理组合随机地安排在每一个区组内的各个小区上。

Ⅰ	11	1	10	4	7	8	2	6	12	9	5	3
Ⅱ	10	5	9	2	6	12	4	11	8	7	3	1
Ⅲ	8	2	12	9	4	11	5	1	3	10	6	7
Ⅳ	5	3	2	7	10	6	9	8	4	11	1	12

图 4-2　12 个处理组合、4 次重复的两因素随机区组设计田间排列图

3. 裂区设计

裂区设计是一种只适合于两因素试验的设计方法。在两因素试验中，如果处理组合数不太多，而各个因素的效应同等重要时，采用随机区组设计；如果处理组合数较多而又有一些特殊要求时，往往采用裂区设计。

在进行试验设计时，首先根据两个因素的重要性，对精确度的要求、所需面积大小等的不同，将两个因素分为主处理（A）与副处理（B），然后先按主处理的水平数 a 将每一个区组划分为 a 个小区，这种按主处理所划分的小区称为主区，并随机地把主处理的各个水平安排到同一区组的各个主区中；再将每一个主区按副处理的水平数 b 划分为 b 个小区，在主区内所划分的小区称为副区（裂区），并随机地把副处理的各个水平安排到同一主区中的各个副区中。由于这种设计将主区分裂为副区，所以称为裂区设计。

例如，进行小麦品种与播期试验。小麦品种为 A 因素，设 A_1、A_2、A_3 3 个水平；播期为 B 因素，设 B_1、B_2、B_3 3 个水平，裂区设计，重复 3 次。品种为主处理，播期为副处理（图 4-3）。设计步骤如下：

第一步，确定主处理与副处理。本例中已明确规定品种为主处理、播期为副处理。

第二步，把试验地划分为与重复数目相同数目的区组。本例中重复 3 次，则把试验地划分为 3 个区组。

第三步，把每一个区组划分为与主处理水平数目相同数目的主区，并随机安排主处理各水平。本例中，主处理（品种）设有 3 个水平，则把每一个区组划分为 3 个主区，并把主处理的 3 个水平随机地安排到同一区组内的 3 个主区上。

第四步，把每一个主区划分为与副处理水平数目相同数目的副区，并随机安排副处理各水平。本例中，副处理（播期）设有 3 个水平，则把每一个主区划分为 3 个副区，并把副处理的 3 个水平随机地安排到同一主区的 3 个副区上。

Ⅰ		A_1			A_3			A_2	
	B_1	B_2	B_3	B_3	B_1	B_2	B_1	B_3	B_2
Ⅱ		A_2			A_1			A_3	
	B_1	B_3	B_2	B_2	B_3	B_1	B_2	B_3	B_1
Ⅲ		A_3			A_2			A_1	
	B_2	B_1	B_3	B_1	B_2	B_3	B_3	B_2	B_1

图 4-3　品种与播期两因素裂区设计田间排列图

进行两因素试验时，如果需要考虑以下几方面的问题，可采用裂区设计。一是试验因素对小区面积大小要求不同的两因素试验，把要求较大面积的因素作为主处理；二是试验因素的效应大小有明显不同的两因素试验，把效应较明显的因素作为主处理；三是试验因素对精确度要求高低不同的多因素试验，把精确度要求高的因素作为副处理；四是试验因素的重要性不同的两因素试验，把较重要的因素作为副处理。

第三节 ▶ 农业技术推广试验方案的拟订与实施

一、试验方案的拟订

试验方案也称试验计划，是指在试验未进行之前，依据当地科技推广的需要，即拟进行哪方面的试验，采取何种方法进行试验，试验的设计、实施时间、场地，调查项目及测试仪器解决途径，期望得到哪些结果，所得结果对当地农业生产的意义和作用等诸项内容拟订的一个总体规划。

拟订试验方案，一是为了使试验者的思路更系统、明晰，提高可行性；二是为了提供向上级有关管理部门申请经费或其他方面协助的资料。拟订试验方案应注意以下两个方面的关键问题。

1. 试验项目的选择

推广试验的选题不如基础和应用研究那样广泛。它主要面向当地的生产实际，在高产、优质、高效和可持续发展的原则下，以解决当地生产急需的技术或有发展前景的实用技术为主。

推广试验题目选择范围：一是农业生产上拟采用的新技术，在当地尚缺乏实践和认识，可以通过试验来回答问题和统一认识；二是最新科研成果和引进外地先进技术，在本地推广前，必须先进行试验，通过试验确定新技术能否在当地推广；三是技术革新或从根本上改变农业生产面貌的超前科学试验，通过探索性地对比研究，将整个研究过程和结果展示出来，以利于农民参观学习，增加新知识，得到新知识。例如，如何高效利用当地水资源的实用技术，立体种植、复合群体的最佳搭配模式，如何使瓜果、蔬菜产品中农药和重金属残留量降低的实用技术等。

选题来源分两个部分：一是通过各种信息媒体得知并确认国内外研究部门或生产部门已有的，但尚不明确在当地是否可行的新技术成果；二是推广者或当地群众在生产实践中已经取得一些初步认识，但尚无十分有把握的技术项目。

2. 试验因素及水平的确定

在拟订试验方案时，科学地选择试验因素和适宜的水平，不但可以抓住事物的关键，提高试验的质量和效益，而且可以节省人力、物力和财力，收到事半功倍之效果。

（1）试验因素的确定　在同一因素中，供试因素不宜过多，应抓住 $1\sim2$ 个主要因素解决关键问题。因为当试验因素增多时，处理组合数会迅速增多。要对全部处理组合进行全部试验，规模过大难以实施，而且给统计分析和结果解释带来困难。

例如，进行品种比较试验，评定若干个新品种的丰产性，用单因素试验即可；如果试验要包括品种与施氮量两个因素，这两个因素各有 4 个水平，则有 $4\times4=16$（个）处理组合；如果上述试验再加入密度因素的 4 个水平，以研究不同品种对不同施氮量和不同密度的反应，则有 $4\times4\times4=64$（个）处理组合。因此能用单因素试验解决的问题，就不要用多因素试验；如果必须用多因素试验，各因素的水平也不易过多。

（2）试验水平的确定　试验水平的确定应掌握好居中性、等距性和可比性三个原则。

① 居中性。居中性就是水平上下限之间应包括某研究因素的最佳点，因而水平的确定要适中。要达到这一要求，需了解原引新技术的推荐参数，又要根据自己的实践进行分析判断。

例如，研究一个玉米新品种的播种密度，育种单位要求在高肥地定植 4000 株，开发试验应将试验水平设在 3000、3500、4000、4500 和 5000 株（把握性较大时也应设 3800、4000 和 4200 株 3 个水平）。通常做法是在原有基础上向上下适当伸延，伸延幅度过小很可能找不到最佳点，过大势必拉大两个水平间的间距，这样最佳点虽落在上下水平之间，但仍难确定最适密度。

② 等距性。等距性即对某些可用连续性衡量（如长度、重量等）的因素，水平之间的距离要相等，以便于分析处理。

例如，温室大棚内的 CO_2 浓度试验，不同水平可设计为 $260ml/m^3$、$280ml/m^3$、$300ml/m^3$、$320ml/m^3$、$340ml/m^3$，而不应设计为 $250ml/m^3$、$280ml/m^3$、$300ml/m^3$、$320ml/m^3$ 和 $340ml/m^3$。

③ 可比性。可比性是指某些试验因素，无法用连续性度量进行统一衡量不连续的性状。

例如新品种试验，虽是单因素（即品种）试验，但处理（即水平）间是不连续的。各个品系在生育期之间、分蘖成穗能力或枝权扩展能力之间、株型大小之间都存在很大的差异，因而需灵活使用唯一差异原则，将相同或相似的一类分为一组，分别进行试验，以增加真实特点的可比性。

二、试验实施步骤

1. 制订实施计划

总体方案确定之后，需做一个详细的实施计划，主要内容包括简要的试验目的和意义，试验的地点、时间，试验的概况，田间种植图（包含小区面积、形状、处理排列，行、株距、保护区及人行道长宽，保护作物要求等），调查内容、时期、标准，测产取样方法等，以规范每个参试人员在试验实施过程中的管理和操作行为，保证试验的顺利完成。

（1）试验题目　试验题目要用简明、确切的词语反映试验的主要内容，如供试作物、试验因素和主要目标等。如保护地早春栽培番茄 2,4-D 蘸花研究，不同基质、施肥方式对无土草坪栽培的影响。

（2）目的意义　说明进行该试验的目的及理论依据。包括现有的科研成果、发展趋势以及预期的试验结果等。

（3）试验年限、地点及试验的基本条件　说明试验年限、地点。试验的基本条件包括土壤类型、土壤肥力、地形地势、前茬作物、排灌条件等。如果是在设施（如温室）内进行试验，还应把设施的光照、保温等条件加以介绍。

（4）试验方案　包括供试材料的种类及品种名称、试验因素和水平、处理数量和名称等。

（5）试验设计　包括试验设计方法，重复次数，区组和小区的排列方式，小区长、宽和面积等。

（6）主要管理措施　包括整地要求、播种量和播种深度、行株距、育苗方式、定植时期、各生育时期的肥水管理及其他管理措施等。

（7）观测记载项目和方法　观测记载项目即试验指标，是按照试验指标进行观测记载、收集试验数据的过程。在试验计划中必须明确规定试验指标名称、调查日期、调查方法、调查标准等内容，力求做到数据准确、完整、系统。另外还需要对试验过程中的气候条件、农事操作措施、作物生育动态等进行观测记载。

（8）试验进度安排及经费预算　试验进度安排需说明试验的起止时间和各阶段工作安排。经费预算要在现有条件的基础上列出完成该试验需要增添的设备、人力、材料等，将需要开支的项目名称、数量、单价、预算金额等详细列表说明。

（9）落款　包括试验主持人、执行人的姓名和单位。

（10）附录　包括田间布置图、观测记载表等。

2. 试验地的准备和区划

选择肥力均匀的耕地作试验地。按要求施用基肥，基肥要质量一致，施肥均匀，以避免因施基肥不当而造成土壤肥力的差异。土壤耕深一致，耙平耙匀，耕地方向与区组方向平行，使同一区组内各小区的耕作情况相似。如果试验地土壤肥力呈一边高、一边低的梯度状编号，则划分区组时要让区组的长边与肥力变化的方向垂直，小区的长边与肥力变化最大的方向相平行，以保证同一区组内各小区处在相同的肥力条件下，提高试验精确度。

进行田间区划时，可先在试验地的一角用木桩定点，用绳索把试验区的一边固定，再在定点处按照"勾股定理"划出一个直角。在此直角处另拉一根绳，即为试验区的第二边，再在第二边的末端定点，同法划出直角，就可得第三边和第四边。划出整个试验区后，即可按田间布置图区划重复、小区、过道、保护行等。

3. 试验物质材料的准备

试验进行之前，严格按计划要求购置准备多于试验实际需要量 20％～30％的各类物质材料，如机具、肥料、种子、农药、农膜、网具、配料工具、测试量具、纸牌、纸袋、尼龙袋等。不同试验需要的物质不同，使用时期也不同，但必须在使用前 20 天，按计划规定的规格型号准备齐全。

如种子准备，在品种比较试验中，不同品种种子的千粒重和发芽率不同，因而不能按重量采用相同的播种量，而应先根据各品种的发芽率计算每小区的播种量，要使各小区的可发芽种子数基本相同，以免造成植株营养面积与光照条件的差异。然后根据计算好的各品种各小区播种量称量种子，每小区的种子装入一个纸袋，袋面上写清重复号和小区号，避免发生差错。其他试验因所用的种子都必须是同一品种，所以只需根据发芽率计算出每个小区的播种量后，仍然以小区为单位把称量好的种子装入纸袋，也需写清区组号和重复号。

4. 严格落实农艺操作

试验的实施过程，应严格按照唯一差异原则落实各项农艺操作，做到适时、准确、一致、到位。只有做到以上四点，才能将各处理真实的优点发挥出来，才能将误差降到最低限度。

（1）播种　播种前应按预定的行距划出播种行，并根据田间布置图给每个小区插上标牌，核对无误后，按区号分发种子袋。将种子袋放在每个小区的第一行顶端，再将区号与种子袋上的号码核对一次，无误后开始播种。播种时要做到播深一致、种子分布均匀，要严防漏播，各小区播完后仍将种子袋放回原处。播种完毕后再复查一遍是否有错误，如发现错误，应在记录本上做相应改正并注明。为了降低试验误差，一个试验的播种工作应在 1 天内完成，如果不能完成，则应完成某几个重复，一个重复决不可分 2 天播种。

（2）田间管理　试验地的田间管理措施可按当地丰产田的标准进行，但在管理时必须注意实验的唯一差异原则，力求各小区管理措施的质量一致，以降低试验误差。

例如施用追肥时，每个小区的肥力要质量一致、用量相等、分布均匀。其他管理措施，如中耕、锄草、灌水、排水、病虫害防治等，也同样要做到一致。

5. 观测记载

观测记载数据是分析鉴别各处理间差异及形成原因的主要依据，要求在调查标准、测量工具、定点方法、取样方法等方面尽量做到统一。

（1）气候条件　包括冷、热、风、霜、雨、雪、雹等灾害性天气，以及由此引起的农作物生长发育的变化，以供分析试验结果时参考。

（2）农事操作　详细记录试验实施整个过程中的农事操作，如整地、施肥、播种、中耕、锄草、病虫害防治等，将每一项操作的日期、数量、方法等记录下来，有助于正确分析试验结果。

（3）作物生育动态　在整个生育过程中观察记录农作物的生育时期、形态特征、生长特性、经济性状等。

（4）室内考种　这主要是考查在田间无法进行而必须在作物收获后才能观测记载的一些项目，如千粒重、瘪谷率、蛋白质含量、淀粉含量等。

6. 试验的收获

推广试验关注的重点是最终的结果，所以收获期的数据至关重要。对一些不以产量为主要考查目标的试验，可在收获前对相关目标进行及时、准确、多重复的测量调查。对以产量为目标的试验，一要采取实测法，不能用理论测产法；二要核准各小区面积；三要严把脱粒关、晾晒关和量具的统一性，以避免偶然性非试验因素带来的影响。

在收获前应准备好收获、脱粒的用具，如绳索、标签、布袋、脱粒机械等。收货时按小区进行收获，将收获物捆好或装袋后，挂上写有该小区重复号和处理号的标签，并核对是否有误。剩余的保护行混合收获即可。如果各小区的成熟期不同，则应按先熟先收、后熟后收的原则进行收获。脱粒时也应按小区分别脱粒、晾晒后称重，并把样本部分的产量加到相应小区产量中，以求得小区的实际产量。如果是品种试验，则每一品种脱粒完后，必须仔细清扫脱粒机机具，避免品种间的机械混杂。脱粒后在种子袋内放一标签，并在袋口也挂一标签，以备查对。

7. 试验的总结

试验总结的过程，也是对研究事物再认识的过程。首先应对观测数据进行科学归纳，运用统计手段从繁杂的现象中抽象出本质的规律，然后按照既唯物又辩证的多向思维去分析所获客观规律形成的原因，以便进行更深入的研究，达到真正意义上的再创新。对一些效果显著、规律性较好的试验，可按科技论文形式撰写并发表。对某些无规律可循且效果不显著的试验，应及时修改试验方案，进行下一轮试验。

案例

《番茄新品种"浙杂 205"试验推广》总结

蟹浦镇岚山、湾塘一带是传统的露地番茄生产地，常年种植有上千亩，是当地菜农的重要经济收入来源，因此品种选择尤为重要。以前推广种植的"合作 903"，尽管产量高，上市早，但因为果实大小不一、果实软、不耐储运、烂果多，农户收益不高。去年种植的"浙杂 203"，克服了果实软、不耐储运、烂果多的弊病，可是又出现了裂果多的问题，市场销售困难，为此今年引进高硬度、不裂果、耐贮运的大红果番茄品种"浙杂 205"，开展对比试验，同时引进"浙杂 206"等国内外新品种进行试验，为以后的推广储备更多的优秀品种。

通过试验比较和实地推广表明，"浙杂 205"全村种植了 350 多亩，同比"浙杂 203"增加产量 40×10^4 kg，增加收入 36 万元，取得较好的社会经济效益。

一、试验过程

品种比较试验在农户田里进行，供试品种有大红美福（宁波市农科院提供）、浙杂 203（浙江农科院提供）、浙杂 205（浙江农科院提供）、浙杂 206（浙江农科院提供）、1802（浙江农科院提供）、T-0448（宁波市种子公司提供）、T-5132（宁波市种子公司提供）等 7 个品种，试验小区面积 60m²。3 月 28 日小拱棚播种，4 月 25 日小拱棚假植，5 月 10 日定植，亩施基肥 35kg 三元复合肥、20kg 尿素，盖地膜，130cm 畦连沟种 2 行，株行距 40×65cm，密度 2565 株/亩，还苗后亩施 5kg 尿素，5 月 25 日坐住第 2 档果实后，每亩追施 15kg 尿素，其间用波尔多液、托布津等农药防治各类病害，6 月 28 日开始采收，7 月 28 日采收结束。

二、试验结果与分析

1. 不同试验品种的特征、特性

从表中可以看出，大红美福是早熟自封顶品种外，其余全是无限生长的品种，浙杂 203、浙杂 205、1802、浙杂 206 是中早熟品种，T-0448、T-5132 是中晚熟品种；株高、生长势、结果数量、抗逆性等，浙杂 206、1802、T-5132 优势明显，浙杂 203、浙杂 205、T-0448 中等，大红美福较差。

2. 不同试验番茄品种的品质

除了大红福美外，其他 6 个品种的果实形状、硬度、均匀、单果重等方面，差异不大，尤其是 1802、T-5132 果实光滑度和色泽都很好；浙杂 205、浙杂 206 有少量细纹，浙杂 203 有少量裂果，T-0448 有水浸状斑点，存在不同程度的缺陷，影响商品性；而大红美福果实软乎、大小不均匀、裂果、烂果多，不适宜市场销售。糖度（可溶性固形物）都在 3.5 左右，差异不大，但 T-5132、T-0448 口味偏硬实，不适宜于当地市场消费。

3. 不同番茄品种的产量产值

根据 7 个不同番茄品种的熟性、产量统计、价格和得出来的产值来看，大红美福虽然早期产量较高，但烂果和次残果多，总产量和产值最低；浙杂 203、T-0448 由于裂果、斑点导致烂果较多，总产减产严重，产值较低；T-5132、1802、浙杂 206 的抗病性、抗逆性强，产量均在 5000kg 以上，亩产值 3500 元左右；浙杂 205 尽管产量低于前面 3 个品种 20%，但熟性早，价格较高，产值只低 10%，达到 3228 元，比浙杂 203 高 47.7%。

三、试验结论

根据试验结果，和浙杂 203 比较，浙杂 205 生长势强，裂果烂果少，品质好，每亩产量 1146kg 增加 37.5%，推广种植 350 亩，总计增加 401 吨，亩产值增加 47.7%，即 1043 元，总计增加 36.5 万元；大红美福果实软乎、大小不均匀、裂果、烂果多，T-0448 果实有水浸状斑点，外表不美观，植株抗逆性差，雨后高温烂果多，浙杂 203 植株生长弱，裂果烂果较多，不适宜推广生产；综合性状好，适合我地推广生产的优良品种有 1802、浙杂 206、T-5132，而 T-5132 因为是以色列品种，种子价格很高，果实口味不理想，所以 1802、浙杂 206 更适宜推广。

知识归纳

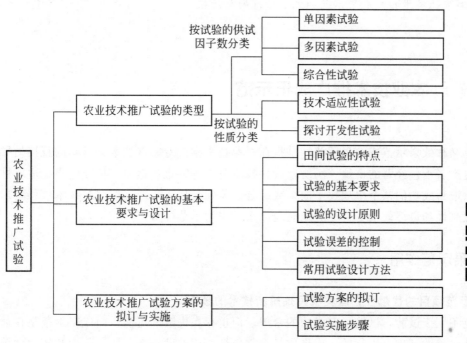

自测习题

第五章

农业技术推广示范

知识目标 ▶▶

◆ 了解农业技术推广成果示范的概念和作用。
◆ 理解农业技术推广成果示范的基本要求。
◆ 掌握农业技术推广成果示范的方法步骤。
◆ 理解方法示范的概念和作用。
◆ 了解方法示范的基本要求。
◆ 掌握方法示范的准备和实施过程。

能力目标 ▶▶

◆ 能够组织和实施农业技术推广成果示范、方法示范。
◆ 能撰写农业技术推广成果示范和方法示范的总结报告。

第一节 ▶ 农业技术推广成果示范

成果示范又称效果示范或结果示范，是指在农业技术推广专家（技术人员）的直接指导下，在农业生产者承包经营的土地（场所）或科技示范园等特定场地中，把经过当地适应性和开发性试验取得成功的某个单项技术成果或综合组装配套技术，严格按照其技术规程要求实施，将其优越性和最终效果尽善尽美地展现出来，作为示范样板。

一、成果示范作用

1. 展现示范项目的优越性，激发农民采用新技术的欲望

成果示范不同于试验，试验虽有成功的希望，但也存在失败的可能；而成果示范是在适应性和开发性试验的基础上进行的。成果质量在创新性、成熟性、效益性、适应和实用性等方面，经过了验证和改进，加之有严格的技术操作，预期效果一般情况下优于当地原有的使用技术。由于示范点设在拟推广区的生态、生产环境中，又是农业生产者亲自操作完成，效仿者不仅可以看到最终结果的优越性，通过参观、交流还可以了解到示范技术的基本操作过程，便于分析判断成功的可能性，采纳的欲望容易被激发。

2. 提供项目实施实际过程，增强农民采用新技术的信心

在我国农业发展的现阶段，大部分农业生产者的受教育程度和科技素质偏低，主动接受和采用农业创新的自觉性较低，受"耳听为虚，眼见为实"思维定势的影响，对于来自大众媒体和其他渠道的新技术信息难以捕捉、理解和消化，不愿意接受一些抽象而空洞的说教式的技术传授。成果示范避免了单纯采用行政命令和说教推广方式的弊端，不但真实、成功地展示了新技术成果，而且是由生产单位和农民直接参与、亲手操作完成。通过亲自体验过程和最终结果的优越性，其他农民通过参观、访问、交流等沟通途径，同参与示范的农民之间进行能力、条件的比较分析和判断，增强了其对成功的把握性，信心更容易建立起来，从而有效地说服持有疑虑态度、犹豫不决者仿效先进农民采纳新技术。

3. 培养技术普及人才，完善技术规程

农业技术推广示范的根本目的在于"授人以渔"。农业技术推广试验以科技人员为主，而成果示范由生产单位和农民直接参与，与科技人员共同实施，而这些参与示范者一般是素质较好、在普通农民中威望较高的带头人，一旦他们掌握了创新技术的关键，就等于培养了一批义务推广员，起到"火车头"的作用。另外，成果示范与大规模推广应用的生产实际更为接近，科技人员和参与实施的示范户一起，随时解决规模生产中出现的各种技术问题，不断改进、完善技术规范，从而为大规模推广应用培养了技术人才，提供了更可靠的技术支持和保证。

二、成果示范的基本要求

1. 技术要成熟可靠

成果示范要使创新技术的优越性尽善尽美地体现出来。成果示范要求必须选用某些通过当地适应性和开发性的试验，并取得成功的新技术成果。不能采用没有把握或尚属试探性开发阶段的不成熟技术。对上级有关部门提倡或直接下达的，且在普遍意义上有重要价值的技术成果，但尚未经过试验验证的，也不能盲目示范，这是成果示范必须遵循的基本原则。

2. 示范目标与农民和社会生产目标相一致

准备更新替代哪些旧技术？解决当地哪些实际问题？虽然在试验选题时已通过充分论证，但示范之前仍需对试验结果的不同方案进行筛选、优化。特别要从效益性、实用性和动态预测方面进行科学判断，选择某些与农民"高产、稳产、优质、低成本、高效益"的生产目标相一致的技术进行示范，建设高质量的样板，才会受到农民的欢迎，取得"建设一点、带动一片、致富一方"的效果。

在过去的成果示范中，为了增加示范样板的感染力，一般都选择一些转化周期短、经济效益好的所谓"短、平、快"项目，力求使成果示范能够显示"立竿见影、近水解渴"的效果。但在现代农业技术推广活动中，仅此一点作为示范的依据还是不够的。由于农民生产经营的自主性、独立性和行为的多变性，决定了个体生产者利益目标的局限性。某些技术成果虽然可给部分农民带来良好的效益，但也可能对当地整体和长远利益产生不利影响。因此，示范的目标还要与社会生产的高效和可持续发展总目标相一致。

例如，与林业生产密切相关的紫杉醇提取技术，就存在着两种目标的不一致性。由于红豆杉树皮（树叶）中含有万分之一的治癌特效物质——紫杉醇，其国际市场价格每千克高达3000多美元，滇西地区丽江市的少数加工企业使用这种提取技术，虽然给少量加工企业和部分农民带来了丰厚利益，但导致全县大部分的国家一级保护植物——红豆杉的树皮被剥光，损害了整体利益。

在一些情况下，人们难免会受个别急功近利思想的影响，这就要求推广人员要经过科学的分析判断后，对其做耐心解释和说服工作，直至取消某些缺乏科学依据的示范，这也是推广人员弘扬科学精神、维护群众利益的重要职责之一。只有做到示范目标与农民和社会生产目标相一致，才能最大限度地调动各方面的积极性，既得到政府的支持，又受到群众的欢迎和拥护，最后获得良好的示范效果。

3. 具备成果示范的必需条件

成果示范的重要意义在于能够使成果展示给参观者，克服困难，创造条件，将拟推广技术的成果高质量地展现出来。农业成果示范的内容多种多样，难易程度也各不相同，像节能灶具、农业机械或农药类物化成果，效果示范比较容易。而像新栽培技术、新品种的配套栽培技术、高效养殖技术类的示范，首先需要推广人员和生产者共同培养创建出示范样板，因而必须具备使样板得以充分体现的必要条件，主要包括两个方面。

第一，每一组示范，需要有1~2名既掌握新技术原理，又有熟练操作技能的推广人员，他们有足够的时间和精力，经常到示范点进行全面指导和关键环节的讲授及操作，以保证示范技术成果规程的正确实施。若示范点较多或相距较远，则需要多个技术小组。

第二，要有一个理想的农户或其他形式的生产实体，作为示范点。选择标准应符合下列条件：①所经营的土地（或场所）有足够大的规模，并与推广地区的生产条件相一致；②应是有一定文化水平，热爱农业科技，接受新事物的能力强，并自愿与推广人员合作的带头户；③有较强的责任感、荣誉感，在当地有一定的威信和影响力；④有丰富的实践经验，有一定的经济基础并有充足的劳动力和相应的生产资料；⑤有宣传和乐于帮助别人的能力。

4. 示范点的选择和布局要合理

示范的目的和意义在于展示。为了给更多的参观者提供方便，扩大影响效果及辐射范围，示范点都应设在交通十分便利，排灌等基础设施完善，既便于机械或畜力的农事操作，又远离村落或其他障碍物，土壤均匀的大田中。地块条件要符合成果要求。示范点的多少及布局应酌情而定，原则上每个乡镇设一处示范点。对于一些窄长的乡镇可设两处，对那些相对比较集中，乡镇之间距离较近，可在几个乡镇的中心点设一处即可。

另一种形式是集中示范，即把多项不同的示范项目集中起来，设在由政府或企业支持协调下建立的、不同形式的科技示范园内。在科技示范园内集中示范的方法，往往会给边远村落的生产者增加参观的交通费用，但也避免了分散示范的不稳定性缺点，可以充分发挥人员和设施相对集中的优势，而且参观者每一次参观可同时学到多个所关心的新技术，自由参观者较多。

三、成果示范的方法步骤

1. 制订示范计划

科学周密的计划是一项科技成果示范能够成功的前提。一个成功的成果示范，事前要对示范过程制订全面而细致的实施计划。内容主要包括：示范的内容、时间、地点、规模，预期指标，生产资料的来源及保障，观摩学习人员的范围，组织形式，参观时期，讲解内容，技术人员和示范农户的义务和权利、观察调查项目及方法等。示范负责人对上述内容要做出一个初步的计划，示范点确定后，需将创建示范样板所涉及人员召集起来，通过认真讨论，逐一落实。然后印制计划书，人手一份，便于实施。

2. 示范地点（场所）和示范户的确定

示范负责人应按照成果示范的基本要求原则，到拟设立示范点的地区（村）进行实地考察，确定示范地的大致框架区，并对框架区内所涉及的农户做间接调查，然后将几个符合要求的农户召集一起，认真座谈。示范负责人应使农户明确：示范项目的内容、意义，需要他们做哪些工作和物质投入；他们能够得到哪些方面帮助等，最后确定1~2户自愿合作者。示范地点和示范户的选择，对于有经验的推广人员比较容易，而对一个没有经验的推广人员，则是一个十分重要而又关键的工作。

3. 加强指导，创建高质量的示范样板

示范场地落实之后，推广人员应与示范户团结协作，严格按照计划要求，认真落实各项农艺操作。这是一个漫长的过程，推广者不一定长期住在示范点，但应将示范技术的要点及相关知识耐心地传授给示范户中的技术带头人，示范技术的每个关键环节必须亲自参加。此外，还应帮助示范户协调解决生产资料的供给等困难事项，只有这样，才能将示范技术成果的优越性充分挖掘出来。

通常情况下，示范田不需像试验田一样设同等规模的对照，但必须保留一个较小规模的对照区，作为参观的对比参照物和对示范成果的技术效益评价之用。对照区规模虽小，但对投入产出等指标的调查记载要与示范田相对应，不可缺少。

为了吸引自由参观者的注意力，一般可在示范点附近的道路旁建一个醒目的示范标志牌。牌上注有示范题目、内容、生产指标、技术负责人（或技术依托单位）、示范单位（或示范户姓名）等。

4. 观察记载

成果示范是一种推广教学方法，为了准确地给参观者提供一些他们所关注的数据，如品种名称、施肥量、灌水量、用工情况、株行距、各生育期的调控指标、产量效益等，应按计划要求及时、准确地进行观察记载，并将平均数记入观察调查记载表中，作为资料保存，供总结使用。录像可给参观者带来更多的方便，它可使示范的过程较直观、系统地重现出来，可提高示范的影响效果。在条件具备的情况下，可将示范关键阶段的长势情况和管理操作过程拍录下来，供参观者观看。

5. 组织观摩

组织观摩是成果示范重要手段。观摩的组织形式有两种：一是由政府出面组织相关人员；二是由推广者发邀请函或电话邀请相关人员。观摩通知或邀请函均应注明观摩的时间、地点和内容。观摩时间和次数的安排，应视示范项目的不同，酌情安排在最关键的时期。如设施果树高产栽培技术示范，可安排四次：分别在幼苗定植期、树形控制修剪期、人工授粉期和采收之前。

参观的程序：当参观者按通知或邀请按时到达参观现场后，首先由推广人员介绍示范的技术概况和本次参观的主要内容，并发放有关资料。接下来就是分组实地观摩，示范负责人和示范户要在带领参观过程中，及时解答参观者的各种咨询，并对某些不同观点交换意见。最后到一个固定场所观看录像，由示范负责人、示范户代表和有关的领导人做总结发言。

四、成果示范的总结

一项成果示范进行到一定阶段后或结束时，应及时写出一份综合的技术总结。一方面是向上级汇报，申请检查验收；另一方面是总结经验，找出差距和不足，提出新的想法和体会，为以后的同类工作奠定基础。同时也要向创新技术成果的研制单位反馈信息。一项成功的成果示范，地方政府常召开规格不等的总结会议，借此扩大宣传，加大推广力度。同时对示范户和推广人员给予表彰或物质奖励，激励他们的工作热情。项目总结包括以下内容：

1. 项目来源及示范意义

简要介绍示范成果研制单位、示范项目的下达或委托单位、承担主持单位及人员、参与示范的示范户等的基本情况。简要说明项目示范的主要针对性、要解决的主要问题、达到的技术经济目标及对当地农业产业结构调整、促进区域经济发展等方面的意义和成效。

2. 项目完成情况和成效

对照原合同规定的示范样板建设的各项技术经济指标，从经济效益、社会效益、生态效益三个方面客观总结完成合同任务的实际情况，包括示范样板建设覆盖的县（区）、乡（镇）、村、示范户数目，每个示范点的示范规模，示范区达到的产量水平、产值、增产幅度、新增总产量、新增总产值、获得的经济效益、农民培训情况、示范户及辐射农户收入提高的幅度等。应尽量用定量和规范的计算方法表示，不能随意地形容和夸大。

3. 组织实施措施和经验

该项主要总结以下方面的做法、成效和典型经验：建立健全组织领导，政府、科研单位、院校、推广部门及有关人员与示范户间的协调与合作，组织协作攻关，搞好技术承包，围绕项目开展示范，抓好技术培训，培养示范户，开展技术服务，组织现场考察、交流，以点带面，扩大成果示范影响等。

4. 技术改进与创新

该项主要总结原创新成果的技术在建设示范样板的实施过程中，结合本地的自然条件、社会经济条件、农民素质等生产力实际水平做了哪些再创新、改进和发展，包括技术开发路线与技术本身的改进、深化和提高的技术措施以及所获成效。

5. 问题和建议

一是对示范项目的主要技术参数同国内外同类技术进行比较，从样板建设及产生的综合效益的实际情况出发，结合项目的科学性和可行性、当地农业的现状和产业发展的方向、农民的意愿等方面的因素进行综合分析评价，提出推广应用的前景和建议，包括技术的可行性与应用地区、范围的适应性以及应注意的问题等；二是在总结成功经验的基础上，认真反思在项目实施中出现的问题和不足，包括技术措施、组织实施方面的各种问题，提出改进和弥补的措施和想法。

甜菜丰产高糖栽培技术示范方案

由于病害逐年加重，传统甜菜种植区的产量和含糖量越来越低，农民失去了种植甜菜的积极性，糖厂的经济效益也受到影响。为了改变这种状况，宁夏某糖厂开始进行甜菜种植新区的开发工作。经过调研发现，在宁夏南部山区，由于种植业结构单一，农业生产受到制约，急需引进新作物以调整当地的种植业结构。在此前提下，当年糖厂选派技术人员到同心县进行甜菜种植试验，在试验取得成功的基础上，次年决定扩大种植面积，进行栽培技术示范。

1. 示范的目的和意义

引进甜菜作物，调整当地种植业结构；向示范户传授甜菜丰产高糖栽培技术，为当地的甜菜生产培养技术骨干；通过示范向广大农民展示种植甜菜的优越性，激发农民种植甜菜的积极性，为推广甜菜丰产高糖栽培技术打下基础。

2. 示范点布局

在公路沿线有灌溉条件的乡（镇），每个乡（镇）布置一个示范点。

3. 示范户的选择与培训

通过村委会推荐、与农户交流沟通、到农户承包地实地勘查，分别在城关乡胜利村、王团乡香水桥村和河西镇河西村各确定一个示范户。对示范户进行示范目的、内容、栽培管理技术、调查记载内容及方法等的培训，并发放栽培技术规程，以便他们在示范过程中按技术要求进行生产管理。

4. 示范田的种植

由于该地区以前从未种植过甜菜，所以从施肥、整地到播种的全过程，如施肥量、播种量、行株距、播种深度等的确定和调整，技术员都必须亲自进行指导，把好播种质量关。

5. 田间巡回检查指导

当甜菜播种后，每周一次到示范地块观察苗情，与示范户沟通。一方面将发现的问题和解决问题的方法告诉示范户，另一方面向他们讲授最近一段时间的管理措施和生产中的注意事项。

6. 召开现场观摩会

现场观摩会的参观者是乡村领导和示范点周围的农户。示范现场观摩会共召开两次，一次是在8月初甜菜茎叶繁茂期，因为这一时期是甜菜生长发育特征表现得最明显的时期，此时召开现场会可以让农民认识甜菜，了解甜菜生长发育状况和栽培技术。第二次是在10月上旬甜菜收获期，这一时期召开现场会的目的是让农民了解甜菜的产量，示范时不仅向农民介绍甜菜生育后期管理技术，更重要的是当场进行收获测产，向农民示范甜菜切削方法，通过与种植的其他作物对比，了解种植甜菜的收益，从而调动他们种植甜菜的积极性。

第二节 ▶ 农业技术推广方法示范

方法示范是指推广人员利用适宜规格的植物、动物、农机具或其他实物作直观教具，将某些仅通过语言、文字和图像来表达显得困难、传授效果差的操作性技能（或技巧），通过实际操作演示与语言传授相结合的方式传授给农民，并现场指导他们亲自操作，直至掌握其技能要领的推广教学方法。方法示范属于技能类示范。

例如，果树的嫁接、修剪整型、环剥、人工授粉技术，棉花整枝打杈，水稻抛秧技术，小麦品种的提纯复壮技术，新机具功能更换调控技术，仔猪去势、人工授精，雌雄雏鸡的鉴别技术，食用菌接种技术，秸秆青贮技术等，均适于方法示范。

一、方法示范作用

方法示范是为了让一部分农民在示范现场学会和掌握一项或若干项具体的技术，回去后带动周围农民效仿，及时地应用于农业生产，解决当前生产环节中的技术问题，具有实用性和实效性。

有研究者通过反复实验和测试表明，当人们只靠听来学习，能记住内容的 20％；只通过看来学习，可记住所学内容的 35％；而二者结合起来则可记住内容的 65％。听、看、做结合起学习效果最佳。由于农民长期从事循环往复的农事操作活动，具有较强的形象思维能力，而抽象的逻辑思维较差。因而缺乏形象模具的教学方法往往收效甚微。

方法示范可使农民通过视觉、听觉、触觉等全部感官进行体验学习，并将听、看、做和讨论交流相结合，能在较短时间内领会并掌握语言和文字较难描述的技能。所以，方法示范是一种被普遍采用且效果显著的推广教学方法。

但方法示范具有比较大的局限性，因为它必须具备适宜的直观实物作教具，并要有操作技能娴熟和讲演口才较好的教员，而且只适于在小范围、小规模和短时间中进行。因此，为了提高新技术（技能）的扩散速率，需要长时间、多场次的演示。

二、方法示范的基本要求

1. 短时准确

方法示范的内容（题材）必须是当地群众最需要解决的问题，且适合当众表演。由于方法示范多数是在田间、地头，教学环境不同于教室，观众的注意力不易集中，所以要尽量在短时间内精确地完成示范操作。否则群众反感，效果不佳。同时参加方法示范的人数不宜太多，在示范中要使每个人都能看得见、听得清。

2. 操作为主，讲解为辅

示范者要事先做好反复练习准备，把实际操作分解成几个部分进行演示。在示范过程中要将每个操作展示清楚，不能用语言来代替。但对一些关键性的技术操作，也要做简要的讲解，讲清为什么只能这样做，而不能那样做，它的原理是什么等。

3. 农民亲自操作

一项新技术，听起来、看起来好像容易掌握，但真正做好是不容易的，因为存在操作是否熟练、准确的问题。因此，农民要亲自去做每一个步骤。操作正确，推广人员要给予肯定；做错了，要帮助他们改正。对较难的技术，还应该让他们重复操作，直到全部掌握为止。

三、方法示范的步骤

1. 方法示范计划的制订

无论推广人员有多么丰富的经验，每次进行方法示范，都要根据示范的目的和内容写出示范计划。同样内容多次重复的示范，也应根据以往的体会对计划做更完善的修改。计划包括：通过方法示范要达到的目的、示范题目及主要内容、示范所需材料和直观动植物教具、示范时间和场地、观众邀请的形式、解答的主要问题、示范过程的总结等，以保证示范整个过程有条不紊地进行。

2. 方法示范内容的准备

准备的内容包括：实物教具、场地和辅助教具、操作和讲演预试三个部分。

（1）实物教具　适宜的实物教具对方法示范十分重要。如果是示范树嫁接，必须在适宜嫁接的季节内，有足够的砧木和鲜活的贮藏接穗，以及环剪、辟刀、塑料等；水稻抛秧示范，需准备适龄的秧苗和已经整好待播的水稻田；人工授精示范，必须准备好事先采集的冷冻精液和适宜受精期的母体动物。一些受动植物发育时期限制的示范技术，需要在计划时做出周密的安排，才能将示范与生产结合起来，使观众全部看到真实的效果，尽量减少不合时宜的假设性示范。

（2）场地和辅助教具　有些示范需要足够大的场地，如新的农机具功能调控，每更换一种功能，需要一定的操作作业区，因而需要事先选择好作业场地。此外，一些必要的机械图解挂图，农作物根、茎、叶、花、果构造，或生长发育机理示意图等，都是提高方法示范所必需的辅助教具。

（3）操作和讲演预试　推广人员要对示范操作和讲演做好充分的准备，示范前需反复演示，确保示范时精确，短时间内完成，讲解简洁、准确、易懂、易记。

3. 示范的组织

方法示范的对象往往是一些专业性较强的生产者，当示范的时间、地点、重点内容确定之后，可通过政府以通知的形式，由推广者直接发邀请函的形式，或者电视、报刊等大众媒体广告等形式组织学习者参观学习。

4. 方法示范的实施

（1）介绍　首先要介绍示范者自己的姓名和所从事的专业，并宣布示范题目，说明选择该题目的动机及其重要性。要使推广对象对新技术产生兴趣，感到所要示范的内容对他很重要并且很实际，而且能够学会和掌握。

（2）示范　示范者要选择一个较好的操作位置，要使每位观众能看清楚示范动作。操作要慢，要一步一步地交代清楚，要做到说明（或解释）和操作同时进行，密切配合。用语要通俗、易懂，使每位观众易听懂、了解，为练习打下基础。

（3）小结　将示范中的重点提炼出来，重复一次并作出结论，以给观众留下深刻的印象。在进行小结时要注意：不要再加入新的内容、不要用操作来代替结论、要劝导学习者效仿采用。

5. 操作练习和回答问题

示范结束后，在推广人员的直接帮助下，每个推广对象要亲自操作。对推广对象不清楚、不理解或能理解但做不到的事情，推广人员要耐心重新讲解、重新示范，纠正错误的理解和做法，鼓励他们再次操作练习，直到理解并正确地去做，达到技术要求为止。同时在活动中要鼓励和允许学员提出问题，并对其提出的问题进行解答。示范者在回答问题时，要抓住重点、清晰扼要；如答复不了，可直接说明，切不可胡编乱造或对提问者有不礼貌的语言。

在练习过程中，推广人员还要善于发现推广对象中的潜在带头人，发挥其技术掌握快、能指导其他农民的作用，共同完成示范练习。示范过程中，还应创造一种轻松的气氛，让农民愉快地学习。

四、方法示范的总结

为了使方法示范的影响效果不断提高，完成方法示范后，应做出总结。方法示范的总结比较简单，主要包括示范的内容、时间、地点、组织形式、示范效果及示范的优缺点等；对农民的采用提出具体要求和注意事项；同时将示范的体会，特别是需注意的重点及需要改进的方面记载下来，作为下次方法示范学习借鉴的资料。此外，将研究成果上升为理论，也为推广示范教学的理论原理和实践不断补充新的内容。

案例

甜菜覆膜点播机操作示范

1. 目的意义

地膜覆盖栽培技术如今已广泛应用于甜菜生产，但在应用过程中出现的主要问题是：如果采用机械条播，则必须先播种、后覆膜，但在出苗时需要人工放苗，否则幼苗就会被闷死在地膜内；如果采用人工点播，则可先覆膜、后播种，这样做不需要在出苗时人工放苗。不过在无点播机的条件下只能用人工点播；即使采用机械点播，为了保证覆膜的质量，仍然需要人工覆膜。

为了解决播种需要人员多、工作量大的问题，引进甜菜覆膜点播机，以提高播种质量，降低劳动强度。

2. 示范地点

示范地点选在国营渠口农场的甜菜生产田中进行。

3. 示范人员

国营渠口农场生产科技术员和各生产队队长、技术员、甜菜生产专业户。

4. 示范前的准备工作

（1）机械和物资准备　所用机械包括拖拉机和点播机。在示范前，技术人员首先对点播机进行试用，了解点播机的性能和播种质量。试用后发现有两方面不符合技术要求：一是每穴点播的种子数过多；二是覆膜后，膜两侧的覆土恰好盖在播种行上，且覆土过厚，不利于种子出苗。于是技术人员对机械进行了改造：在播种孔增加了一个限制播量的装置，把每穴的播种量控制在2～3粒种子；在覆土轮后增加了一个刮土板，将播种行上的覆土厚度控制在1～2cm。同时确认拖拉机的性能良好，避免在示范时出现机械故障。

准备的物资包括甜菜种子、化肥、地膜等。

（2）人员准备　首先，确定一个技术熟练的拖拉机驾驶员，并让驾驶员多加练习，熟练掌握机械的操作技术，保证示范能顺利进行。其次，推广人员要准备好解说词，将示范的目的意义、操作方法熟记在心，保证介绍时不出差错。

（3）示范户及场地准备　示范前与示范户进行沟通，使其了解示范的目的意义，掌握技术要点，要求示范地块施足底肥后将地耙平起垄后待播。

5. 示范实施过程

首先由技术人员介绍本次示范的目的意义及机械的性能、优点、缺点、改造方法和操作过程中的注意事项，然后进行播种示范。技术人员指挥拖拉机驾驶员进行播种、边播种、边讲解，播种一段距离后即可停止播种。技术人员组织参观者查看覆膜和播种情况，如覆膜是否平整、膜两侧的覆土是否严实、覆土厚度是否合适、每穴种子数是否符合要求等。同时组织参观者进行充分讨论交流，提出自己的意见和看法。推广人员最好进行总结性发言。示范结束。

知识归纳

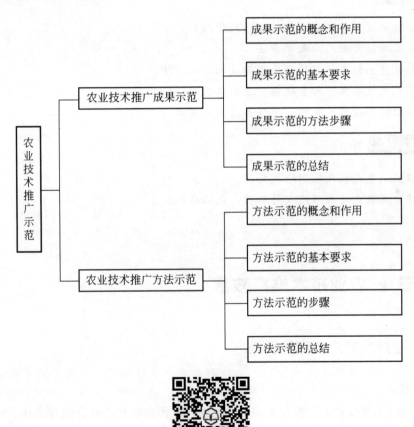

农业技术推广示范
- 农业技术推广成果示范
  - 成果示范的概念和作用
  - 成果示范的基本要求
  - 成果示范的方法步骤
  - 成果示范的总结
- 农业技术推广方法示范
  - 方法示范的概念和作用
  - 方法示范的基本要求
  - 方法示范的步骤
  - 方法示范的总结

自测习题

第六章

农业技术推广教育与培训

学习目标

知识目标

◆ 了解农业技术推广教育的特点和教学原则。

◆ 掌握农业技术推广的教学方法。

◆ 理解农民的特点，掌握农民短期技术培训方法。

◆ 掌握农业技术推广人员职前、在职培训方法。

◆ 掌握农村科技特派员的主要任务及实施措施。

能力目标

◆ 能够组织完成农民短期培训任务。

◆ 能够完成农业技术推广人员职前、在职培训。

第一节 ▶ 农业技术推广教育

一、农业技术推广教育的特点

1. 普及性

普及性是指农业技术推广教育是面向农业生产、面向农村的社会教育工作。农业技术推广教育的对象包括：成年农民、农村基层干部、农村妇女和农村青少年。由于他们的文化程度参差不齐，因此工作面广、工作量大。在农村开展农业技术推广教育，对于提高全体农民的科学文化素质，改善农业生产条件和农村社会生活环境，促进农村经济快速稳定发展具有重要意义。

2. 内容实用性

农业技术推广教育的主要对象是成年农民，他们是农业科技成果的直接接受者和应用者。他们学习的目的不是为了储备知识，而是为了解决生产、生活中遇到的实际问题，完全是为了应用。因此，农业技术推广教育必须适应农村经济结构变化和农业生产、农民生活的实际需要，理论联系实际，做到学以致用。

3. 实践性

农业技术推广教育是一项实践性很强的工作。它是根据农业生产的实际需要，按照试验、示范、技术培训和技术指导、服务这一程序实施的。在这一过程中，不仅要向农民传授新知识、新技能和新技术，帮助农民解除采用新技术的疑虑（知识的改变→态度改变→个人行为改变→群体行为的改变），转变他们的态度和行为，而且还要同他们一起进行试验，向他们提供产前、产中、产后等服务。由于这种教育方式具体、生动、活泼、实用，农民易于接受。

4. 时效性

时效性包含两层含义：一是现代科技日新月异，新技术更新周期短，一项新成果如不及时推广应用，就会降低推广价值；二是农民对科学技术的需要往往是"近水解渴"，要求立竿见影，因而，农业技术推广人员应该不失时机地帮助农民获得急需的技术，必须善于利用各种有效的教学方法，把先进的科技成果尽快地传递给农民，以提高科技成果的扩散与转化效率。

二、农业技术推广教育的教学原则

1. 理论联系实际原则

理论联系实际原则即教学内容的实际、实用、实效原则。农民学习和掌握科技知识的最终目的是为了解决农业生产、生活中遇到的实际问题。因此，农业技术推广教育要针对农业生产实际中存在的现实问题，进行广泛的调查研究，了解农民目前迫切需要掌握的新技术、新知识、新信息，有针对性地确定农业技术推广教育的内容。同时把推广教育内容与农业生产、农民生活紧密结合起来，使推广内容更具实用性和时效性。

2. 直观原则

农业技术推广教育的对象是农民，他们最现实，不但要亲眼看到、亲手摸到，而且还渴望了解成果取得的过程。这就要求在农业技术推广教育过程中要为农民提供具体的知识和充分的感知，把经验、知识与具体实践结合起来，充分运用实物（如观察实物标本、现场参观、实习操作等）、模像（如模型、图片、幻灯片、电影、电视录像等）和语言（如表演、比喻、模仿等），即把"看""讲""做"有机地结合起来，使抽象的理论具体化、直观化，这样，对农民才具有强劲的吸引力和说服力，才能获得良好的教育效果。

3. 启发性原则

农业技术推广过程中，推广人员要善于启发农民，调动农民的自觉性、主动性和创造性；要让农民多发表意见，提出自己的见解；培养农民对所学内容正确与否的判断能力，并通过对话、交流看法等方式创造一个和谐、融洽的气氛，与农民互教互学。

4. 因人施教原则

因人施教原则是指根据农民的年龄层次、个性差异和文化程度等不同的特点，有的放矢地进行教育。如对热情不高，较保守求稳的农民要耐心示范，用事实说话；对文化程度低、经济条件差的农民要在力所能及的情况下，解决他们的困难，坚定他们学习的信心；对实践经验丰富、有一定文化水平、经营能力较强的农民，则要引导他们对农业科技理论知识进行学习，促进知识更新，提高文化素质。

5. 培训方式多样性原则

农业生产的季节性很强，加上农民又很注重实际，因此农民的学习兴趣随着生产季节而变化。这就要求推广人员确定的培训内容要符合当时的农事季节，做到有的放矢。另外培训的规模、时间和地点安排也要根据季节来确定。农闲季节，可在室内或庭院中进行，参加的人数可以多一些，时间可以长一些；农忙季节，直接在田间地头进行，参加的人数要少一些，时间要短一些。

三、农业技术推广教学方法

推广教学的方法多种多样，而且各有其灵活性。当推广教学目的、内容确定以后，配合使用多种教学方法，可以使所要推广的信息或技术得到最大程度的传播。在推广教学中采用的教学方式、方法越多，推广信息、技术也传播得越快、越广。如果几种教学手段能很好地结合，不仅可使推广人员与农民的个人接触达到较好的效果，而且在许多场合，推广人员即使不在场，也可以增加推广接触的次数。同时重叠应用两种教学方法，可以扩充教学过程的内涵，活跃教学气氛，增加学习者对教学内容的理解和记忆，提高教学效果。

此外，农民认识、理解、接收信息和技术主要是靠直观感受，而不是靠推理分析。实践中，应尽可能地选用成果示范、技术示范、现场指导、挂图、幻灯、电影、录像、电视等教学手段，以提高推广教学的效果。

1. 集体教学法

集体教学法是在同一时间、场所面向较多农民进行的教学。集体教学方法很多，包括短期培训班、专题培训班、专题讲座、科技报告会、工作布置会、经验交流会、专题讨论会、改革研讨会、农民学习组、村民会等多种形式。

集体教学法最好是对乡村干部、农民技术员、科技户、示范户、农村妇女等分别组织，内容要适合农民，时间不能长。可利用幻灯片、投影、录像等直观教学手段提高效果。

2. 示范教学法

示范教学法是指对生产过程的某一技术的教育和培训。如介绍一种果树嫁接或水稻育秧等技术时，就召集有关的群众，一边讲解技术，一边进行操作示范，并尽可能地使培训对象亲自动手，边学、边用、边体会，使整个过程既是一种教育培训活动，又是群众主动参与的过程。

注意事项：①一般要有助手，做好相应的必需品的准备，保证操作示范顺利进行。②要确定好示范的场地、时间并发出通知，保证培训对象到场。③参加的人不能太多，力求每个人都能看到、听到和有机会亲自做。④成套的技术，要选择在应用某项技术之前的适宜时候，分若干环节进行。⑤对技术方法的每一步骤，还要把其重要性和操作要点讲清楚。

3. 鼓励教学法

鼓励教学法是通过教学竞赛、评比奖励、农业展览等方式，鼓励农民学习和应用科研新成果、新技术，熟练掌握专业技能，促进先进技术和经验的传播。鼓励教学法的特点是可以形成宣传教育的声势，利于农民开阔眼界，了解信息和交流经验，激励农民的竞争心理。

4. 现场参观教学法

组织农民到先进单位进行现场参观，是通过实例进行推广的重要方法。参观的单位可以是农业试验站、农场、农户、农业合作组织或其他农业单位。这种教学方法的优点是通过参观访问，农民亲自看到和听到一些新的技术信息或新的成功经验，不仅增加了知识，而且还会产生更大兴趣。但要注意参观人数不宜太多，以利行动方便和进行参观、听讲及讨论。

第二节 ▶ 农民技术培训

一、农民学习的特点

1. 学习目的明确

农民的学习动力来源于实践的需要，这对学习效果有很大的影响。农民学习的目的通常是为发家致富、改善生活、提高社会经济地位、求得个人发展及对子女的培养。这种明确的学习目的和动机，使其产生了强烈的学习愿望和学习积极性。

2. 只有感兴趣才学习

农民对推广项目之所以感兴趣，是因为他们认为项目对改善生产经营是有好处的，也有些是出于好奇或对什么都感兴趣而学习的，先有兴趣或某种求知的欲望才有学习。对于同一培训内容，有些农民对其感兴趣，愿意学习；而另一些农民则不感兴趣，不愿意学习。推广人员要分析其原因，设法增强农民的学习兴趣，改进教学方法，通过示范或直观教学方法增强农民的学习兴趣。

3. 较强的认识能力和理解能力

农民的认识能力是建立在已有的实践经验和感性知识基础之上的。他们在多年的生产、生活中形成的各种知识与丰富的经验，对理解当前的感知对象（科学技术）有着在校学生不能比拟的优越性，从而产生了较强的认识能力和理解能力。农民在学习中借助这些丰富的实践经验和一定的基础知识，能联系实际思考问题，并举一反三、触类旁通。

4. 精力分散，记忆力较差

农民虽有较好的认识能力和理解能力，但记忆保持力较差。农民既要参加生产劳动，还要承担家务，还有社会活动，精力容易分散，接受知识较快，遗忘也较快。因此，农业技术推广教育宜采用直观的具体指导、学用结合和通过重复学习等多种办法来提高学习效果。

5. 学习时间有限

农民担负的生产、生活和工作任务繁重，尤其是农村妇女，负担更重，学习时间少，困难大。另外，农民要自行安排生产劳动时间，没有统一的作息制度。同时，居住分散，学习时间不易集中。因此在农业技术推广教学中，要为农民业余学习创造条件，尽可能利用夜间、雨天、冬闲等生产空闲时间，安排和组织他们学习。

6. 农民之间的相互学习

在实践中，农民常常是向其他农民学习的东西多于农业技术推广人员所教的东西。农民之间的相互学习，是一种重要的方式，特别是革新技术的传播。

二、农民短期技术培训方法

对于一些技术含量较高的项目，一般是先培训科技示范户，再培训普通农民。

1. 对科技示范户的技术培训

（1）科技示范户的选择　一般选择一些当地的技术骨干，他们有一定的文化基础，影响力强，思想活跃，接受新事物快，有主动参与的要求，有明确的学习目的，是农村中的先进力量。

（2）培训的内容　培训的主要内容是讲授示范项目技术要点，培训操作技能；鼓励其为当地农民服务；传授其如何影响农民、传播技术、消除保守思想的方法。

（3）培训方法

① 组织现场培训。组织现场培训是利用现场直观环境，言传身教，使科技示范户容易理解、接受。如在示范项目进行之前，组织科技示范户到试验田，边观察、边讲解、边实地操作，并鼓励科技示范户模仿，反复进行，直到其掌握为止。

② 田间指导。田间指导是在执行示范项目的过程中，农业技术推广人员每周用1～2天进行田间的巡回指导，以解决现实存在的问题；并根据反馈信息，发现有普遍存在的问题，就要重新组织进行短期的再培训，甚至有必要组织进行现场的再培训。

③ 个别接触。个别接触贯穿于示范项目进行的全过程，为了使示范户不至于失去示范的兴趣，农业技术推广人员要经常到农民家拜访或邀请农民来做客，进行双向沟通，以便传递信息，讲授知识，培养感情，加强协作。

2. 对普通农民的技术培训

对普通农民的培训，形式更需要灵活多变，并针对不同区域和不同类型的农民采用与之相适应的培训方法。主要的培训方法有：

（1）技校培训　技校培训就是各乡镇建立农业技术学校，农民通过到农技校来学习，增长知识，提高素质。"科、教、推"三方面联合组成巡回讲师团进行宣传培训。这种形式要深入农村基层，根据农民参与、从众的心理，调动起广泛的积极性。该方法有一定权威性，容易赢得农民的信任。

（2）成果示范和方法示范　在一些交通要道周围、公路两旁或集市所经路旁布置好示范点，做一醒目的标记，使人只要从此经过就能参加讨论；或通过组织大家到示范户的示范田参观，通过示范户的讲解、操作，加以传授，再加上推广人员的补充，从而达到培训的目的。

（3）服务咨询　在一些繁华地带（集市、贸易中心）设置咨询网点，接受农民咨询。

（4）现场会　通过组织大家到一些采用效果明显的地块，参观、讨论、介绍经验，进行表扬鼓励，激励大家接受新技术。

3. 短期培训的工作步骤

（1）制订培训计划　培训计划制订得越好，培训成功的可能性就越大。培训计划应包括下列内容：培训项目名称、培训目的、培训内容、讲授者姓名、培训时间、培训地点、听众数量和类型、听众已有的知识、参考资料、主要教学手段等。

（2）培训组织　为了使培训取得良好效果，必须对培训时间和地点进行精心安排。在农村，由于路途较远、交通不便及农时限制，要把一定数量的农民组织在一起是比较困难的。因此，培训应安排在农闲时间进行。在生产过程中，根据技术需要可以在关键季节进行，如水稻育苗期、稻瘟病发病期、玉米大喇叭口期等。

培训前应把有关事项通知到所有感兴趣的农户，以便他们及早做好安排。培训地点应安排在农民认为比较方便的地方，并需要一定的教学设备。在培训之前，最好检查一下周围环境是否有利于培训的进行，不能有较强的干扰。

（3）培训实施　在培训过程中，技术人员要做好两个方面的工作：一是了解农民的情况，明确农民的技术需求和学习特点，采取有针对性的方法进行教学；二是准备好培训的内容，多用互动式的教学方式，使农民真正参与到培训中去，主动学习、积极思考，达到培训的预期效果。

（4）培训总结　培训结束后组织农民进行讨论，注意听取农民的反馈意见，还要通过个别指导的方法了解农民采用培训项目的实际情况，根据农民的学习和采用效果做出总结，为今后的培训提供参考。

三、农民职业培训——"绿色证书"制度

"绿色证书"是指农民达到从事某项农业技术工作应具备的基本知识和技能要求后，经当地政府或行政管理部门认可而颁发的从业资格凭证，是农民从业的岗位合格证书。

"绿色证书"制度在发达国家是一项法规性的制度，农民要经营农业，必须取得"绿色证书"资格。我国在借鉴国外农民职业教育经验的基础上，结合我国农村经济发展的现实需求，农业部自 1990 年开始在全国组织实施"绿色证书"工程，逐步在中国农村确立了"先培训、后上岗"的农民职业技术资格证书制度。

1. "绿色证书"工程的实施范围和实施对象

（1）国家对"绿色证书"工程实施范围的界定　"绿色证书"制度的实施范围，主要包括种植、畜牧兽医、水产、农机、农村合作经济管理、农村能源和农业环境等行业。农业机械驾驶、操作、维修，以及农村会计、审计、合同仲裁、渔业船员等岗位实行的培训、考核、发证的有关规定应继续执行，并使之逐步完善；凡从事这些岗位工作的农民在达到农业部规定要求后，获得的专业资格证书可视同于专业类农业技术资格证书，并具有同等效力。

（2）国家对"绿色证书"工程实施对象的界定　实施"绿色证书"制度的最初目的是培养一支农民技术骨干队伍，作为农民学历教育与实用技术培训之间的一个层次。所以"绿色证书"工程的重点是乡、村干部，乡、村技术推广人员，种植业、养殖业大户，科技示范户，农村妇女，复转军人和一些技术性较强的岗位从业农民。但从各地的实施情况来看，上述界定已经限制了"绿色证书"培训的力度，很多省（直辖市、自治区）都在扩大"绿色证书"培训范围上进行了有益的探索。

2. "绿色证书"的资格标准

取得"绿色证书"的农民，必须达到岗位规范规定的标准。农民技术资格岗位规范包括政治思想、职业道德、岗位专业知识、生产技能和工作经历、文化程度等方面的要求。岗位专业知识和技能，是技术资格岗位规范的重要内容。"绿色证书"获得者要比较系统地了解本岗位的生产和经营管理的基础知识，每个岗位的专业课包括 3～5 门课程，300 学时左右。种植业、养殖业等生产周期较长或技术性较强的岗位，至少要通过一个以上本岗位生产周期的实践，掌握本岗位的生产技能并达到熟练程度。

第三节 ▶ 农业技术推广人员的培训与提高

农业技术推广人员的培训，是指农业技术推广人员职前和在职的学习、培养和训练提高

的过程，也是对推广人员继续教育和提高工作能力的过程。

一、职前培训

职前培训是指对准备专门从事推广工作的人员进行就业前的职业教育。职前培训是由于推广人员就职前往往难以适应岗位的多种需求，所以，上岗前必须进行有针对性的培训，目的是使刚从事推广工作的人员掌握一定的技术与技能，从而使其具有承担推广工作的能力。

这项工作一般由国家的中、高等农业教育学校来完成。教育部门根据推广部门的要求和推广人员应该具备的各种素质，拟订教学大纲和教学计划，通过学习和实习，使他们在就业前就具备推广人员的基本知识和素质。一般是通过开设课程来完成。另外，辅以社会调查、科学研究、生产实习等环节，效果更佳。

1. 职前培训的主要内容

（1）农业各个领域的专业技术知识　如农业、林业、畜牧、兽医、农机、蔬菜、渔业等，这些知识主要是通过专业课程的学习来解决。

（2）培养在农村基层为农业生产、农业技术推广做出贡献的思想，了解推广工作的目的、推广组织及推广人员的职责。

（3）培养推广人员的推广教学方法和技能，掌握各种试验方法，以及了解推广方法的优缺点。

（4）培养拟订推广计划的知识与技能、组织实施的知识和技能、总结宣传的知识和技能。

（5）培养示范、说明和分析问题的能力，掌握各种视听传播工具的功能和使用方法。

（6）了解和熟悉当地群众的文化和乡村社会组织，找出这些文化与社会组织成立并存在的理由。

（7）熟悉消息的来源与获得的方法。

2. 职前培训的类别

一般将推广人员按工作性质分为3～4种类别，即管理领导类、技术和专家类、推广人员或官员类和基层推广工作人员。其中基层推广工作人员是人数最多的一类。在许多国家，基层推广工作人员又是推广工作第一线的领导。

管理和领导人员，除了应接受专业技术教育之外，还应具有在人才选择、咨询、人员管理、工作评价、培训计划、发展和管理及监督指导方面的才能。专项技术推广人员，要求具有农业科学或某一专业领域（如园艺、种子等）的大专学位。此外，大多数人都还应该具有基本的种植和养殖技能，以使他们能圆满地在农户中完成示教工作任务，还需具有一些基本的培训技能。

二、在职培训

在职培训是指推广组织为了保持和提高推广人员从事本职工作能力所组织的学习活动。每个推广人员，从就职开始到职业生涯结束，都有义务接受培训，也有权利要求参加培训，以提高自己的专业水平，有效地完成推广任务。推广机构应在组织结构上为职工参加培训提供尽可能多的机会。

1. 在职培训的必要性

（1）一个农业技术推广人员所具有的知识是有限的，即使是水平比较高的推广人员，在知识日新月异的今天也会时常感到知识的匮乏，需要不断地补充。

（2）通过在职培训，可以重新温习过去学过的知识，结合工作实践进一步加深理解和掌握。

2. 在职培训的类别

具体包括：系统培训，即为期 3 个月到 1 年不等，系统地讲授推广原理和技术（技能与方法）的培训；专题培训，即针对一些专门的课题进行的培训；更新知识的培训，是指在技术不断更新的形势下，对推广人员进行最新知识和技术的培训。

3. 在职培训的主要内容

（1）更新和进行基础专业教育、现代推广理论和技术的教育。

（2）掌握新技术、新信息、更新应用技术的教育。

（3）根据推广工作需要的专业教育。

（4）掌握农业发展形势的主要特征，讨论有关任务和工作方法。

（5）掌握新的视听、宣传工具，补充新的教学手段。

4. 在职培训的主要方法

（1）每月讲习班　每月讲习班的地点是推广专家在职培训的主要集中地，也是推广和科研人员定期接触的地方。一般是举办为期两天的讲习班，目的是定期提高推广专家的专业技能，以适应农民对实际技术的需要。

（2）两周培训班　两周培训班的主要任务是继续提高村推广员和乡推广员的专业技能，这种培训班两周培训一次。

（3）生产推荐项目培训　它是对推广人员进行农业技术措施的专门推广教育培训。这些措施的生产技术和经济效益要适合农民的生产条件。

第四节 ▶ 农业科技特派员

一、实施科技特派员进行农村科技创业行动的意义

科技特派员的工作源于基层探索、群众需要、实践创新，是农村改革发展的重要成果。科技特派员制度发源于福建省南平市。目前，已有 7.2 万余名科技特派员长期活跃在农村基层、农业一线，围绕当地产业和科技需求，与农民建立"风险共担、利益共享"的利益共同体，开展创业和服务，有力推动了农业科技成果转化和应用，形成了科技人员深入农村开展创业和服务的有效机制，为增加农民收入、发展农村经济做出了重要贡献。科技特派员的工作得到了党中央、国务院的充分肯定，受到了广大农民的积极欢迎。

一是科技特派员肩负着指导生产、推广科技、密切党群关系的特殊使命，他们不同于科技下乡和科技进村。科技特派员制度是把科技植入农村的行为，从短期行为转化为长期行为。

二是不同于选派科技副职，科技特派员不是基层的行政领导者，而是直接参与生产实

践，是市场经济的主体之一；不同于传统的农业科技推广，科技特派员制度把对农民的培训、咨询行为转变为与农民结成利益共同体而面向市场的行为。

三是不同于简单的扶贫，科技特派员制度是把帮助农民脱贫解困转变为示范带动，带着他们干、做给他们看。

四是不同于机关干部分流下派，科技特派员制度把干部的被动锻炼变为主动创业发展，为科技人员施展才华搭建起新的平台。

科技特派员工作通过体制机制创新，充分调动了科技人员和农民的创业积极性，引导科技人员深入农村创业服务，鼓励科技特派员创办、领办、协办科技型农业企业和专业合作经济组织，培育新型农村生产和经营主体，将科技、知识、资本、管理等生产要素向农村聚集，为农村改革发展注入新的活力。

二、科技特派员工作的指导思想、发展目标和实施原则

科技特派员工作源于基层探索、群众需要、实践创新，是农村改革发展的重要成果。自2002 年开展科技特派员试点工作以来，各地方在实践中创造了各具特色的科技特派员创业与服务模式，在全国形成了蓬勃发展的良好态势。目前，31 个省（自治区、直辖市）和新疆生产建设兵团，共 1640 个市（区、旗）相继开展了科技特派员工作。大批科技特派员深入农村生产第一线，充分发挥自身专业技术优势，开展创业与服务。他们结合区域特色和产业优势，建立了一批新型农业产业化企业，促进了新技术、新产品的推广应用，加速了科技成果的转化，增加了农民收入，为农业和农村经济发展作出了重要贡献。

（一）指导思想

全面贯彻党的十八大和十八届三中、四中、五中全会精神，按照党中央、国务院决策部署，牢固树立创新、协调、绿色、开放、共享的发展理念，深入实施创新驱动发展战略，壮大科技特派员队伍，完善科技特派员制度，培育新型农业经营和服务主体，健全农业社会化科技服务体系，推动现代农业全产业链增值和品牌化发展，促进农村一二三产业深度融合，为补齐农业农村短板、促进城乡一体化发展、全面建成小康社会作出贡献。

（二）发展目标

1. 切实提升农业科技创新支撑水平

面向现代农业和农村发展需求，重点围绕科技特派员创业和服务过程中的关键环节和现实需要，引导地方政府和社会力量加大投入力度，积极推进农业科技创新，在良种培育、新型肥药、加工贮存、疫病防控、设施农业、农业物联网和装备智能化、土壤改良、旱作节水、节粮减损、食品安全以及农村民生等方面取得一批新型实用技术成果，形成系列化、标准化的农业技术成果包，加快科技成果转化推广和产业化，为科技特派员农村科技创业提供技术支撑。

2. 完善新型农业社会化科技服务体系

以政府购买公益性农业技术服务为引导，加快构建公益性与经营性相结合、专项服务与综合服务相协调的新型农业社会化科技服务体系，推动解决农技服务"最后一公里"问题。加强科技特派员创业基地建设，打造农业农村领域的众创空间——"星创天地"，完善创业

服务平台，降低创业门槛和风险，为科技特派员和大学生、返乡农民工、农村青年致富带头人、乡土人才等开展农村科技创业营造专业化、便捷化的创业环境。深化基层农技推广体系改革和建设，支持高校、科研院所与地方共建新农村发展研究院、农业综合服务示范基地，面向农村开展农业技术服务。推进供销合作社综合改革试点，打造农民生产生活综合服务平台。建立农村粮食产后科技服务新模式，提高农民粮食收储和加工水平，减少损失浪费。支持科技特派员创办、领办、协办专业合作社、专业技术协会和涉农企业等，围绕农业全产业链开展服务。推进农业科技园区建设，发挥各类创新战略联盟作用，加强创新品牌培育，实现技术、信息、金融和产业联动发展。

3. 加快推动农村科技创业和精准扶贫

围绕区域经济社会发展需求，以现代农业、食品产业、健康产业等为突破口，支持科技特派员投身优势特色产业创业，开展农村科技信息服务，应用现代信息技术推动农业转型升级，大力推进"互联网＋"现代农业，加快实施食品安全创新工程，培育新的经济增长点。落实"一带一路"等重大发展战略，促进我国特色农产品、医药、食品、传统手工业、民族产业等走出去，培育创新品牌，提升品牌竞争力。落实精准扶贫战略，瞄准贫困地区存在的科技和人才短板，创新扶贫理念，开展创业式扶贫，加快科技、人才、管理、信息、资本等现代生产要素注入，推动解决产业发展关键技术难题，增强贫困地区创新创业和自我发展能力，加快脱贫致富进程。

（三）实施原则

——坚持改革创新。面对新形势新要求，立足服务"三农"，不断深化改革，加强体制机制创新，总结经验，与时俱进，大力推动科技特派员农村科技创业。

——突出农村创业。围绕农村实际需求，加大创业政策扶持力度，培育农村创业主体，构建创业服务平台，强化科技金融结合，营造农村创业环境，形成大众创业、万众创新的良好局面。

——加强分类指导。发挥各级政府以及科技特派员协会等社会组织作用，对公益服务、农村创业等不同类型科技特派员实行分类指导，完善保障措施和激励政策，提升创业能力和服务水平。

——尊重基层首创。鼓励地方结合自身特点开展试点，围绕农村经济社会发展需要，建立完善适应当地实际情况的科技特派员农村科技创业的投入、保障、激励和管理等机制。

三、主要任务

1. 以科技特派员创业链建设为核心，培育壮大区域优势特色产业，推进县域经济发展

（1）建设一批科技特派员创业链 科技特派员创业链是指由科技特派员参与创业的产业链。通过整合资源、营造环境，引导科技特派员带领农民创办、领办、协办科技型企业、科技服务实体或合作组织，培育和壮大一批区域优势特色产业，促进县域经济发展。

（2）实施重大科技创业项目 围绕科技特派员创业链建设，针对农业产业链关键环节和瓶颈问题，实施一批重大科技创业项目，集成转化应用一批先进科技成果，提升农业产业链科技含量。

（3）深入产业链各环节开展创业和服务 用新型工业化的思路发展现代农业，按照市场需求和比较优势，对农业产业链合理分工，支持科技特派员在产业链各个环节开展创业和服务。以科技特派员创办的实体为载体，将信息、科技、金融等生产要素植入产业链，并进行有效集成。

（4）提高农民组织化程度　支持科技特派员通过创业，组建专业协会、合作社和企业，培育壮大农村生产经营主体，实现小生产与大市场的有效链接，提高农民组织化程度和农业抗风险能力。

2. 搭建全国性互联互通的科技特派员创业服务平台，为其创业提供有力支撑

（1）创业信息服务平台　结合农村信息化建设，建设省级农村科技创业信息服务平台。建设一支农村信息科技特派员队伍，结合星火科技 12396 农村科技信息工作，推进资源共享、互联互通、专家与农民有效互动的农村信息化服务。

（2）创业孵化器平台　建设一批农村科技孵化器，改善农村科技创业条件，培育新型农村科技企业；鼓励科技特派员进入国家和地方孵化器创业。

（3）创业技术专利与产权交易平台　整合资源，合理布局，在全国选择部分具备条件的城市，支持发展若干区域性技术专利与产权交易中心，推动地方科技特派员创业技术专利与产权交易网络平台建设。

（4）创业成果展示交流平台　建立科技特派员创业成果数据库，构建虚实结合的科技特派员成果展示交流平台，充分利用交易会、展示会等多种形式，组织开展科技特派员创业成果展示交流，发挥网络、报刊、电视等新闻媒体的作用，充分展示科技特派员科技创业的成果。

（5）创业金融服务平台　搭建科技部门与金融部门，金融机构与科技特派员创办经济实体之间的沟通平台，促进科技特派员工作与金融服务的结合；充分发挥现有金融机构作用，探索建立新型农村金融机构，发展农村各种微型金融服务，加大对涉农科技型中小企业的信贷支持力度；探索建立科技特派员信用体系和授信制度，进一步拓展科技金融工作。

3. 建立健全培训体系，不断提高科技特派员的创业能力

（1）建立培训基地　具体包括：科学规划，合理布局，在全国建立有分工、有特色的科技特派员培训网络和体系；支持建立一批具有地方特色的省级培训基地；鼓励有办学条件的地方，建立科技特派员培训基地或科技特派员创业学院；动员共青团组织及其他社会力量开展培训；充分利用高等院校、共青团就业创业见习基地、农村青年就业创业培训基地、社会各类职业教育培训机构、星火学校等开展形式多样的科技特派员培训。

（2）完善培训内容　围绕提升科技特派员创业服务能力，因地制宜，科学规划培训内容，重点开展生产技术、企业管理、市场营销、电子商务、法律法规、财税政策、金融保险等全方位的创业技能培训，不断增强科技特派员的发展后劲，把科技特派员队伍培养成为一支"精业务、懂技术、会经营、善管理、扎根基层"的科技队伍。

（3）加强科技创业培训　依托科技特派员培训基地，发挥科技特派员"传、帮、带"的作用，开展对农民科技致富能人、农村科技示范户，农村中小企业从业人员、农村经纪人、农民技术员等乡土科技带头人，以及高校毕业生，农村初、高中毕业后未能继续升学的人员，大学生村官的培训，提高创业人员的创业能力。

4. 通过体制机制创新，建立新型社会化农村科技推广服务体系

（1）建立健全科技特派员社会化服务组织　鼓励科技特派员创办、领办、协办农民专业合作经济组织。通过建立农民专业合作经济组织，提高农民组织化程度，引导加工、流通、储运设施建设向优势产区聚集，提高农业的抗风险能力。探索建立科技特派员创业协会，为科技特派员创业提供服务。探索建立科技特派员创业基金会，为科技特派员创业提供公益性社会资助。

（2）继续推进多元化农村科技服务体系建设　在加快科技特派员社会化服务组织建设的同时，继续支持科研院所、高等院校发挥科技、人才等方面的优势，围绕区域优势特色产业，继续完善农业专家大院、农业科技园区、星火科技 12396 等科技服务模式，推进"产学研、农科教"结合，完善多元化的农村科技服务体系建设，为发展现代农业、新农村建设提供形式多样的科技服务。

（3）引导社会力量支持和参加农村科技创业　鼓励引导各类民间社会资本支持科技特派员农村科技创业，加强与共青团组织等社会团体及民间组织合作，将科技特派员农村科技创业融入各种惠农社会活动中，探索建立科技特派员社会奖励机制。

四、政策措施

1. 完善科技特派员选派政策

（1）拓宽科技特派员来源渠道　进一步拓宽选派渠道和范围，坚持"以人为本、双向选择"原则，鼓励科研院所、高等院校、农林科技人员深入农村开展创业服务。支持鼓励高校毕业生、返乡农民工、农村青年致富带头人、大学生村官、离退休人员及企业人员，参与科技特派员农村科技创业行动。

（2）创新科技特派员选派方式　继续支持科技人员以科技特派员或科技特派团的方式深入基层、进入企业开展创业和服务，支持鼓励事业单位、企业和农村合作经济组织以法人科技特派员的形式参与创业，支持跨区域选派科技特派员。鼓励高等院校、科研机构组成科技特派团，到边疆、贫困地区及灾区开展创业和服务。

（3）探索科技特派员利益机制　按照市场经济规律解决科技成果与农民的结合问题，鼓励科技特派员以项目支撑、资金入股、技术参股、技术承包、有偿服务等形式，与农民尤其是专业大户、农民专业合作经济组织、龙头企业等结成利益共同体，实行"风险共担，利益共享"，形成科技特派员创业的利益激励机制。

（4）建立健全科技特派员创业保障机制　落实国务院《关于发挥科技支撑作用促进经济平稳较快发展的意见》精神，科技特派员在派出期间，其原职级、工资福利和岗位保留不变，工资、职务、职称晋升和岗位变动与派出单位在职人员同等对待，并把科技特派员的工作业绩作为评聘和晋升专业技术职务（职称）的重要依据。对于做出突出贡献的，优先晋升职务、职称。落实《中华人民共和国科学技术进步法》，制定职务科技成果股权激励的政策细则，对做出突出贡献的科技特派员按照规定实施期权、技术入股和股权奖励等形式的股权激励。

2. 加强财政金融支持

（1）加大财政支持力度　加大科技特派员农村科技创业行动的资金投入，以项目、贴息或后补助等形式，支持科技特派员创业。各地要结合当地实际，增加财政科技投入，研究设立地方科技特派员专项资金，支持科技特派员农村科技创业行动。

（2）集成现有资源　引导各类科技资源有效集成，加强优化配置，集成国家科技计划、地方科技计划，带动相关行业和领域的项目、资金等各类科技资源向科技特派员工作倾斜，支持科技特派员创新创业和服务。

（3）拓展融资渠道　探索建立科技特派员农村科技创业担保机制，探索设立担保基金，帮助科技特派员企业获得资金支持；开展对科技特派员的授信业务和农村科技小额贷款试点业务，支持农业科技成果转化和产业化；开展科技保险试点工作和支持科技型中小企业信贷的科技金融创新合作模式；鼓励科技特派员、农民和企业按有关规定出资组建担保基金或担保公司等。

（4）创新科技金融机制　科技部门和金融监管部门要为金融机构和科技特派员企业搭建沟通交流平台，创新金融服务品种或工具；推动风险投资和科技创新紧密结合，支持和培育具有较强自主创新能力和高增长潜力的涉农科技企业进入创业板融资，逐步建立多元化、多渠道、高效率的科技特派员创业投资支持体系。

（5）落实税收减免政策　科技特派员创办的企业，享受企业研发费用加计扣除政策。法人科技特派员、科技特派员创办的企业、农村专业合作经济组织，可按规定享受国家相关支农优惠政策。

五、组织实施

1. 建立部门联合推动机制

加强部门协调与合作，科技部、人力资源社会保障部、农业农村部、教育部、中宣部、国家林业和草原局、共青团中央、中国银保监会联合成立科技特派员农村科技创业行动协调指导小组和协调指导小组办公室，办公室设在科技部，建立完善部门联合推进机制，为科技特派员工作提供有力的组织保障。

2. 强化绩效考核

坚持导向性与实用性相结合、定量指标与定性指标相结合、目标责任与评估监督相结合，研究制定科技特派员农村科技创业行动目标责任制考核管理办法，把科技特派员工作纳入市（区、县、旗）工作的考核范围。

3. 健全激励机制

适时对做出突出贡献的优秀科技特派员、科技特派员团队以及科技特派员工作组织管理机构等予以表彰奖励，调动科技特派员基层创业的积极性，激发创新创业精神。积极支持和倡导社会各界参与科技特派员工作，探索社会力量设奖，对科技特派员农村科技创业行动中的优秀科技特派员予以奖励。

4. 注重舆论宣传

将科技特派员工作纳入中宣部等部门开展的文化、科技、卫生"三下乡"活动中，通过举办讲座、组织巡讲团、召开工作经验交流会、开展典型事迹新闻专访、开辟专刊专栏等多种方式，宣传科技特派员基层创业的典型经验、典型事迹和奉献精神，营造良好的舆论环境。

六、充分发挥地方作用，鼓励基层创新

科技特派员工作是基层探索和实践创新的产物。各地要继续因地制宜、积极创新，建立健全科技特派员工作的长效机制。

1. 加强组织领导

鼓励各地建立多部门联合的科技特派员工作协调机制，设立专门工作机构，配备专门人员，为科技特派员工作提供组织保障；探索成立科技特派员创业协会，扩大科技特派员工作

的社会参与。

2. 完善政策措施

各地要针对科技特派员工作任务目标、科技特派员待遇、教育培训等方面制定指导意见和措施，为科技特派员农村科技创业提供政策保障和支撑条件，营造良好的政策环境。

3. 创新体制机制

鼓励各地推进体制机制创新，建立和完善科技特派员工作的投入机制、激励机制、协调机制、选派机制和管理机制等，形成推动科技特派员工作健康发展的长效机制。

4. 加强队伍建设

鼓励各地建立和完善科技特派员选派机制，更广泛地吸引科技人员、乡土人才、企业和社会团体、大中专院校毕业生、返乡农民工等，加入科技特派员行列，到农村开展创业和服务。

5. 建立激励机制

各地方要建立和完善激励机制，对做出突出贡献的科技特派员、科技特派员派出单位、管理部门及相关人员给予表彰奖励；制定科技特派员目标责任制绩效考核管理办法，完善科技特派员工作绩效评价考核机制。

案例

辽宁省丹东市"科技特派"拓宽农民致富路

自实施科技特派员创业行动以来，辽宁省丹东市开展的以解决生产技术难题为切入点，以完善和创新服务机制为动力的科技特派活动，通过整合优化科技资源，走出了一条具有丹东特色的促进农业经济快速发展的新路子。

丹东市围绕蓝莓、林蛙、无公害板栗等10个特色产业，组成19支市级科技特派团，每个团重点服务一个乡镇，每个产业至少有一个对口特派团。各特派团结合业务特点和当地实际，制订、实施产业发展规划。共组织实施农业科技攻关29项，建立科技示范基地5个，开展技术咨询、技术诊断200余次，帮助企业和农业大户解决蓝莓生产中的技术难题60多项，通过产学研合作研发蓝莓新产品10多个。同时，组织蓝莓技术培训8次，培训1000多人次。目前，蓝莓种植面积已近万亩，占全国蓝莓种植总面积的1/3，成为全国最大的蓝莓产业化生产基地。

在选派科技特派员工作中，鼓励技术人员带着成果和专利下乡，领办和创办经济实体，或以技术入股、技术合作等形式与企业形成紧密型经济联合体，进行技术创新、技术改造和产品升级。丹东市水产技术推广站高工邹胜利被选派到东港市永恒水产养殖育苗加工厂，进行海蜇立体健康养殖模式化研究。2009年，在700多亩海蜇试验池塘里进行三茬养殖，共起捕海蜇25万余千克，比往年翻了一番，与海蜇混养的河豚、牙鲆、贝类等利润比去年增加收入138万元，同时带动了78个养殖户共同致富。

为鼓励科技特派员创业行动，丹东市将农业科技三项经费300多万元作为专项资金，为科技特派员创业提供科研经费保障。

免费选送优秀农民到大学进行半年的脱产专业学习，培养一批懂技术、会管理、用得上、留得住的技术人员，是科技特派工作的重要组成部分。丹东市用3年的时间，共选派817名优秀农民上大学并完成了学业，同时引导他们回乡领办和创办合作社等经济实体。现在，全市回乡的农民大学生95%以上发展或扩大了产业规模。其中，40多名农民大学生领办或创办了专业合作社。

此外，丹东市还出台了"一保护、三不变、四优先"优惠政策。政策规定，保护科技特派员从事技术活动所取得的合法收入；在科技特派员下派期间，其行政关系不变、各项待遇不变、原职务不变，对科技特派员的提拔使用、科技成果评审、专业技术职务评聘、专项资金扶持优先考虑。

　　在各种措施和优惠政策的支持下，丹东市先后选派科技特派员 560 名，深入 679 个村为农民提供多层次科技服务。同时，引进、选育新品种 282 个，推广新技术 150 项，培训农民 3.69 万人次，创建科技示范基地 18 个，领办、创办经济实体 41 家，培养科技示范户 300 户，带动农户 11 万户，创造经济效益 4.5 亿元。

知识归纳

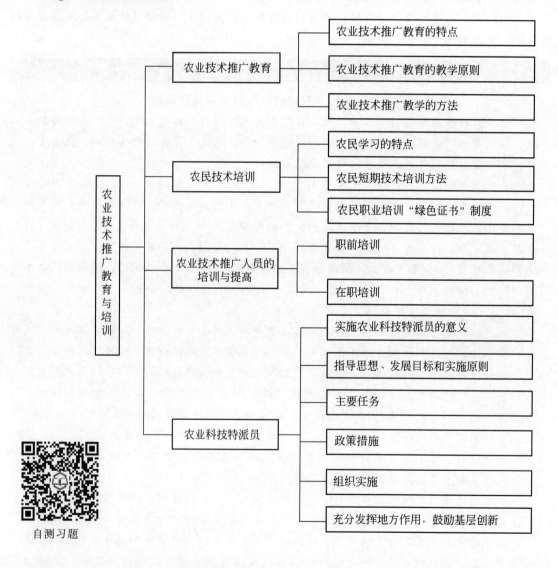

农业技术推广教育与培训
- 农业技术推广教育
  - 农业技术推广教育的特点
  - 农业技术推广教育的教学原则
  - 农业技术推广教学的方法
- 农民技术培训
  - 农民学习的特点
  - 农民短期技术培训方法
  - 农民职业培训"绿色证书"制度
- 农业技术推广人员的培训与提高
  - 职前培训
  - 在职培训
- 农业科技特派员
  - 实施农业科技特派员的意义
  - 指导思想、发展目标和实施原则
  - 主要任务
  - 政策措施
  - 组织实施
  - 充分发挥地方作用，鼓励基层创新

自测习题

第七章

农业技术推广经营与服务

第一节 ▶ 农业技术推广经营策略

一、经营服务的概念与指导思想

农业技术推广经营是农业技术推广与经营服务的有机结合。它对推动我国科学技术的普及和农村商品生产的发展都具有重要的意义。

首先，它有利于克服农业技术推广与农业生产资料供应相脱节的矛盾，促进技物结合，保证技术措施的落实；其次，它能增加推广的渠道，加快科学普及的步伐；第三，有利于强化农业技术推广部门的服务功能，增强自身的实力与活力，稳定农业技术推广队伍，壮大农业技术推广事业；第四，有利于形成农业服务的竞争机制，消除生产资料独家经营的弊端，调动各方面的力量，支援农业，发展农业；第五，有利于推动农业技术推广体制和农业生产经营体制的改革，加速"产、供、销分离"的体制向"产、供、销一体化"方向发展。

农业技术推广与经营服务相结合，其主要目的是为农民解决生产和生活中的各种实际问题，以保证农业生产各个环节正常运转，实现各生产要素的优化组合，获得最佳效益，迅速建立起以专业化、社会化为特征的社会主义商品经济，加快农村经济发展和农民致富步伐。

同时，开展经营服务也有利于增强推广组织的实力与活力，改善推广人员的工作与生活待遇，稳定和发展推广队伍，促进农业技术推广事业的发展。因此，农业技术推广经营必须牢固地树立"以服务为宗旨，以技术为核心，以经营求活力，以管理求实效"的服务指导思想，推动农村商品经济、快速、健康地发展。

1. 以服务为宗旨

农民是农业经济活动的主体，是物质财富的直接创造者。他们的情绪和心理变化，会直接影响农业生产的水平乃至其成败。只有从多方面搞好服务，创造一个良好的生产环境，使他们感到处处方便，才能激发起高涨的生产热情，敢于投入、精心管理，最大限度地挖掘出潜在的农业生产能力。另外，综合服务也是商品生产发展的客观需要。农业生产任何环节的障碍，都将影响和阻碍技术的推广与生产的发展。同时，搞好服务也是农业技术推广机构不可推卸的责任和使命，没有服务就失去了农业技术推广机构存在的价值。因此，农业技术推广经营，必须坚持以服务为宗旨，以为农民服务、为农业商品生产服务为己任，想农民所想，急农业所需，处处为农民、为农业生产提供方便。

2. 以技术为核心

如上所述，服务农民、服务农业生产是农业技术推广经营的宗旨。而对农民、对农业生产的服务又主要包括物资服务、技术服务、信息服务和产品销售服务等。其中物资服务和产品销售服务是任何商家都可以为农民提供的服务项目，而且是生产资料和商业部门传统的优势服务领域，他们的劣势是技术服务跟不上。我们开展技术服务，不仅是由农业技术推广机构的性质所决定，同时也是农业技术推广机构开展科技经营服务的最大优势所在。

生产资料及商业部门开设的农用物资门市就像是我们生活中的"药店"，只能卖药不会开方；我们传统的农业技术推广机构就像是一个"医疗门诊部"，只管开方而不管拿药。所以，都不能给农民提供最充分的服务。而目前我们开展的农业技术推广经营服务，正是农业技术推广与经营服务的有机结合，是既会开方又能拿药，二者有机结合的农业"医院"。它适应了农村社会发展的方向，更好地满足了农民生产、生活的需要，具有旺盛的生命力和良好的发展潜力。

所以，农业技术推广经营服务要做到发挥优势、以长补短，就必须坚持"以技术为核心"，把搞好技术服务、促进农业发展作为中心任务来抓，使物资服务和其他服务服从并服务于技术服务，才能把农业技术推广经营办出特色、办出活力，在社会主义的市场经济大潮中立于不败之地。

3. 以经营求活力

当前，我国国民经济发展迅速，各项事业得到蓬勃发展。但由于国家原基本设施较差，难以满足社会发展需要。所以，近年国家基本建设规模和投资强度显著加大，加之国家工作人员不断增加工资。所以，使国家及地方财力仍然十分紧张，农业技术推广活动经费不足，在一定程度上影响了农业新技术、新品种等的推广速度，制约了农业技术推广事业的发展。

因此，农业技术推广部门通过开展经营服务，依靠国家优惠政策的扶持，获得一定经济收入，一方面用于弥补国家农业技术推广经费的不足，保证推广工作的正常开展，促进农业技术推广事业发展，变过去完全靠"输血"过日子为自身"造血"搞服务，形成新的运行机制，逐步走出一条国家支持与自我积累、自我发展相结合的道路；另一方面用于改善农业技术推广工作人员的工作和生活条件，实施"多劳多得、优劳优酬"的推广人员激励机制，调动推广人员的工作热情，增强农业技术推广机构的凝聚力和吸引力，稳定和壮大农业技术推广队伍。

所以，只有搞好经营，不断完善经营机制，扩大经营规模，完善经营服务，才能不断壮大农业技术推广组织的经济实力，增强农业技术推广机构的活力，拓宽经营服务领域，促进农业及农业技术推广事业的健康、快速发展。

4. 以管理求实效

在以服务为宗旨、以技术为核心的前提下，不断加强和完善管理，建立严密的规章制度，减少开支，堵塞漏洞，提高效益。同时还要正确处理经营与推广、技术与物资、服务与经营等各个方面的关系，统一组织与协调推广和经营活动，做到以技术服务带动物资服务，以物资服务促进农业技术推广，以优质服务赢得农民信誉，以信誉赢得更多客户和扩大经营规模，形成一个推广与经营、技术与物资有机结合的整体，相互依赖、相互促进、同步发展、不断壮大，实现良好的社会效益和经济效益。

二、农业技术推广经营策略

农业技术推广部门开展经营服务，既有政策扶持，又有技术优势，如果经营管理能够跟上，就能获得较好的效益，并能促进农业技术推广事业的发展。但如果资金不足，缺乏经营管理经验，导致经营管理不善，信誉不佳，也难获得显著效益，甚至亏本，进而影响农业技术推广工作的正常进行。因此，农业技术推广部门开展经营服务，在确立上述经营指导思想的基础上，还应注意掌握如下经营策略。

1. 以市场为导向

市场是商品买卖的场所，是对特定商品具有需求的顾客群体，是买卖双方供求关系或商品交换与流通关系的总和。市场是企业从事交换活动的前提，是企业实现利润的基础，是企业不断满足顾客需求和进行相互竞争的场所，也是企业获取信息的主要来源。市场影响着每一个企业，也影响着任何一种经营活动，农业技术推广经营当然也不例外。

因此，农业技术推广经营要想在竞争激烈的市场经济中站稳脚跟，求得生存和发展壮大，就必须研究和认识市场，研究市场对企业、对经营的各种影响和作用，按照市场需求及变化规律进行：一方面积极组织农业生产资料货源、拓宽销售渠道、增加销售数量、提高经营效益；另一方面，积极联系和不断开拓农产品销售市场，帮助当地农民及时将各种农产品推向市场，这样既可解决农民种地的后顾之忧、增加农民收入，又可通过销售农产品，获得一定的经营效益；三是根据市场需求，积极组织订单农业。订单农业的组织实施，既有利于促进生产资料的配套销售，又能相对降低经营风险，还有利于更好地满足国内外市场需求，对生产者、经营者和消费者都有利。相反，不了解和不研究市场，不以市场为导向，盲目开展经营，就很难达到预期的目标和效益，甚至出现商品滞销、积压、亏本、倒闭等不良结果。

2. 以政策和法律为依据

任何经济活动都必须在一定的政策法令、法律法规范围之内进行；农业技术推广部门开展经营服务、兴办经济实体也不例外。农业技术推广部门如开展经营服务时间较短，经验不足，更需要特别注意学习国家有关政策和法律及经营业务知识，因为只有坚持以政策和法律法规为依据，才能更好地利用国家政策和法律法规的优势，顺应国家经济发展的方向，获得政策扶持、支持和保护，收获较高的生产经营效益，实现经营实体的快速发展壮大，促进农业技术推广事业的发展。同时，也只有坚持守法经营，才能确保农业技术推广经营服务的健康发展，确保工作的顺利进行。

3. 以推广带经营

坚持以推广带经营是农业技术推广部门开展经营服务的重要优势。每一项推广工作，尤其是农业技术推广活动的开展，都离不开经营，离不开生产资料的配套服务。

其中，一些物化的新技术，如新品种、新肥料、新农药、新的生长调节剂、新兽药、新饲料等的推广本身就是一种物资经营活动，农民对这些新产品认识深、兴趣大、舍得投入，是农业技术推广部门开展经营服务的重要支柱项目。同时，一些非物化技术的推广，尤其是一些组装配套技术、综合技术，如模式化、规范化种植与养殖及规范化种子生产等，也都需要以相应的物资配套服务为基础。否则，这些技术的推广就很难落到实处，也很难达到预期的推广目的和效果。因此，农业技术推广部门，结合工作开展经营服务，坚持以推广带经营或实施项目带动应是我们最基本的经营策略之一。

在实施以推广带经营或项目带动的策略中，一方面，我们应根据推广技术的需要，提前准备，积极组织，备足、备好最适宜的配套物资，做到物美、质优、价廉，既能尽量降低农民投入，提高增产、增收效果，加快技术推广速度，又能适当提高经营部门自身的经济效益；另一方面，在制订推广技术方案中，应在充分考虑农民利益和技术需要的基础上，于多种可供选择的配套物资方案中，优先选择本推广经营部门的优势经营产品，落实与实施以推广带经营的推广经营策略。

但在实施本策略中，应坚决克服与杜绝只考虑自身经济利益，而不顾技术要求和农民利益的不良倾向与做法。否则，久而久之，就会失去农民的信任，断送我们的农业技术推广经营事业。

4. 扬长避短

农业技术推广部门开展经营服务，既存在一些优势，同时也存在不足。只有正确地认识自身的长处与短处，充分地发挥优势，做到扬长避短，才能不断地总结经营经验，避免市场风险，积累更多的资金，推动农业技术推广事业的发展。

第一，应充分利用自身的技术优势，热情地为农民开展技术服务，要把经营服务与农业技术推广工作有机地结合起来，把农业新成果、新技术的推广，与种子、农药、农膜等农业生产资料的配套服务紧密地结合起来，要搞好技术咨询、技术培训和技术指导，确保新技术、新成果的成功推广，并取得良好的经济效益、生态效益和社会效益。要做到立足推广搞经营、搞好经营促推广。使推广和经营工作都得到良好的发展。

第二，应充分利用好农业技术推广部门开展生产资料经营服务免征税收的政策优势，适当压低销售价格，实施微利经营、薄利多销、让利于民，以较低的价格优势争取更多的农民客户、促进经营工作的快速发展。

第三，充分利用农业技术推广人员与乡（镇）村干部较熟悉的优势，经常与乡村干部取得联系、沟通信息，并在确定推广项目时事先与其交流情况；推广农业项目时积极发挥乡村干部的组织和干预引导作用，加快项目的推广速度与推广进程，并结合项目推广搞好各种配套物资的供应服务。

第四，克服流动资金少，缺乏经营经验的不足。资金是影响经营工作的重要因素之一。资金短缺就会影响和制约进货的种类与数量，影响商品结构和整个经营工作的运转。因此，在资金不足的情况下，应尽量克服大量购进同一种或少量几种商品，以免造成产品积压，资金难以周转。应做到多品种、少数量，快进快销，加速周转；应尽量直接从生产厂家进货，减少中间环节、降低进货成本；应积极联系和开展区域代理业务，以便规范商品价格；应尽量杜绝赊销方式，使有限的资金都能发挥作用；应针对缺乏经营经验的不足，注意加强经营知识和先进经营经验的学习，边干、边学、边摸索，不断总结和积累经营经验，完善和改进经营手段，提高经营管理水平和效益。

5. 树立良好形象

农业技术推广部门开展经营活动，要立足服务，讲求信誉，坚持信誉第一，不断提高服务质量，树立良好形象，以信誉求效益，以信誉求发展。具体应做到如下三点。

（1）坚持微利经营　坚持微利经营，甚至某些商品无利经营，既是农业技术推广经营服务于民、让利于民的具体体现，也是当今市场激烈竞争情况下赢得客户、求得生存和发展的重要经营策略。当前，在农业生产资料多家经营的情况下，农业技术推广部门，除了应充分发挥自身的技术优势外，在商品价格上一定要得到农民的认可。因为农民既要服务，更讲经济实惠，对商品价格非常敏感。同时农民的购物观念也在不断变化，购买商品，货比三家，比服务，比价格。所以，只有坚持微利经营，价格优惠，薄利多销，才能赢得更多的农民客户，才能实现发展。

（2）严禁销售假冒伪劣商品　近些年来一些地区制假售假活动猖獗，假冒伪劣商品屡见不鲜，坑农害农事件屡有发生。对于农业技术推广部门，经营商品尤其是农业生产资料，一定要充分发挥自身的技术优势，把好质量关，把好进货渠道关，保证自己经营的商品货真价实，不做坑农害农之事，树立起良好的企业形象。同时还要为农民搞好技术咨询和商品检验，与农民群众一道，联合工商管理和其他执法部门同不法经营活动作斗争，维护农民及服务部门自身的利益。

（3）端正服务态度　端正服务态度，做到态度和蔼，服务周到，无偿提供技术咨询，热情提供各项技术服务，有条件的力争送货上门，送货到田间，服务农民，方便顾客，最大限度地满足农民群众需要。

6. 协调好关系

农业技术推广部门开展经营服务是一件新生事物，它的成功和发展离不开政策、主管部门以及政府相关部门与领导的理解和支持，离不开推广工作者的支援，也离不开农业经营主渠道和当地同行的理解与合作。所以，应处理好以下各个方面的关系。

（1）处理好与农资经营主渠道的关系　在农业技术推广经营服务中，既不能否认农资经营主渠道的作用，又要争取建立平等条件下的竞争机制。通过提高服务质量，发挥各自优势，使各得其所；要相互尊重，加强合作，搞好衔接，减少摩擦和避免相互拆台，共同把农业服务搞得更好；要特别加强对农资经营主渠道经营项目的拾遗补阙，充分发挥开方卖药、测土施肥、技物结合的特点和优势，做到"人无我有、人有我优"，以弥补自身资金不足、渠道欠畅、经验缺乏的劣势。

（2）处理好与管理部门的关系　农业技术推广部门搞经营，是直接为推广服务，促进农业生产发展的一项推广服务业务，所得利润一部分通过技术无偿服务返还给农民，一部分用于自我"造血"、自我"循环"，发展推广事业，为引进新技术、促进当地农业发展积累后劲。管理部门应积极支持农业技术推广部门这种补偿服务和自我积累、自我发展的良好做法，而不应把它当成企业，看成是为当地或部门创造收入的摊点，当成"摇钱树"。这样会改变推广部门开展经营服务的方向和目的，影响经营人员的工作积极性和推广工作的正常进行。

农业技术推广部门在工作中，一方面要事先多与地方政府领导和管理部门沟通，耐心解释政策依据和工作困难，争得领导和管理部门的理解与支持；另一方面又应讲明其中的利害关系，据理力争，尽量避免这种现象的出现；此外，还应当注意避免一些地方管理机关看见农技推广部门兴办经济实体效益好，就想改变其隶属关系等问题的出现。

（3）处理好与工商、税务、农药、种子和质量监督等部门的关系　应主动与上述部门取得联系，经常到上述部门进行政策、法规咨询，了解国家有关政策法规的发展变化情况，自觉接受和主动配合工商行政管理、税务、质量监督、农药和种子监督管理等部门的检查监督。取得他们的理解和支持。要经常与上述有关部门进行沟通，增加相互了解，减少不必要的工作干扰和经营麻烦。

（4）处理好经营收入的分配　在经营收入的分配上，首先应做到留足发展，60％左右留作积累，用于农业技术推广部门后续推广事业；其次，应认真贯彻多劳多得、优劳优酬，落实承包合同，奖励有贡献者；第三，奖励本单位未直接参加经营购销环节但对推广事业做出贡献的推广人员，因为经营服务的开展、经营量的增加、效益的提高，也凝聚着这些推广人员的劳动；第四，用于本单位经营、推广、管理、后勤等工作人员的福利。

总之，在经营收入的个人分配问题上，既要按贡献大小分出档次，拉开距离；又要适当考虑部门与人员之间的相互工作关系，权衡各方利益，并为以后经营工作的顺利开展创造一个和蔼、轻松的环境，以有利于调动各方人员的工作热情和促进农业技术推广经营工作的健康发展为前提。

第二节 ▶ 农业技术推广经营实体

农业技术推广部门要做好经营服务工作，除了应确立正确的指导思想，掌握和运用科学的经营策略以外，还应根据自身的人才、资金等特点，灵活地确定其适宜的业务范围，兴办恰当的经营实体。

一、农业技术推广经营实体的业务范围

农业技术推广经营与一般的商品经营相比，既有许多共同之处，同时又有本质的差别。所以，农业技术推广经营实体应充分发挥自身在人才、技术上的优势，划定业务范围，重点抓好如下三大环节的综合服务。

1. 产前提供信息和物资服务

产前是农民安排生产计划和为生产做准备的阶段。尤其是在我国社会主义市场经济已初具规模的今天，农业生产项目的确定、品种的选择，都会因市场需求的变化而极大地影响其价格、销售和效益，影响农业生产的成败。所以，这时农民急需了解有关的农业经济政策，国内外的农产品市场预测（包括价格变化趋势、产品贮运加工及购销量等）、新品种、新技术的推广更新以及生产资料供应等方面的信息，使生产计划与市场需要相适应。同时，需要

有关服务组织提供种子、化肥、农药、薄膜、农机具、饲料等生产资料，以取得经营的主动权。

农业技术推广部门及其经营实体，应根据农民和技术推广的需要，广泛收集、加工整理有关信息，并及时通过各种方式传递给农民。同时，积极组织货源，调进适于当地栽培、满足市场需求的新作物及优良新品种种子、高效低毒的新农药，以及质优价格合理的化肥、薄膜等，做到"开方卖药、测土施肥"，向农民供应有关生产资料，并介绍使用方法。尤其是农业科技重点推广项目和联系组织的订单农业项目，更应该做到种子、肥料、农药、薄膜、技术，乃至加工销售的全方位、一体化的优质服务。

订单农业是确保市场供应、降低经营风险和市场经济发展、完善的需要，也是我国农业适应国际市场需要的重要发展方向。各级、各地农业技术推广部门应与经营及出口部门加强联系合作，不断探索和总结经验，使订单农业快速健康地发展下去。此外，农业技术推广机构还应积极创造条件，单独或联合兴办生产资料的加工、生产企业，以便更好地满足农业生产对优质生产资料的需求。

2. 产中提供技术服务

产中技术服务，就是根据农民的生产项目，及时向农民提供新的科技成果和实用技术。服务的方式包括举办各种类型的技术培训班，印发技术资料，制订技术方案，进行现场指导、个别访问、声像宣传、技术咨询及技术承包等。此外，还可组织专业植保队，为农民有偿防病、治虫、除草和灭鼠；组织农机服务队，为农民有偿耕地、播种、收获和脱粒等；组织农用作业和劳动服务专业队，有偿帮助农民进行浇地、中耕和其他各项田间管理等；组织果树管理专业队，有偿帮助果农进行整枝、修剪、嫁接、疏花、疏果、追肥、浇水、防病、灭虫等。

3. 产后提供贮运、加工和销售服务

我国农村商品经济的发展尚处于初级阶段，产后服务这一环节相当薄弱，距离农民的要求及市场经济发展的需要还相差很远。当前，农业技术推广部门组织产后服务主要有：

（1）采取直接成交或牵线搭桥的办法，帮助农民打通农产品的内外贸易销售渠道。

（2）发展农产品加工业，主要指以农牧水产品为原料的加工业，包括碾米、磨面、肉制品、水产品、果菜制品、淀粉加工、酿酒、制糖、饲料、油脂、糕点、饮料、棉纺、毛纺、皮革等诸多方面。开展农产品加工，不仅可实现产品的增值，同时还是安排农村和城镇剩余劳动力的重要途径。

（3）可组织资金兴建冷藏保鲜库，或采用其他先进的保鲜技术，发展贮藏保鲜业务，既可延长产品的供应期、调剂余缺、保护生产，又可获得季节差价，增加收入。

（4）把农产品运到合适的地方去销售。在交通不便的山区和偏远农村，往往因运输困难，导致果菜等"鲜、嫩、活"农产品发生霉烂变质，造成严重浪费和经济损失。所以，这些地方更应重视发展运输服务，促进农产品的对外流通，加快市场经济发展步伐。同时配合运输服务，积极帮助政府搞好道路建设。"要想富、先修路"，道路建设与农村经济发展关系密切。

产后服务的潜力很大，一般情况下，商品生产越发展，或者生产项目的效益越高，技术性就越强，风险也就越大，对产后服务的要求也就越高。近年兴起的订单农业，也正是顺应了市场经济不断完善的上述需求而发展起来的新的农业生产组织服务形式。

二、农业技术推广经营实体的主要类型

所谓经营实体，又称经济实体，一般是指具有人、财、物自主权，实行独立的核算，经济上能够自立的独立企业单位或组织。农业技术推广机构兴办的经营实体，就是为推广服务或为推广提供资金的实行企业化管理的经济组织，是推广机构的附属单位。它把农业技术推广与经营活动有机地结合了起来，直接或间接地为农村商品生产服务。同时用经营服务的收入，来增强推广机构的经济实力，把各项推广工作搞活，并逐步向自我积累、自我发展的方向转变。

兴办经营实体，实行农业技术推广与经营服务相结合，是我国农业技术推广体制的一项重大改革。但目前从整体来看，仍处在尚未完全定型的初级阶段。经营实体大体可分为如下四种类型。

1. 技术、物资结合型

这种经营实体类型，就是把农业技术推广和经营有关生产资料结合起来，实行"既开方，又卖药"的服务方式，结合技术咨询服务，销售种子、农药、化肥、薄膜和农机具等，即在提供技术服务时，提供实现技术方案所需的农用生产资料，并负责传授使用方法、技术要点和需要注意的事项等。

如提供农药时，传授农药的使用时期、使用方法、用量及安全措施等；提供薄膜时，传授薄膜的用量、用法、技术要领、注意事项等。同时，对一些重要商品印发说明书或"明白纸"，做到口头传授与文字传播相结合，以方便各种农民掌握运用，避免发生差错。销售方法要尽量方便农民，如拆整为零、送货上门等。这种类型的好处是，便于把技术和农用物资有效地结合起来，做到品种规格对路，农时季节适宜，农民使用方便，充分发挥各种物资的技术经济效益。所以，这种类型是各地农业技术推广部门采用最多且较为简便有效的初级经营实体类型。

2. "产、供、销"结合型

所谓"产、供、销"结合型，是指为推广对象提供技术、物资和销售一体化服务的农业技术推广经营实体。其中"产"是指生产，主要是为农民生产提供技术服务；"供"是指以生产资料供应为主要内容的物资服务；"销"是指产品销售服务。"产、供、销"结合，把技术、物资、销售，以及产前、产中、产后有机地结合起来，形成了一体化的综合性系列服务，是较前者更为完善的一种推广经营实体，也是较为适合我国多数农村商品生产发展水平与方向的一种经营实体类型。

目前，一些经济较发达地区或"名、特、优、稀、新"产品的重要基地，在开展技物结合服务的基础上，开始增加贮藏运输和加工方面的产后服务，向着"产、供、销"结合型的经营实体方向完善与发展。"产、供、销"结合，需要完备的信息、技术、生产资料经营和产品销售等多方面的人才配备，需要有灵通的信息、较充裕的资金和较高的管理水平，是广大农民群众的迫切需求，也是我国农村市场经济发展完善的必然趋势。

3. "技、劳"结合型

"技、劳"结合型，即技术与劳务有机结合。在一些工副业比较发达的地方，因大部分劳动力投入工副业生产，无力经营土地，而一些擅长农业生产经营的农民又因承包土地少，没有用武之地。同时，土地承包到户后，由于每户承包的土地不多，如果户户添置农机具，

不仅加大生产投资，而且利用率不高，所以不少农户只想租用、不想添置。

在这种情况下，可由一些农户自愿联合起来或由农业技术推广组织牵头，组建各种农业服务队，既负责技术服务，又负责劳动服务。农业服务队队长由农民技术人员担任，把新技术推广和劳务结合起来，农机具所有权不变，由户保管，队长统一安排农活，会计负责按时、按件收费，不合格者返工。农业服务队不仅节省了农业投资，还为从工经商户解除了后顾之忧；既促进了乡镇企业的发展，又保证了农业生产的正常进行，还增加了种田能手的经济收入，从而满足农村生产专业化的要求，加速专业化的进程。

"技、劳"结合型的经营服务组织，除了综合性较强的农业服务队外，还有一些专业服务队，如植保服务队（公司），负责病虫害防治和化学除草，从病虫害测报、农药的供应和配制到喷药的全过程，根据防治效果和面积收取服务费。此外，还有果树管理专业队、农田灌溉专业队等。

4. 产业型

产业型经营实体主要是指通过办工厂、农场、养殖场等，来带起某个相关产业。兴办产业型经营实体，首先着眼于直接为农业服务的工厂和繁殖、推广新品种的种植场与养殖场。

直接为农业服务的工厂主要包括农副产品加工类和农业生产资料的生产类（如各种化肥、农药、农机修配等）两类；繁殖、推广新品种的种植场与养殖场，主要有良种场、茶场、林果场、中药材种植场、养鸡场、养鸭场、养猪场、养牛场、水产养殖场等。这些加工厂、生产厂、种植场和养殖场，不仅在于它们可以直接生产社会需要的各种加工品、工业品和农产品；更重要的是通过农副产品加工、生产资料生产、各种农作物和动物新品种与新技术的引进等，来促进农村商品经济的发展，来带动起一个又一个的相关产业，加速农业产业化进程。此外，还有其他非直接服务于农业的各种工厂，以其获取的利润支持农业技术推广事业。

除了上述四种主要经营实体以外，还有少数农业技术推广部门通过单独或与其他部门联合兴办大型农产品批发市场，来服务农业、农村和农民，并发展自身的实体类型。

第三节 ▶ 兴办农业技术推广经营实体

农业技术推广机构开展经营服务，兴办经营实体，是农村商品生产适应市场经济发展的需要，也是农业技术推广工作深化改革和发展之所需。要成功地办好经营实体，应抓好以下四个方面的具体工作。

一、掌握政策依据，取得领导支持

兴办农业技术推广经营实体是一件新生事务。由于传统思想观念的束缚和旧体制的障碍，这项改革必然会遇到重重阻力和各种各样的困难。因此，开展这项工作就应有明确的政策依据作保证和取得各级领导及有关部门的支持。国家用法的形式把经营服务和兴办经营实体作为农业技术推广体制改革的重要内容和方向肯定下来，从而为兴办经营实体提供了最强有力的政策依据。与此同时，一些地方政府和相关部门也进一步制定出鼓励支持推广机构开展经营服务、兴办经营实体的具体配套政策和措施，并在资金、人员、场地等方面给予支持和帮助。所以，掌握政策依据和取得领导支持是农业技术推广部门开展经营服务、办好经营实体的重要前提。

二、选好人才

开展经营服务、兴办经营实体需要有灵敏的市场信息、畅通的供销渠道和善于经营管理的业务技能，还要研究推广与经营如何结合、如何相互促进，以及怎样发挥技术优势等问题。尤其要求领办人会管理、善经营、业务精，既要有秉公办事、不谋私利的良好道德修养，又要有机动灵活的工作方法和广泛的社交能力；既要有实事求是的科学态度和不畏困难的创业意识，又要有精心经营的务实作风和敢担风险的果敢精神。

由于经营人才的缺乏，所以，在开展经营服务中，难免会出现一些诸如上当受骗、经营混乱或摆不正推广和经营关系之类的问题。这些问题都集中体现在人才上。人才选得适当与否，直接关系到经营实体的好坏和成败，关系到经营与推广关系处理的好坏。在选拔和培养人才上有如下几种办法可供参考。

1. 就地选拔

采用自荐、群众推荐和领导选拔及竞聘等多种途径，从本单位、本部门挑选懂技术，廉洁、公道，敬业与创业意识强，有一定经营才能的人员担当经营实体的领导人。

2. 引进

采取招标承包或聘用的办法，从有关单位或社会上招聘正直、廉洁、工作能力强、信誉好、有经营才能，最好是有经营经验的人才，择优录用。要为招聘人员制订明确的经营、盈利指标，工资奖励发放数量与办法，人员、资金、场地使用与保养办法，以及聘用年限、续聘、辞聘、解聘等详细办法。

3. 派出去培训

可选派具有一定经营管理素质的推广人员到有关院校或夜大、函大及培训班学习经营管理知识和技能，或者派到开展经营服务工作起步早、经营实体搞得好的单位观摩学习，边学边干，提高管理水平和实践能力。

4. 就地培训

就地培训是在一定范围内，对现有在岗骨干人员或将要上岗的骨干人员举办经营管理培训班，聘请有关专家、教授或有经验的企业家，以及经营工作搞得好的推广机构的负责人讲课、介绍经验；并结合理论讲授，组织到经营工作搞得好的先进单位参观考察，使理论与实践相结合，提升培训效果。这样一次可以培训一批人，解决一个区域内多个经营实体的人才问题。

三、确定好经营策略

农业技术推广部门搞经营服务基础差、底子薄，在资金、人才、场地、货源渠道等方面又有很多困难，而兴办经营实体又是一种风险性事业，为了保证在竞争中能够站住脚，防止大起大落，就必须确定好经营策略，从实际出发，量力而行，由小到大，办一个成一个，扎扎实实地稳步发展。为此应注意做到如下三点。

1. 发挥技术优势，由技物结合起步

农业技术推广部门兴办经营实体，得天独厚的优势就是有技术。因此，在开展经营服务中，应首先抓好便于发挥技术优势的生产资料经营和开展"产、供、销"一体化服务。一方面积极争取经营权；另一方面为供销和粮油部门拾遗补阙，经营他们不经营或不便经营的新品种、新农药、新化肥、菌肥、植物生长调节剂、除草剂和农副产品等，把经营和新品种、新技术、新产品的推广紧密结合起来，把技术浸透到经营服务之中，以优质、热情、低偿的服务赢得群众，树立起良好的信誉和形象，逐步积累资金，不断发展壮大。

2. 立足本地资源优势，兴办开发性实体

农业技术推广机构不论是兴办流通型实体，还是产业型实体，都应当立足本地的优势资源（如"名、特、优、新、稀"产品等），进行商品交换、深度加工或综合利用。因为只有立足当地的资源优势，借助其良好的社会与市场声誉，才能以较小的人力、物力、财力投入和较短的时间，开发出较广阔的市场，获得最佳的社会效益和经济效益。

本地资源优势主要指：一是原料货源比较充足、质量良好，社会上有声誉，容易形成商品基地；二是技术上有基础、较过硬，农民群众有认识，容易普及，有利于开发；三是市场信息渠道畅、信息准、反馈快，易掌握，能确保经营商机；四是相关人才易发现、易发掘，使资源、人才、资金、市场有机地结合；五是投资较少、效益较高、市场较好。

3. 量力而行，稳步发展

开展经营服务，兴办经营实体，不能妄想"一口吃个胖子"，要根据自身的条件，本着因陋就简、先易后难、从小到大、由低级到高级的原则，走逐步积累、稳步发展的道路。

四、建立健全规章制度

建立健全规章制度，是规范经营，激励和督促职员工作，实现经营实体健康发展的重要保证。农业技术推广部门兴办经营实体，至少应健全和完善如下三个方面的规章制度。

1. 推广人员与经营人员的分工责任制

农业技术推广人员和经营人员既要有明确的分工，使推广人员专心搞推广，经营人员全力跑业务、搞经营；又要有协作和配合，使之成为一个有机的整体，保证推广经营两不误和贯彻落实立足推广搞经营，搞好经营促推广的经营策略。

2. 岗位目标奖惩经济责任制

推广人员和经营人员都应有明确的岗位奖惩目标。推广人员应实行项目分工责任制，从面积到产量，从蹲点到抓面，从乡村农业技术推广组织建设到宣传培训，都应落实到人。经营人员实行岗位承包或定额承包责任制，既要明确经营和利润指标，又要规定其配合推广工作的服务义务，保证推广工作的正常进行。同时还要将双方的责任目标与劳动工资和奖金挂起钩来，使"责、权、利"紧密结合，多劳多得、优劳优酬、有奖有罚，从而调动起全体工作人员的积极性和创造性，保证推广与经营目标的落实和完成。

3. 财务管理制度

兴办经营实体，必须建立健全、严格的财务管理制度。收入支出、出库入库、票据账目往来都必须手续完备，日清月结，账目清楚。对发展基金、集体福利和工资奖励要按政策、岗位目标或承包合同进行合理分配，兼顾国家、集体和个人三方利益。加强财务管理，合理分配利益，是保证推广事业和经营事业兴旺发达的重要基础。

海南绿生农资有限公司的技术推广服务

一、海南绿生农资有限公司简介

海南绿生农资有限公司（后简称"绿生公司"）成立于2001年，是一家从事农资终端网络连锁经营的现代化农资企业。公司现拥有30多人的管理及物流服务团队，以及50多人的专业化技术推广营销队伍，本着"价格有限，服务无限"的推广服务理念，为广大农户提供优质的农业技术推广服务。

公司目前经营国内外60多种高科技含量的化肥、叶面肥产品，并通过这些产品含有的先进技术向广大农户推广领先的科学种植技术。另外，公司坚持施肥推广理念的创新，率先在海南引导农民认识和接受了"测土施肥、配方施肥、有机农业"等先进的施肥理念，在海南农资市场及农户心中享有极高的声誉。

二、海南绿生农资有限公司的技术推广服务

1. 引进高科技含量的产品资源

除了农民普通施肥为主的常规型肥料（主要以氮、磷、钾为主），海南绿生农资有限公司的其余产品是以针对海南土壤和配方施肥为主的特殊肥料品种，分别有：①针对海南土壤缺钙特点，以快速有效补钙为主的含钙化肥及叶面肥；②针对海南土壤缺乏钾、镁的特点，以合理配比、有效补充钾镁为主的钾镁肥及叶面肥；③为果树、瓜菜等作物有针对性地补充微量元素的固体及液体微肥；④以改良土壤、提高肥料利用率为目的的优质有机肥料和生物肥料。

2. 加强技术推广服务队伍建设

公司拥有50多人的技术推广服务队伍，大部分技术服务人员都配备有汽车、摩托车等交通工具，以及电脑、投影仪等先进的推广服务设备。这些技术服务人员以乡镇为单位，每人负责5～6个主要乡镇，分布在海南主要的种子区域，为广大的农户进行技术推广服务。

3. 运用多样化的技术推广方法

（1）建立多层次培训体系　绿生公司为提高技术和服务水平，重点加强对连锁加盟店店长、服务对象农民及其意见领袖人物进行培训。

①店长培训。遍布全岛的连锁加盟店是绿生公司农业技术推广的主要力量，公司利用不断地培训和引导，提升店面的技术水平和服务水平。绿生公司每年都会召集所有的连锁加盟店长进行统一培训，培训活动由绿生公司主要的技术服务部门开展，同时会邀请海南省农业科学院、植保站以及一些国外知名企业技术部门负责人参加，培训旨在提升连锁加盟店长的技术和服务水平，适时了解种植技术的发展。

②农民培训。绿生公司依据种植时间，一般在农民种植季节开始之前，利用当地店长或者村委会，组织农户集中起来开展农民培训活动。培训一般由绿生公司技术服务人员及当地连锁店长来组织，培训的内容包括病虫害防治及科学施肥等方面的内容。该方式规模较小，但相对较容易组织，效果比较理想。

③规模客户培训和交流（意见领袖培训）。公司每年都会根据情况在一些重要地区召集部分种植面积较大、技术水平较高、声望及影响力较大的客户进行和交流，传导先进的施肥技术和理念，同时利用这些强大的影响力扩大推广范围。

（2）强化试验示范　公司在推广一些新产品或新施肥技术的时候，考虑农民"眼见为实"的保守心理，一般都会在一些种植面积较大或者交通方便、比较容易观察的地方开展对比试验示范工作，通过试验示范引导农民接受新的施肥方法。有时公司也会直接发放大量的试验样品给当地农民，由农民自己试用。

（3）充分利用海报及宣传资料等大众传媒加强宣传　公司在推广一种新产品或者新施肥技术时，首先会在宣传海报或宣传资料中介绍该产品或者该施肥技术的主要特点，通过店面让农民了解到更多的技术资料和信息，有时也会利用大学生实习的机会，召集大量实习大学生到一些主要的乡村挨家挨户地发放资料并详细介绍产品及相关技术要点。

知识归纳

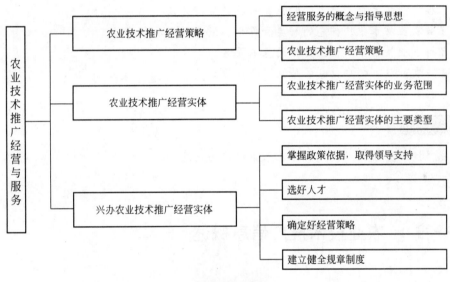

- 农业技术推广经营与服务
  - 农业技术推广经营策略
    - 经营服务的概念与指导思想
    - 农业技术推广经营策略
  - 农业技术推广经营实体
    - 农业技术推广经营实体的业务范围
    - 农业技术推广经营实体的主要类型
  - 兴办农业技术推广经营实体
    - 掌握政策依据，取得领导支持
    - 选好人才
    - 确定好经营策略
    - 建立健全规章制度

自测习题

第八章

农业技术推广信息服务

学习目标

知识目标

◆ 掌握农业技术推广信息的特性、采集及处理方法。
◆ 了解农业技术推广信息的种类和作用、采集原则和程序。
◆ 了解农业技术推广信息传播的基本要素。
◆ 理解农业技术推广信息的传播过程和方式。
◆ 掌握农业技术推广信息的应用。

能力目标

◆ 能够按照农业技术推广的需求采集和传播信息。

第一节 ▶ 农业技术推广信息概述

科学界对信息的认识有多种不同的解释，都从不同的侧面反映了信息的某些特征。概括起来，信息是对客观世界中各种事物的变化和特征的反映，是客观事物之间的相互作用和联系的表征，是客观事物经过感知或认识后的再现。

一、信息的形态和特性

（一）信息的形态

信息是看不见、摸不着的，只有在通过一定的媒介载体进行传递时才表现出一定的形态。具体可分为数据信息、文本信息、声音信息、图像信息和多媒体信息。

（二）信息的特性

1. 价值性
信息的价值在于它的知识性和技术性，不论自然信息还是社会信息，一经生成物化在载体上，就是一种资源，具有可采纳性或称之为有用性。例如，鸟啼蚁动、雁飞鸡鸣、信号脉冲、声光电磁、人际交流等都在传递着各种有意义、有价值的信息。

2. 时效性

信息是有寿命的，它有一个生命周期，如时效性很强的天气信息、股票信息、市场信息、科学信息。信息是活跃的、不断变化的，及时把握有效的信息将获得信息的最佳价值，而其价值也会随其滞后使用的时差而贬值。

3. 可传递性

信息是在传递过程中发挥作用的，其传递和流通过程是一个重复使用的过程。在这一过程中，信息的占有者不会因传递而失掉信息，一般也不会因为多次使用而改变信息的自身价值。但其在传递过程中可能会因为媒介或信号干扰出现价值磨损。

4. 依附性

信息必须依附于适当的载体。离开载体，信息的含义和价值则不能传递和发挥。

5. 可塑性

信息可以压缩、扩充和叠加，也可以变换形态。在流通使用过程中，经过综合、分析、再加工，原始一次信息可以变成二次信息和三次信息，原有的信息价值也可实现增值。

6. 贬值和污染

信息在传递、流通或转换过程中，有可能变形和失真，这是信息贬值的原因。信息污染则是由信息量呈指数增加、信息质量低下或信息在传播过程的各种干扰和破坏引起的。

二、农业技术推广信息的种类和作用

（一）农业技术推广信息的种类

1. 自然信息

（1）农业资源信息包括各种农业自然资源（土地、湿地、山林、草地、水利、气候、生物资源以及积温、日照、降水量等）、农业经济资源（农业人口和劳动力的数量和质量、收入、购买力等）以及农业区划等方面的信息。

（2）农业自然灾害信息包括气象灾害、海洋灾害、洪水灾害、地质灾害、森林灾害、农作物灾害和畜禽疫病等方面的信息，农业灾害预警系统的减灾和防灾信息等。

2. 社会信息

（1）农业政策信息　包括各种与农业生产和农民生活直接相关或间接相关的国家和地方性法律、法规、政策等。如农村经济体制、农村财税体制、农产品购销体制、农业发展扶持政策、新农村建设扶持政策等。

（2）农业科技信息　包括农业科研进展、新成果、新技术、新工艺、新生产经验、新方法、试验示范效果等科学技术方面的信息。

（3）农业生产信息　包括生产计划、产业结构、作物布局、生产条件、生产现状、作物长势，以及产前、产中、产后的各种情况等农情方面的信息。

（4）农业教育信息　包括各种层次的农业学历教育、培训班、技术培训的时间、地点、方法、手段、内容、效果等。

（5）农产品市场信息　包括农产品价格、储运加工、购销、对外贸易、生产资料供求等方面的信息。

（6）农业经济信息　包括经营动态、农业收支、市场预测、农民生活水平状况等方面的信息。

（7）农业人才信息　包括农业科研、教育、推广专家的技术专长，农村科技示范户、生产专业户、农民企业家的基本情况。

（8）农业技术推广管理信息　包括农业技术推广队伍状况、组织建设、人员结构、经营服务、推广工作的经验及成果等。

（二）农业技术推广信息的作用

（1）农业技术推广信息是引起农民行为改变的诱因　农民的行为改变过程，就是信息的捕捉、传递、利用和反馈过程。如此不断往复，使农民的思想不断解放，观念不断更新，技能不断提高。可以说信息是农民行为改变的基础。

（2）农业技术推广信息是农业生产经营决策的依据　就决策本身而言，决策过程是一个信息分析过程。没有重组的信息或缺乏可靠的信息，农业生产经营决策就失去了经营决策基础。

（3）农业技术推广信息是农村商品生产的命脉　农业技术推广信息贯穿农村生产的各个环节。市场经济体制下，农民对商品信息的需求越来越迫切。产前需要消费变化、市场预测、生产资料供应等方面的信息；产中需要技术、新工艺等信息；产后需要市场行情、农产品供求信息。

（4）农业技术推广信息在农业各部门间可起联系纽带作用　农业各部门之间的联系，主要是通过信息的交流和沟通而实现的，特别是我国农业科研、农业教育、农业技术推广关系隶属不同，在农业"产、供、销"还没有实现一体化的条件下，加强信息的交流与沟通，是提高工作效率的有效方法。

三、农业技术推广信息的特性

1. 时效性

农业技术推广信息的时效性包括内容的时效性与传递过程的时效性。内容的时效性是指农业信息对于特定的使用者来说，只在特定的时间内有效。如一项新的农业技术信息的运用可能会带来很高的利润，但随着时间的推移，更先进的农业技术出现，原有的技术就会变得毫无价值。传递过程的时效性是指信息在传递过程中具有时间成本，传递时间越长，时间成本越大。

2. 易扩散性

农业技术推广信息的易扩散性是指个人一旦拥有了某些信息，他不可能无偿占有，信息往往在生产和生活中被无成本地传播和学习。

3. 地域性

大多数农业技术推广信息与地理位置有关，包括地形、地质、土壤、气候等诸多方面。正是由于地域上的差异，在推广工作中需要按照试验、示范再推广的程序，因地制宜地向农业生产经营者提供农业地域信息，切忌照搬照抄外地的经验，以免造成严重后果和重大损失。

4. 系统性

农业、农村和农民是"三位一体"的整体，农业生产是农业生物、环境、经济、技术和人的劳动等构成的一个系统。在搜集和应用农业信息时，应十分重视农业信息的系统性，保证信息全面、准确，以免顾此失彼。

5. 综合性

农业技术推广信息涉及面很广，如土、水、肥、山林、湿地、草原、气象、物候、病虫害、产供销等无所不包，是多种信息的综合体，涉及农业、水利、化工、气象、物流等多个学科，具有很强的综合性。

第二节 ▶ 农业技术推广信息的采集与处理

信息采集是指为了更好地掌握和应用信息，而对其进行的聚合和集中。信息处理是指把收集来的大量原始信息进行筛选、鉴别、分类、加工和存储，使之成为二次信息的活动。

一、农业技术推广信息的采集

1. 采集原则

（1）主动、及时原则　信息采集工作只有主动才能及时发现、及时捕捉和获取各类信息。所谓及时，是指所采集到的信息能够反映出当前社会活动的现状，也包括别人未发现和使用过的独具特色的信息，以及能及时准确地反映事务个性的信息。

（2）真实、可靠原则　信息采集必须坚持调查研究，通过比较、鉴别，采集真实、可靠、准确的信息，切忌把个别当作普遍，将局部视为全局，要实事求是，善于去粗取精、去伪存真、由表及里、深入细致地了解各种信息源的信息含量、实用价值、可靠程度。

（3）针对需求原则　信息采集要针对本单位、本地区的方向、任务和服务对象的需要，有重点、有选择地采集利用价值大的、符合单位用户需求的信息。只有这样才能满足用户需要，又可提高信息工作的投入产出效益。为此，信息采集人员对本单位的内外环境和发展战略有明确地了解，才会有明确的采集目的和对象，大力开辟采集渠道，才能获得具有较强针对性的信息。

（4）全面系统原则　所谓全面系统，是指时间上的连续性和空间上的广泛性，尽可能全面地采集符合本单位、本地区需求的信息。有针对性、有重点地采集是在全面系统地采集的基础上进行的，只有以此为前提，才能有所侧重、有所选择。

（5）计划性原则　采集信息，既要满足当前需要，又要照顾未来发展；既要广辟信息来源，又要持之以恒、日积月累。信息的采集并不是随机的，而是据本单位的任务、经费等情况制订的比较周密的采集计划和规章制度。

（6）预见性原则　信息采集人员要掌握社会、经济和科学技术的发展动态，采集的信息既要着眼于现实要求，又要有一定的超前性，要善于抓苗头、抓动向，采集那些对未来发展有预见性的信息。

2. 采集程序

（1）确定采集目标

① 确定信息服务的对象。服务对象不同，需要的信息内容也就不同。国家级、省级农

业技术推广部门，对各类农业技术推广信息都需要收集。对县级农业技术推广部门来说，收集农业科技信息为本地区服务是主要的。对农业技术推广人员来说，只有广泛收集与本专业有关的技术信息、市场信息、生产信息、科教信息、人才信息等，才能有效地开展工作。而农民则更多地需要提高生活水平和生活质量的信息。

② 确定收集信息的内容。应根据不同服务对象的需要，收集各类农业技术推广信息。如农民想办一个企业，就需收集有关意向产品、销售渠道、市场行情、竞争对手等方面的信息；农民想使水稻增产增收，就需要收集水稻良种与高效低成本的栽培技术等信息。

③ 确定收集信息的范围。如一个县级农业技术中心以种植业科技成果为信息收集的内容，这个范围就太大。一是种植业中作物多；二是本身区域广大，生态特点有差异；三是种植业科技成果使用时间有限。这就需框定范围，如平原地区可立足稻、麦、棉三大作物，仅选择平原地区适用的，近五年研究出的成果。

④ 确定收集信息的量。收集信息量的多少与收集信息的人数、时间、费用有关。比如，我们需要水稻新品种，只要与临近的省、市或县的2～3家教育、科研和种子公司取得联系也许就可以办到，或者通过种子市场信息就可以了解到，引进20～30个观察就可以了。

（2）制订采集计划　采集计划是采集方针在一段时间内的具体实施方案。采集计划不但给采集人员规定了具体目标，而且还提出了遇到问题时的解决方法。计划可分为年度计划、季度计划和月计划。

（3）采集工作实施　采集工作是一项长期的、连续不断的工作。整个过程包括组织性工作和事务处理工作。采集财力的调配，更离不开外部广泛的联络。采集人员必须具备很强的公共关系能力和细致处理事务、财务的能力。

（4）反馈用户信息　信息采集、积累不是目的，它的根本目的是提供给用户利用。信息到手并不表示采集过程的完结，而应收集用户反馈意见，改进采集系统，以便进一步提高信息采集工作的质量和效益。

3. 采集方法

（1）定向采集与定题采集　定向采集是指在采集计划范围内，对特定的信息尽可能全面、系统地采集，其目的是为用户近期、中期、长期利用。定题采集是根据用户指定的范围或需求，有针对性地进行采集工作，在一定意义上属定题服务范畴。

定向采集与定题采集在实践中常常同时兼用，以达到优势互补。

（2）单向采集与多项采集　单向采集是指针对特定用户需求，只通过一条渠道，对一个信息源进行采集，针对性强。多项采集指针对特殊用户的特殊要求，广泛、多渠道地进行采集，这种方法成功率极高，但容易相互重复。

（3）主动采集与跟踪采集　主动采集是指针对需求或根据采集人员的预测，事先发挥主观能动性，赶在用户提出要求之前即着手采集工作。例如，在病虫害发生之前收集有关越冬基数，以及对病虫害发生的气象条件的预测，提前发出预报。跟踪采集是指对有关信息源进行动态监视和跟踪，这对深入研究跟踪对象有好处。例如，引进一项新成果、新技术，要对成果在当地的适应性，以及社会效益、经济效益、生态效益跟踪调查。

4. 农业信息的来源

（1）农业科技图书　在农业科技情报中，品种最多、数量最大的出版物是农业科技图书。图书的内容成熟、系统完整，从中可以得到历史的、全面的知识，具有一定的情报价值。如农业科技专著、农业实用技术图书、农业科教书、农业工具书等。但缺点是信息较滞后。

（2）农业科技期刊　农业科技期刊是指定期或不定期的连续出版物，能及时报道最新的农业科学研究成果和农业新技术、新方法、新理论。它是记录农业科技工作者从事农业生产和农业科学实验成果的一种形式，是农业科技文献的主要类型。它有公开发行和内部发行两种，对农业技术推广机构来说，尤以报道性、消息性及科普性期刊更为实用，如《农村科技开发》《农村经济与科技》杂志等。

（3）内部资料　内部资料多由农业主管部门、科研单位、农业院校及各级农业情报部门编印出版，含有大量宝贵情报信息，一般在公开出版物上不易找到，所以要特别重视。主要包括以下几种。

① 农业科学技术研究报告。这些报告由科技主管部门组织审查鉴定后上报，因此比较成熟可靠，具有较高的情报价值和推广应用价值。

② 农业科技成果汇编或选编。由各级农业科技主管部门对本部门、本地区、本系统一年或数年的科研成果经过审定、选择后出版，汇编中每一项有简介说明或有附图，起着提供线索的作用。

③ 农业科技会议资料。这是由农业专业技术会议，学术团体例会、年会，科技攻关会、研讨会、经验交流会等印发的资料，主要是与会者提交的学术论文、调查报告、试验报告、情况汇报等。会议资料是了解国内农业科技水平和动态的重要情报来源，如《21世纪国际会议论文集》。

④ 国内外研究水平动向综述。针对我国当前农业的科技水平和差距，介绍和评论国外某个专业领域的研究技术发展现状、动向的资料，如《农牧情报研究》。

⑤ 出国参观考察报告。

⑥ 外籍学者来华讲座。

（4）农业技术标准资料　这是对农产品、原材料、设备仪器的质量、规格、计量单位、操作规程、技术规范、检验方法等所制定的技术规定，有一定的法律约束力，如《作物模式化栽培技术标准》。

（5）农业技术档案资料　具体如科研规划、计划、技术方案、任务书、协议书、技术指标、审批文件、图表、实验原始记录等。

（6）农业和农用生产资料样品说明书　此类信息大多出现在农业成果展览会、展销会、科技交易会-技术市场上。产品配以说明，具有较强的直观性，其技术可靠，文字简明扼要，为重要的信息来源，如各种作物新品种、新农药、农业机械说明。

（7）专利文献　具体包括专利申请书、说明书、文摘、分类、索引、刊物等。专利文献具有以下特点。

① 权威性。它是记载新技术、新创造、新产品的权威出版物。

② 快速性。公布发表内容比一般出版物快得多。

③ 详尽性。技术内容详尽、具体、可靠。

④ 完整性。

⑤ 多样性。种类繁多，图文并茂。

5. 采集渠道

（1）记录型信息的采集渠道

① 购买。通过各种方式购买是获取记录型信息最常见也是最主要的途径，包括订购、

现购、邮购、委托代购等方式。

② 交换。即信息管理机构之间或与另一机构互相交换信息。

③ 接收。这是档案、期刊、图书等信息源的主要来源渠道。

④ 征集。即对地方、民间有关单位或个人征集历史档案、书籍、手稿等。

⑤ 复制。包括静电复印、缩微胶片等。

⑥ 其他方式。如租借、接受捐赠、现场搜集、索取等。

（2）实物型信息资料的采集渠道

① 展览。包括实物展览、订货会、展销会、交易会等。

② 观摩。如现场观摩等。

③ 观看。如观看电影、电视、录像等。

④ 参观。包括参观同行实验室、试验站等。

（3）思维型信息的采集渠道　思维信息存在于人们的头脑中，通过语言进行口头传播，可通过交谈、采访、讨论、听报告等方式索取。

① 交谈。工作人员之间就他们从事的工作和活动进行直接对话、讨论和辩论。

② 采访。针对某些感兴趣的问题主动提问，获取信息。

③ 报告。包括参加各类报告会和演讲会等。

④ 培训。如参加各类培训班。

⑤ 录音。在交谈、采访、讨论、参观、交流等活动中，除采取记录方式获取信息外，也可以用现场录音的方式获取信息。

⑥ 其他方式。包括参加各种社交活动，进行观场调查、实地考察、技术交流等。

二、农业技术推广信息的处理

1. 信息的筛选与鉴别

一般来说，我们收集的信息是没有经过加工的原始信息，其中难免有些信息不符合我们的需要，甚至是伪信息，这就需要对收集的信息进行筛选和鉴别。

（1）信息筛选　只有对收集到的信息进行筛选，才能使信息利用工作有良好的开端。筛选应抓住"重、切、新、评"四个字。

重，即查重，剔除不必要的重复，这是筛选的第一道工序，也是最简单的筛选法。切，即切题，将切题的信息资料留下来，不切题的剔除。这需要认真研究课题的核心，按信息接近核心的程度排序，使信息资料紧紧围绕核心。新，即新颖，逐一阅读信息资料，将时间近、观点新的留下，陈旧的舍去。评，即价值评估，对经过上述筛选后的信息资料进行价值分析与评估，价值高的存留，价值不大的放弃。

（2）信息鉴别　从各种渠道获得的信息，往往真假混杂，有用与无用交错，所以要求推广人员有对信息进行鉴别的能力。这里所说的鉴别是指信息本身的真假鉴别、信息内容可靠度的鉴别及适用性鉴别。信息鉴别的程序一般是先辨其真假，再分析其价值。

（3）信息筛选和鉴别的方法

① 感官判断法。感官判断法是指在浏览原始信息过程中依靠自己的学识，凭直觉判断信息的真伪及可信度大小的方法。优点：简单易行、费用低廉、节约时间。缺点：对某些信息难以作出准确判断。

② 比较分析法。比较分析法是指信息加工人员在筛选和鉴别过程中，采用前后信息、左右信息、不同渠道收集的同一信息的对比分析，以确定信息的真伪和可信度。这种方法较感官判断法费事，但准确性较高。

③ 集体讨论法。集体讨论法是指将一些个人无法下结论的信息采用集体会诊的方法以确定取舍。这种方法由于发挥了集体的智慧而使信息的准确性提高。

④ 专家裁决法。专家裁决法是指将一些一时无法确定取舍的信息交由专家裁决的方法。这种方法的科学性依专家的个人素质而定。

⑤ 数学核算法。数学核算法是指对原始信息有疑虑，而由信息加工人员重新予以核算的加工方法。这种方法可以及时纠正那些因信息收集计算错误、笔误或传递过程中失误造成的信息失真现象。

⑥ 现场核实法。现场核实法是指对有疑虑的信息，责成信息收集人员或加工人员深入现场核实真伪的方法。这种方法准确性较高，但费时费力。

2. 信息分类

信息分类应先确定采用哪一种方法，然后按一定的要求分拣堆积，再进行排序。有以下几种方法。

（1）地区分类法　地区分类法是指根据地区的不同而进行的信息划分方法，可以分层次实施。

首先，可以先把信息分成国内信息和国外信息，这是第一层次。国内再以各个省、直辖市、自治区为单位。国外信息按州分类。

第二层，在各个省的基础上，以城市为单位；国外信息又可以在州的基础上按各个国家的单位分为若干类。

第三层，国内信息在各种划分的基础上，又可以以区、镇为单位再进一步划分；国外信息在各个国家划分的基础上再以各个城市为单位进一步划分。

（2）时间分类法　时间分类法是指依据时间顺序划分信息的方法，也可以分层次进行。先把信息按年份分为若干大类。再按月份把一年的信息划分为 12 个类别。最后按天把每月的信息再分为 31 个小类。

（3）内容分类法　内容分类法是指按信息内容划分信息类别的方法，具体如下。

第一层次：农业经济政策信息、农业资源信息、农业科技信息、农业教育信息、农业技术推广管理信息、农业市场信息、农业人才信息。

第二层次：农业基础研究信息、农业应用研究信息、农业技术推广研究信息、农业科技成果信息。

（4）主题分类法　主题分类法是指以主题词划分信息类别的一种方法。主题分类法的类别很多，如水稻信息、棉花信息、农产品加工信息、农作物种子信息、化肥信息等。

（5）综合分类法　综合分类法是指以时间、地点、内容、主题为依据综合划分信息的方法。具体有：时间-地区法、地区-时间法、内容-时间-地区法、地区-时间-内容法、地区-内容-时间法、时间-地区-内容法、时间-内容-地区法。

上述信息分类通常用于具有普遍意义或普及推广的信息，有时还分别用于当前工作意义重大的信息和实效性很强的且与农民生产、生活密切相关的信息。有的还可以按学科专业分类、按工作系统分类。

3. 信息加工

信息加工是根据不同目的和用途对原始信息进行浓缩、改写和计算分析的活动。

（1）浓缩　浓缩就是降低原始信息中"多余的成分"，提高密集度和有效性。如内容提要、文摘都是浓缩的结果。

（2）改写　改写就是把原始信息进行改写和重写，使之成为利于人们使用和传递的信息。例如，把学术性论文改写成科普小品文，把有关报告、讲话改写成综合资料等。

浓缩、改写都必须忠实于原来的内容，正确地反映事务本来面目，把原始信息所蕴含的有价值的东西挖掘出来。切不可随心所欲地断章取义、各取所需，也不可想当然地添加内容、观点或"拔高"，影响信息的真实性。

（3）计算分析　计算分析就是对一些零乱的数字信息，采用选定的方法进行计算，以期得到最新的信息，用于分析归纳。常有如下几种方法。

① 统计法。就是将某种同质事物作为一个综合体，从总体数量方面来表现事物运动的规模、水平、发展速度、各种比例关系和数量关系，从中获取更加具体、准确的数值化的信息，借以显示事物运动的性质、趋势、规律，指导实践活动的开展。这是信息计算分析的常用方法。统计法又分成总量指标法、相对指标法、平均指标法。

② 会计法。指采用会计通用的方法来换算和分析信息。

③ 文字信息研究法。常用的有汇集法、归纳法、连横法、推理法。

4. 信息存储

（1）信息存储的形态　信息是个抽象的东西，它必须依附在载体上才能表现出来。信息载体是信息存储的物质基础。依据信息载体产生的次序划分，信息存储形态可分为：初始信息存储形态、中间信息存储形态和终止信息存储形态。如大脑、语言等可视为初始信息存储形态，文字、书籍、书刊等可视为中间信息存储形态，计算机的内外存储器存储可视为终止信息存储形态。

信息载体的形态还可以划分为静态信息载体存储形态和动态信息载体存储形态。例如，书籍、磁带、磁盘、录像带等是静态的载体存储形态，声波、光波、电波等是动态的信息载体存储形态。

（2）信息存储技术

① 文字纸张存储技术。文字存储技术是一种传统的存储技术，自从文字纸张发明以后，这种技术就一直被人们所掌握和运用。随着信息时代的到来，这种传统的文字纸张存储技术受到了前所未有的挑战。

② 缩微存储技术。缩微存储技术是一种专门利用光电摄录装置，把以纸张为信息载体的各种文献资料、图书杂志进行高密度缩小微化的技术。使用微化技术把原件摄录在新的载体上，其所获得的摄录有原件信息的载体，被称为缩微品。这种方法叫缩微化。缩微技术一般有两种：照相缩微存储技术和全信息缩微存储技术。

③ 声像存储技术。声像存储技术是将信息通过录音或录像记录存储的过程。它包括"声"（即录音）和"像"（即录像）两部分。

④ 光盘存储技术。光盘存储技术是通过光学的方法读出、写入数据的一门存储技术，使用的是激光光源。光盘具有超缩微胶片那样的存储密度，又有像磁盘那样可以随机存储的功能，而且还具有像印刷书本那样便于复印的特点。所以，光盘被人们广泛使用。

⑤ 电子计算机存储技术。电子计算机存储技术是指用电子计算机的内外存储器存储信

息的技术。

第三节 ▶ 农业技术推广信息的传播

一、农业技术推广信息传播的基本要素

1. 信息源

信息是传播活动中的具体内容，没有信息就没有传播。信息必须以一定的载体形式存在才可传播。因此，在一定意义上，可以说信息存在的载体形式即为信息源。信息源可以是讲课、实物，也可以是文献。如信息来自一份文献，则接收者可以视文献为信息源。但在有些场合，由于信息源和传播媒介融为一体，也可以把传播媒介看成信息源，如广播电视、信息发布会等。

2. 传播者

传播者是信息行为发生的主体。这意味着一方面，信息的传播始于传播者；另一方面，信息传播的内容、对象等也取决于传播者。由于信息传播者对信息的传播有选择和控制权，因此，信息传播者在信息传播活动中发挥着"守门人"的作用。另外在许多场合，传播者在信息传播中还充当信息源和接收者之间的中介角色，使信息源和接收者之间能进行有效地联系。

3. 传播媒介

传播媒介是指信息传播的通道，又称传播媒体、传播渠道等。人类社会信息的传播从原始的媒介到电子媒介经历了漫长的过程。传播的变化和进步使信息传播的速度越来越快，传播的信息量越来越大，使人类的感官不断扩大和延伸，并且改变了人类的工作方式、生活方式和思维方式，推动了社会的进步。

根据传播的方式和特征，传播媒介分为若干类别，其基本分类如表 8-1 所示，根据传播媒介的特征，可将表中的分类项目进行不同的组合。例如，A 和 B 的组合可以是有声读物；A 和 D 的结合是有声静止图像，则可以是电话或其他形式；A 和 C 的组合是机读有声产品，如磁带、光盘唱片等；B 和 D 则可以是带有图片的文本；B 和 C 可以为机读文本；A、B 和 D 可以是有声的幻灯片；A、B、C、D、E 为多媒体媒介。组合越多，媒介制造技术越复杂。

表 8-1 传播媒介的分类

语言			图像	
A. 声音 会话 演讲 电话 广播 录音	B. 文本 手稿 印刷品 复印件 传真件	C. 机读 模拟信号 数字编码信号 电子图片 印刷品	D. 静止 图纸 图画 照片	E. 运动的 电影 电视 录像

4. 受传者

受传者是信息传播的对象，也是信息的用户，因此也可以被称为接收者或用户。在信息

传播过程中，受传者是主动的信息接收者和参与者，也是信息传播的出发点和最终目标，一切信息传播活动都应围绕受传者而组织。这是因为，信息传播只有符合受传者的需要才能被受传者接受和使用；信息传播只有通过受传者的使用才能表现其价值。因此，信息传播的内容、方式等只有与用户的职业、水平、心理、目的等各项因素相匹配才有使用意义。

二、农业技术推广信息的传播过程和方式

1. 非正式信息的传播过程和方式

非正式信息的传播过程主要是指信息创造者与信息接收者双方自己来完成的信息传播过程，又称为直接信息传播过程。它主要有以下一些方式：面对面的直接对话、社交活动、会议交流、内部集会、参观访问、演讲会、信息发布会等。这些方式都有一个共同特征，即交流活动都带有自发的个体性质，具有极大的灵活性。

（1）非正式信息传播过程的优点

① 选择性和针对性强。由于是直接信息传播，接收者了解传播者掌握的信息内容，而传播者也明确接收者的信息需求，双方有明确的针对性、目的性和选择性。

② 反馈速度快。非正式的信息传播过程往往是双向交流，双方可同时是信息创造者又是信息接收者，对任何问题均可立即询问，得到明确和证实，并可根据对方的真正信息需求不断调整传播内容。

③ 表达充分，易于理解。在直接传播过程中，信息创造者可以选择最适合的方式来表达有关的信息内容，使所传播的信息更易被接收者理解。

（2）非正式信息传播过程的缺点

① 传播范围小。由于是直接信息传播，只有少数人才有机会介入，因此信息传播的范围非常有限。

② 不易累积。在非正式信息传播过程中，语言往往是传播信息的主要媒介，没有正式载体记录，只能依靠头脑记忆，无法积累。

③ 无法核实。直接信息传播往往是一对一的个别信息传播，因此传播信息的可靠性、真实性往往无法核实。

2. 正式信息的传播过程和方式

正式信息的传播过程按信息传播的接收者划分，有如下四种传播方式。

（1）多项主动信息传播　即信息传播者向广大的、不确定的信息接收者主动提供自己选定的信息。这种类型的传播中最重要的有：①信息报道、广播、电视等大众传播媒介；②图书、杂志等出版物；③信息发布会、展览会、信息市场等。

（2）单向主动信息传播　即信息传播者向事先确定的接收者主动提供自己选定的信息。其主要形式有：信息中心或基层信息机构向特定用户提供各种服务，如向特定人员提供的情况通报、简报、定题信息服务（SDI）、跟踪服务等。

（3）多向被动信息传播　这类信息传播事先并没有确定的接收者，它是面向整个社会或一定范围的广大用户，并且信息传播是被动的，接收者根据自己的需求选择信息，传播者通过辅助性服务向接收者传播信息。其主要形式有：图书馆或资料馆的阅览服务、复印服务及数据库检索服务等。

（4）单向被动信息传播　它是面向个别特定接收者，并根据他们的具体要求提供信息的

一种服务。专题调研报告、咨询服务、应企业要求而做的可行性研究、市场预测等均属于这一类信息传播。信息机构根据用户的咨询提问，向用户提供所需信息从而完成信息传播服务。

以上四种传播方式中，多向主动信息传播是最主要的传播方式，单向主动信息传播则是对接收者最理想的传播方式，单向被动信息传播对接收者是最有效的信息传播方式，而多向被动信息传播对接收者则是满足信息需求的可靠方式。

第四节 ▶ 农业技术推广信息的应用

信息只有得到有效应用之后，才能成为一种有用的资源。农业技术推广工作在很大程度上是信息的过程。市场经济条件下，农民对信息的需求超过对技术成果的需求，因此，要不断加强农业技术推广信息网络建设，提高信息应用能力。

一、建设农业技术推广信息网络服务系统

1. 纵向系统

（1）国家信息中心　主要为国家经济建设提供信息服务、经济预测、经济分析和研究等。

（2）农业农村部、国家农业科学数据中心　为部领导、专家和领导决策提供信息服务，同时搜集全国范围的农业技术信息并提供信息服务。

（3）省、自治区、直辖市农业信息中心　主要地方政府提供农业信息服务，并对各有关农业的专业部门（如农业科学院、农业技术推广中心、农村推广站、农业大专院等）信息系统提供支持。

（4）县和地（市）级农业信息中心　主要搜集和开发本县、市的农业信息资源，并提供信息交流和服务。

（5）乡镇农技服务站　乡镇站是基层科技事业单位，是乡镇政府领导下的综合性技术经营服务实体，在业务上接受县农技推广中心的直接领导，其农业技能信息的搜集与服务交流主要由信息员承担。

2. 横向系统

农业技术推广工作是一项复杂的社会工程，单靠推广机构完成推广任务是非常困难的。因此，专门的农业技术推广机构必须与社会上其他与农业技术推广有关的机构或部门之间加强横向信息交流和联系，形成强大的农业技术推广的横向网络，达到纵向畅通、横向配合，形成四通八达的信息网络。

（1）科学技术管理部门　国家、省、地（市）县的科学技术管理部门负责农业的科研项目以及成果的鉴定与评审工作等，是农业信息的重要源泉。加强与主管科研项目的各级科学技术管理部门的协作，对于农业技术推广工作是十分必要的。

（2）农业科研部门　农业科研部门是一支重要的科技力量，是科技成果和技术的主要发源地。因此，必须加强同它们的横向联系。

（3）农业院校　农业院校同样需要面向农村，实行"教学、科研、推广"三结合，能更好地为农业现代化服务。因此，加强推广机构同农业院校的横向沟通，是双方的共同需要。

农业院校一般采用下列形式参与技术推广工作：①建立试验、示范基地，一方面推广农业技术，另一方面作为学生实习场所；②建立农业技术服务联络点；③进行技术培训和科普宣传；④搞技术承包、技术转让、有偿服务、展览交易，以及组织顾问团进行巡回指导和技术咨询等。

（4）其他部门或机构　具体包括：①先进生产单位，也是典型示范单位，值得农民效仿和学习；②支农行业，推广机构需要和支农行业密切配合；③地方社会团体和有关人士，与学会、协会、文教等地方团体，以及企业家、劳动模范等知名人士良好协作，利用他们的社会地位和声望，可有利于农业技术推广工作。

（5）公共信息部门　各级各类图书馆、文化馆、宣传部门所拥有的信息资源非常丰富，要充分利用这些资源。同时借助他们的力量进行舆论动员、信息传递工作。

在农业信息网络建设中，要突出强调县级信息网络建设，最大限度地为农民用户服务。县级职业中学要加强横向信息沟通，并成为农民获得信息的主要途径。

二、注重农业技术推广信息的服务实效

1. 多维服务

政策、经济、科技、市场、价格以及乡情民意信息，不仅是各级领导做决策的需要，也是各类经济组织、科技单位以及农民家庭经营的迫切需要。它不仅是农业部门本身的需要，也是各地区、各部门经济协调发展的需要。因此在农业信息服务对象上，应由定向服务转向多维服务。

2. 特色服务

农业包含种植、养殖、农产品加工等多种行业，所涉及的学科多种多样，所以提供信息服务也应因地制宜，切忌一般化。要找准位置，认清目标，发挥优势，搞出特色。要反对大而全或小而全的做法，把过去一般化服务提高到具有本部门、本专业信息个性的特色服务上来。

3. 开放服务

市场经济的一个明显特征就是它的开放性。在市场经济条件下，信息是资源，是财富。为了适应新体制的需要，加强对农业、农民、农村服务，就要迅速改变过去的各自分割、封闭的状态，加强信息交流，尽可能向基层开放，向农民开放，向全社会开放。

4. 高效、高质服务

目前农业信息最大的弱点是：编发少、传递慢、效率低。然而信息服务的基本要求就在于快速、高效。要做到高质量服务，就要加速信息传递和自动化建设，从而使农业信息在市场经济体制条件下发挥更大的作用。

质量是信息的生命。衡量信息质量的标准，一看用户是否有需求，也就是目的性；二看时效性，也就是能否提供及时准确的信息，做到雪中送炭；三是指导性，就是看它能不能帮助有关部门对解决农业发展中的重大问题做出科学决策，看它能不能促进党和政府有关农业方面政策的落实、改进和完善，看它能不能推动基层解决农业中的实际问题和困难，看它能不能帮助生产者进行正确的经营决策和提高经营效益。

三、提高农业技术推广人员的信息能力

所谓信息能力，就是指一个人收集、传递、利用信息指导实践的本领和技能。信息能力，应包括以下几方面的内容。

1. 信息收集能力

由于每个人的感知、识别、分析能力不同，表现在收集信息上的数量和质量也不同。同样从事技术开发管理工作，到同一农村去观察，有的能收集到各种信息点、有的却收效甚微，这就是信息收集能力的差别。一个好的管理者，能熟练通过各种渠道、方式，从各种角度获得信息，知己知彼，运用自如。

2. 识别信息能力

信息充满了人类社会，如何识别它，是选择、利用信息的基础。按信息职能来说，有计划信息，它属于国家下达的任务、方针、政策，具有纲领性的作用。还有来自各行业、部门之间的发展规划、科研发展方向等信息，此信息有助于各层管理人员制订出符合本单位实际的决策，这种既具有原则又具体的信息，称之为控制信息。而与管理者、执行者、使用者日常活动关系密切的是作业信息，如学科信息（指有关学科领域的重大发现、新理论、新动向）、技术信息（指的是技术改革、技术原理、技术水平、应用条件、范围）等，识别这种信息的目的是为科研选题提供依据。再如市场信息，为了把科研搞活，必须具备认识和分清市场各种需求及用户心理活动的能力，并要具备操作、会亲自动手搞产品开发的能力，才能加速科研成果的商品化。注意提高对信息的识别能力，正确比较、评价、处理信息，以求在科技活动中更好地指导工作，取得最大的效果。

3. 信息选择能力

无论是企业、行政、科研管理，还是农业技术推广部门，都必须对所获得的信息进行充分选择，因为，当今科技信息的特点是数量大、交叉广、涉及面宽。面对如此庞大的信息资源，不注意准确取舍，反而易被困扰，影响工作。我们必须具有去杂去劣、精于选择的本领。

4. 信息利用能力

信息再多，不去利用等于没有。无论科研或开发推广的哪一阶段，都要有意识地利用信息，尽力吸收他人、前人的成果，从中受到启发，获得灵感，进而创造。信息利用与识别信息的准确率和实施条件关系密切。

5. 管理信息能力

农业技术推广机构，既是信息来源，又是信息吸收器。每天都有大量信息，有的不可能马上用上，有的则是无用信息。加强对信息管理，兼收并蓄，非常重要，尤其是要不断地对信息进行检测、提炼、整理、分类、编制索引等工作，使信息的储存、提取处在动态最优化的管理状态。

四、信息能力的培养

1. 要自觉地树立信息意识

只有从思想上认识到信息的重要性，才能自觉地树立起信息意识。有了这种意识，即使

处于繁忙中，也能够耐心集中地将信息摘抄在工作本或卡片上，建立个人"信息库"，从而提高自己的信息感受力。一个人是如此，一个单位也是如此。优秀的推广者，能运筹帷幄，抓准需求，迅速推广；而平庸的推广者，则屡失良机，处处被动，成效甚微。究其原因是多方面的，但信息意识淡化是重要原因之一。

2. 充分利用各种渠道收集信息

在日常工作中，我们要注意从如下渠道收集信息：报纸、杂志、领导讲话、有关政策法规、广播电视新闻、科技展会、学术研讨会等。收集的方法可采取订购资料、交流资料、现场调查、函索收集等形式。

3. 分析信息，及时使用信息

在我们收集到大量信息中，有许多有意义的内容并不是显性的，不是很容易发现的。只有通过对信息进行理解和分析后，才能从中读取到这些更为重要、更加深层次的内容。读取其中隐含的、有意义的价值后，将其应用到生产实际中，能够提高农业生产水平。

4. 注意改善有利于发挥信息能力的环境条件

信息能力不是孤立产生与提高的。比如人们的业务技能、交际能力、知识水平等方面会影响每个人信息能力的提高。同时，一个人信息能力的发挥程度由多种因素制约，如语言表达能力、写作水平、分析问题能力等。要充分发挥人们的信息能力，除成果自身过硬外，还要注意不断地改善外部环境和条件（如修建灌溉设施、保温设施等），制定鼓励政策，创造出有利于信息能力发挥的宽松氛围。

案例

莱州市农村科技信息服务平台与模式

莱州市位于胶东半岛西北部，是"全国农村经济综合实力百强县（市）"之一。总面积 1878km²，人口 86 万，其中农业人口 48 万人。从 20 世纪 90 年代后半期开始，全市的农村信息化建设进入了一个快速发展的时期。

一、农村科技信息服务平台建设

1. 现代信息服务的基础网络建设

早在 20 世纪 90 年代，莱州市就在全国率先开通了"农业科技 110 服务热线"。在信息化的网络中心平台建设上，以传统科技信息服务为基础，将科技新技术融入传统模式，实现广电网、电信网和互联网的三网合一，建立起上下贯通、左右互联的信息传输平台。

莱州市成立了农业科技信息中心，聘用信息专业的博士生、研究生为骨干，带领一批信息专业人才，负责信息处理、光缆设备维护、数据库、信息采集与发布。在镇、村设立接收站点，有效整合有线电视、宽带网络等资源，实现信息中心与镇街信息站的对接。

全市 16 处镇街建立了农业信息服务站，80％的村庄和龙头企业设立了农业信息服务店（室），市级建设了"小康网"网站，镇级全部实现了"一站通"上网服务，村庄、企业和种养大户实现了宽带接入。目前，全市所有固定电话用户均可实现电脑上网，视频点播、远程医疗、远程教学、网上银行、电子商务等各种网络业务已全部开通。

2. 农业专家远程可视信息互动平台建设

运用公司化运作模式，采取传统方法和现代技术相结合的办法，整合"村村通"

"科技110""空中学院""信息大院""科技长廊"等多种科技信息资源，组建适应现代农业信息需求的集电话、电视、电脑"三网合一"的莱州市农业专家远程可视信息互动平台。开辟会员制、协会制等市场化路子，通过"聊天"的传播方式，让专家为农民进行技术咨询、信息互动；一个平台，多户受益；远在千里，如同面授；实现传播质量提高，成本倍降的"最佳"效果。

3. 信息网络服务共享平台建设

围绕平台建设，组织科研攻关，莱州市承担了国家"863"计划——智能化农业科技信息系统（玉米专家平台）的研究，建立了以科技局为中心，以全市16个乡镇农技站为示范推广点的智能化农业信息系统玉米技术服务网络。同时建设了面向农民的"小康网"网站，将星火科技信息服务与农业技术服务、农用物资服务、产品销售服务相结合，设有农业新闻、科技动态、名优特产、政策法规、供求信息、实用技术、招商引资、企业推荐等栏目。为发挥宽带网入村率100%、有线电视入户率90%的优势，还开通了具有地方特色的"空中小康学院"，开展信息技术培训工程。此外，组成"专家服务团"，壮大"农业科技110"队伍，聘请专家建成玉米、小麦、水产等多个专家平台，实现通达农村基层的服务信息网络。

4. 农业综合咨询系统（触摸屏）建设

该系统具有操作简单、便于使用、图文并茂、界面友好、支持远程维护、动态更新等特点。在前台，农民可利用触摸屏进行信息查询，还可支持上网发布信息，特别适合乡镇村等基层服务站使用。目前，主要开发应用的农业综合服务查询系统包含农业病虫害防治专家系统、农作物栽培专家系统、养殖技术专家系统、农作物品种审定系统等，具有结合实际紧、实用性能强等特点。另外，农村财务管理、统计报表等各领域均实现了信息化管理。

二、创新农村科技信息服务模式

经过几年的探索，已初步形成了多方参与、多种形式并存的农村科技信息服务格局与模式。

1. 传统技术服务体系＋现代信息技术服务模式

以政府为主导，以原市、镇、村三级技术服务网络为依托，通过田间讲座、印发明白纸等形式，借助科技热线、空中学院、网络等现代信息技术，实施科技入户工程。

2. 农村科技信息大院模式

利用发展农村党员远程教育系统的有利契机，在全市建立农村科技信息大院980个，占全市农村总数的95%。农村科技信息大院要求达到"五个一"的标准：有一处相对固定的场所，原则上不少于40m²；有一套先进的设备，包括电脑、电视、背投屏幕等，通过整合现有资源，实现电信、广电、互联网三网功能合一；有一支管理队伍，原则上每村不少于2名专（兼）职信息管理员；有一个宣传和服务窗口，结合科普"村村通"工程，每村建立起标准的科普画廊，将下载的科技信息共享；有一套考核制度，每年开展信息大院达标和评选"十佳信息大院"活动，推动农村信息化的开展。

3. 种植（养殖、加工）大户辐射模式

近几年农村涌现出一批依靠科技致富的农业大户。这些"土状元""田秀才"本身就是技术辐射源，在农村有较高的威信。他们通过互联网获得技术、市场信息，并与有关农业研究机构有着密切的连续，通过他们的转载和传播，带动了周围广大农民运用先进的技术与最新的市场信息进行农业生产活动。这种模式较为普遍。

4. 专业协会带动模式

目前全市有各类农村专业协会 255 家，涉及种子、水产、养猪、花卉等各领域，成为新时期行业技术和信息新的集散地。水产协会与海洋大学、中科院海洋研究所、农业部黄海水产研究所等多所院校和科研单位建立了广泛的业务联系，合作完成了 10 多个国内外领先水平的高技术课题。

5. 网格式信息服务模式

以市农业科技信息中心为轴心，以镇农业科技信息站为辐射点，以农村科技信息大院为登录点，在全市形成上下贯通、纵横交错的网格式信息服务网络。通过网格式信息服务网络服务，拉动了全市 6 大支柱产业的发展，实现了农村信息、农业科研与技术推广的成功对接；辐射带动了 16 个乡镇、1000 多个村庄、1 万多户农民，通过推广应用农业高新技术，为农民增创经济效益。

知识归纳

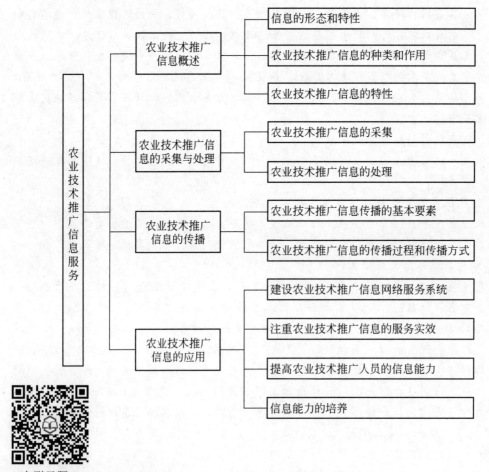

自测习题

第九章

农业技术推广调查

学习目标

知识目标 ▶▶

◆ 了解农业自然资源、农业社会经济资源、农业生产结构、农业产业化等基本概念。
◆ 理解农业技术推广调查的主要内容。
◆ 了解农业技术推广调查的类型。
◆ 理解各调查类型的调查程序和优缺点等。
◆ 掌握农业技术推广调查的实施步骤。
◆ 能正确进行调查资料的收集和整理。

能力目标 ▶▶

◆ 能根据农业技术推广调查工作需要，因地制宜地确定调查内容。
◆ 能根据实际情况，灵活应用农业技术推广调查的具体调查方法。
◆ 能撰写出符合要求的调查报告。

根据实际需要和上级的部署搞好农业技术推广调查，是推广机构和推广人员的重要任务之一。如何搞好农业技术推广调查，也是推广工作的重要课题。推广人员必须掌握农业技术推广调查的方法、步骤和要求，必须善于开展调查研究，及时发现并解决农业技术推广和生产中的实际问题。

第一节 ▶ 农业技术推广调查内容

农业技术推广调查内容非常广泛，与农业直接或间接相关的各种情况都要进行调查研究，一般应根据调查者的目的来确定调查内容。在推广实践中常进行的有农业资源调查、农业生产调查、农业市场调查和农业科技推广调查。

一、农业资源调查

农业资源是指参与农业生产过程的物质要素，包括农业自然资源和农业社会经济资源。

（一）农业自然资源

农业自然资源是指农业生产可以利用的自然资源，主要包括农业气候资源、农业土地资源、农业水资源和农业生物资源。

1. 农业气候资源

气候是农业自然资源最基本的要素之一，制订农业计划、改革种植制度、采取农业生产措施均需以当地气候资料为主要依据。气候资源调查的内容主要有太阳辐射、气温、降水等。

（1）太阳辐射　太阳辐射是地球表层能量的主要来源，虽然到达地球上的太阳辐射能量只是其中很小的一部分，但它的作用却是相当大的。太阳辐射是指太阳向宇宙空间发射的电磁波和粒子流，与气候生态环境的形成与植物生长发育有直接关系。根据植物对日照时间的长短和强度的需求不同，在跨地区、跨季节引种时要特别注意品种的这一特性。太阳高度角、维度、海拔高度、坡向等因素都能影响太阳辐射的强度。

（2）气温　大气的温度简称气温，是表征空气冷热程度的物理量。气温的状况取决于大气的热量平衡，反映在气温的高低和变化趋势上。由于太阳辐射是大气热量收入的最终来源，因而气温的高低和变化受太阳辐射的纬度分布、季节变化和日变化的影响很明显。我国地处温带、亚热带和热带，热量资源差异大，重复利用热量资源，通过推广应用新的栽培模式、扩大作物间套作、提高复种指数、大力发展多熟种植等途径能有效地提高作物产量。

（3）降水　地面从大气中获得的水汽凝结物统称为降水。它包括两部分，一部分是水平降水，即大气中水汽直接在地面或地物表面及低空产生的凝结物，如霜、露、雾和雾淞等；另一部分是垂直降水，是指由空中降落到地面上的水汽凝结物，如雨、雪、霰和雨淞等。我们一般所说的降水量指的是垂直降水，水平降水不作为降水量处理。降水量的多少及时间分配，常常决定一个地区的干湿程度、河流水量的大小和农作物需水的供应程度。而干湿程度变化与温度结合，则会对农业生产形成有利或不利的影响。

2. 农业土地资源

国土资源部发布的《第二次全国土地调查技术规程》把全国土地划分为农用地、建设用地、未利用地三大类12个一级类型。农业技术推广土地资源调查，主要对农用地中的耕地、园林、林地、草地的种类（土壤质地）、数量和分布进行调查。

土地资源的数量，常用绝对量和相对量来表示。土地资源的绝对量是指经过大量计算的实际土地面积的绝对数，是考核评价一个地区农业生产占有与利用土地资源的一项经济指标；土地资源的相对量是指农业人口占有土地面积的数量。查明农用土地资源的数量和质量，对于调整土地利用结构、挖掘土地利用潜力、实现农业可持续发展具有十分重要的意义。

3. 农业水资源

农业水资源是指自然界的水资源可用于农业生产中的农林牧副渔各业及农村生活的部分。主要包括降水的有效利用量、通过水利工程设施而得以为农业所利用的地表水量和地下水量。生活污水和工业废水经过处理，也可作为农业水资源加以利用。

农业水资源只限于液态水，气态水和固态水只有转化成液态水时，才能形成农业水资源。叶面截留的雨露水和土壤水都可为作物所利用，但其量甚微，在农业水资源分析中一般不予考虑。江河湖泊的地表径流，可为国民经济各种用水部门提供水源，但不是全部水量都可构成可利用的水资源。如为了维护河道生态平衡，必须有一部分河道径流输入海洋；水源开发工程虽可进行年内及年际调蓄，但在丰水周期内亦常产生无法调蓄的弃水。因此，可利用的水资源只为其总水量的一部分，而农业可用水资源又只为可利用水资源中的一部分。

查明地表水和地下水的时空分布特点、数量和质量，对于合理安排作物生产、确定农村发展项目具有重要的指导意义，也是合理利用农业水资源、提高农业用水效率和效益的基础工作。评价地表水的主要指标有地表径流、河川流量及其时间分布、地表水资源数和地表水质量等；评价地下水的主要指标有地下水的补给和排泄、地下水资源总量、地下水可开采量、地下水类型及其富水性、地下水埋藏深度、地下水位等。

4. 农业生物资源

地球上由人类和其他动物、植物、微生物组成了一个具有生命的世界，其中除人类外，目前可以被人类利用或确知具有潜在利用价值的部分，统称生物资源，可分为陆地生物资源和海洋生物资源两大类。陆地生物资源包括野生动植物、驯化动物、栽培植物、微生物等；海洋生物资源又称海洋水产资源，包括海洋动植物、海洋养殖生物和海洋微生物等。生物资源是农业重要的资源，是农业生态系统的重要组成部分。

（二）农业社会经济资源

农业社会经济资源是指直接或间接对农业生产发生作用的社会经济因素，包括人口、劳动力、物质技术装备、交通运输条件、信息、管理等资源。

1. 人口资源

人口同自然资源一样，是进行物质资料生产不可缺少的基本条件。人口密度及其分布状况，决定着一个地区农业生产的特点。从一个地区的人口来看，调查分析的主要内容有户数、人口数量、人口结构（包括性别、年龄、职业、文化程度等）、人口增长编号（主要是人口自然增长率）、人口密度及其分布等。

2. 劳动力资源

劳动力资源是指总人口中在劳动年龄范围内有劳动能力的人的总和，包括劳动力的数量和质量。劳动力数量就是能够参加劳动的实际人数，包括已达到劳动年龄或超过劳动年龄的人数；劳动力质量是指劳动力的体能和智能，体能指劳动力的体力强弱和健康状况，智能包括劳动者的文化程度、科学技术水平、劳动技巧、经验和思想觉悟等。

3. 物质技术装备资源

物质技术装备是指人们在农业生产中，对农业自然资源进行开发利用和改造的重要手段。物质技术装备的好坏，反映着一个地区农业现代化水平的高低，是农业技术推广的物质基础和重要手段。调查的主要内容有农机具技术设施的数量和水平，农田水利基本建设情况，灌溉设施和有效灌溉面积，旱涝保收高产稳产农田的比重，施用化肥的种类、数量及其结构，化肥、农药的施用水平等。

4. 交通运输条件资源

交通运输条件可以影响到商品生产的发展，以及农工商、产供销的关系和发展。因此，要对交通运输条件的现状、存在问题至今后发展情况进行调查，以便在引进农业生产技术、确定推广项目时充分考虑。

5. 信息资源

信息作为反映客观世界各种事务的特征和变化的新知识已成为一种重要的资源，在人类自身的划时代改造中产生了重要的作用，其信息流将在生产管理中成为决定生产发展规模、速度和方向的重要力量。在信息理论、信息处理、信息传播、信息存储、信息检索、信息整理、信息管理等许多领域中将建立起新的信息科学。

6. 管理资源

管理资源是指对农村经济增长与社会发展起推动作用的所有管理系统，包括农村资源管理系统、农村经营管理系统、农村市场管理系统、农村村级财务管理系统、新型农村合作医疗管理系统、农村行政管理系统等。

其中，农村资源管理系统包括农村土地资源管理系统、农村林木资源管理系统、农村水资源管理系统、农村能源管理系统、农村人力资源管理（农村劳动力资源管理）系统、农村环境资源管理系统、农村信息资源管理系统、农村远程教育资源管理系统等。

管理出秩序，管理出效益。管理系统实际上也是一种资源。当管理与人力、物力、财力等资源相结合时，将显示其重要作用。因此，管理资源是与人力资源、财力资源、物力资源并列的一种资源。农村管理资源是一种推广的环境资源，要想搞好农业技术推广，必须重视农村管理资源的应用。

二、农业生产调查

农村生产调查主要包括农业生产情况调查、农业灾害调查、农业生产结构调查、农业产业化调查。

（一）农业生产情况调查

1. 农作物播种面积调查

农作物播种面积是指实际播种或栽植农作物的土地面积。

（1）农作物种类调查　播种面积和农作物产量调查都应按具体作物来进行。在调查统计时，常常按农作物的收获季节、主要用途等分成若干类，每一类又分为若干组。例如，按农作物主要用途，分为粮食作物、经济作物和其他作物；粮食作物按收获季节或播种季节，分为夏收粮食作物和秋收粮食作物。

（2）具体调查方法　农作物的播种面积按种植季节、作物分别统计，在每个种植季节结束后进行调查；每种作物的播种面积按调查时的实际面积计算。对一些特殊情况和具体问题，如补种、改种、间作、套种等作物面积的计算，要按照全国农业统计报表制度的统一规定来进行。农作物播种面积调查，通常包括全年总播种面积、播种面积构成和收获面积3个方面的内容。

2. 农作物产量调查

农作物产量调查包括总产量调查和单位面积产量调查两部分。

（1）总产量调查　农作物总产量是指全部播种面积所收获产品产量的总和。总产量分为实际总产量和预计总产量。实际总产量是指作物收获后的入库产量；有时为了提前知道农作物产量，常常在作物收获前进行产量预测调查，对未来的总产量进行估算，这就是预计总产量。

农作物产量的计算标准和方法，要以国家农业统计报表制度的统一规定来进行。例如，粮食作物（除薯类外）一律按脱粒后的原粮计算，棉花按皮棉计算。

（2）单位面积产量调查 农作物单位面积产量是指在一定单位面积上收获的农产品产量。单产分别以每种作物来计算，等于某种作物总产量除以该作物的面积。作物面积可以分别用播种面积、收获面积和耕地面积来计算。

3. 农作物栽培管理调查

（1）农作物种植（播种、定植）基础调查 主要农作物一般都要进行种植基础调查，以便按种植基础提出有针对性的田间管理技术意见或了解种植投入情况。如小麦播种基础调查、棉花播种（定植）基础调查等。

（2）农作物田间管理情况调查 主要农作物一般都要进行田间管理情况调查，以便及时提出有针对性的田间管理技术意见或了解田间管理投入情况。如小麦冬季或春季田间管理情况调查、棉花田间管理情况调查等。

（3）农作物苗情调查 主要农作物一般都要进行苗情调查，以便及时提出有针对性的田间管理技术意见，如小麦冬前（越冬）苗情调查、返青期苗情调查、起身期苗情调查、拔节期苗情调查等。

（二）农业灾害调查

1. 农业气象灾害调查

经常发生的农业气象灾害有干旱、洪涝、寒潮、寒害、霜冻、冻害、低温冷害、低温连阴雨（寡照）、冰雹、暴雨、干热风、大风、台风、龙卷风等。农业气象灾害调查主要调查灾害发生范围（地点）、发生时间、持续时间和强度、危害情况等，以便及时提出救灾措施，并研究分析农业气象灾害的发生规律，以便提出农业气象灾害的防御措施。

2. 农作物病虫害调查

农作物病虫害调查包括病害调查、虫害调查、草害调查、鼠害调查。主要调查病虫草鼠害发生及危害情况、病虫草鼠害发生规律、天敌发生规律、病虫越冬情况、病虫草鼠防治效果等。病虫草鼠灾害发生的情况包括发生面积、严重程度（危害程度）、分布区域等。一般分季节、作物进行调查。通过调查，掌握病虫草鼠灾害发生、发展的情况，及时提出防治意见，分析总结病虫草鼠灾害发生、发展的规律，以便提出预防意见。

（三）农业生产结构调查

农业生产结构亦称农业部门结构，是指一个国家、一个地区或一个农业企业的农业生产部门和各部门内部的组成及其相互之间的比例关系。

农业生产结构是由多部门和多种类组成的一个多层次复合体。从部门来说，一般可分为农、林、牧、副、渔各业，称为一级生产结构。在一级生产结构的内部，根据产品和生产过程不同，又可划分为若干小的生产部门，称为二级生产结构，如种植业中的粮食作物、经济作物、饲料作物和其他作物的组成情况及比重称为种植业结构。在二级生产结构内部，如粮食作物可分为禾谷类作物、豆类作物和薯类作物等。粮食作物的类型组成及比重称为粮食作物结构，是三级生产结构。

农业生产结构通常以农业总产值构成、农业用地构成、播种面积构成、劳动力及资金占用构成等经济指标来反映，一般以农业总产值构成的相对数来表示。农业生产结构的形成和发展，受多种因素的制约和影响，与一个国家和地区的自然环境条件、农业自然资源条件、生产力发展水平、人口和消费构成、经济制度和经济政策等有密切关系，具有一定的地域性和相对稳定性，但随着农村产业的发展，其内涵不断加深，外延不断扩展。

农业生产结构是否合理，主要看能否满足一定阶段国民经济发展的需要；能否重复利用自然条件和各种农业自然资源，发挥当地优势，各生产部门相互促进，协调发展；能否取得最佳的社会效益和经济效益；能否促进农业生态平衡的良性发展。

（四）农业产业化调查

农业产业化是农业按照建立利益共享、风险共担的有效机制原则，把农业产前、产中、产后各个环节结成一个统一的利益共同体，科学、合理地配置生产要素，因地制宜，多元化、多层次、多形式地发展具有竞争力的农业生产体系，构建专业化生产、区域化布局、系列化经营、社会化服务、企业化管理的产业组织模式，实现"产、供、销一条龙，贸、工、农一体化"。农业产业化是社会主义市场经济的必然产物，农业产业化的发展能够有效地促进农业增效、实现农民增收、培育农业品牌、拓展就业途径、创新农业科技、提升农村经济整体效益。

农业产业化调查主要有 4 个方面的内容：一是农业产业化龙头企业的发展情况调查，如生产规模、产品结构、经营状况，以及劳动用工、职工培训、信息需求等方面的情况；二是农产品市场调查；三是生产基地规模及其带动效应调查；四是农业产业化体系内部的利益分配机制调查。

三、农业市场调查

农业市场调查主要包括农民购买力水平调查、农业市场运转情况调查、农业市场需求影响因素调查等，调查的重点是农产品市场。

（一）农民购买力水平调查

1. 农村居民家庭收支构成调查

农村居民的家庭收入是形成购买力的基本因素，它决定农村居民购买力的大小。可以调查农民人均纯收入，即农业农村部制定的"农村经济收益分配统计报表"中的"农民人均所得"。

2. 农民家庭购买力投向调查

农民家庭购买力投向调查是调查农民的衣、食、住、行及文化生活等方面的需求比例变化。通过对农村居民家庭收支调查，掌握其购买力的投向，进而调查农民家庭对各类商品的品种、数量、质量等的需求。

3. 农业生产资料需求调查

该调查主要是调查农业生产资料需求的种类、数量、规格、质量、价格以及变化趋势和各种影响因素等。

（二）农业市场运转情况调查

1. 农业市场体系调查

适应现代农业要求的完善市场体系是一个开放统一、竞争有序的市场体系，其内涵包括4个方面：一是适应现代农业要求的发达的物流产业；二是农村市场流通的基础设施建设；三是现代流通方式和新型流通业态；四是多元化、多层次的市场流通主体。现代农业的市场体系应该是产业、设施、业态、人员四大要素齐全。农业市场体系调查的内容主要包括以下几方面。

（1）农产品批发市场标准化建设情况调查　包括批发市场信息系统、电子结算系统、质量检测系统及仓储和运输等基础设施建设。农业市场信息系统是农产品市场建设中最关键的一个环节，发达的农产品市场信息是农业增长和发展的基本前提，市场信息系统是调查的重点。

（2）流通方式和流通业态调查　包括农业市场业态结构，连锁经营、物流配送等新型流通方式的发展情况，批发市场、零售市场、专业市场的发育程度，市场流通现代化水平等。

（3）流通主体调查　包括从事农产品购销经营活动的农村合作经济组织、农村经纪人活跃程度，农产品流通、科技、信息等一系列中介服务产业的发育程度，农产品经纪人、批发大户和运输大户的数量与能力，农产品销售的组织化程度，流通主体的组织化程度和流通能力，农产品物流企业发展情况，"公司＋农户""基地＋农户"等产销组织形式对农产品销售的带动作用。

2. 农业市场商品供应情况调查

农业市场商品供应情况调查主要调查一定时间内供应农村市场的商品品种、数量、质量、规格及潜在的供应能力。重点是进行农业生产资料供应市场调查，通过调查及时了解当地农业生产资料的供应情况，以便更好地向农民提供产前信息服务和产中技术指导服务。

3. 农业市场运行秩序调查

农业市场运行秩序调查包括农产品市场准入制度建立与落实情况调查、农产品流通秩序的规范化程度调查、农产品商标和地理标志的侵权执法情况调查等。

（三）农业市场需求影响因素调查

1. 形势政策调查

该项是调查国家政策和经济形势的变化对农产品和农业生产资料销售的影响。

2. 消费习惯调查

我国农村地域辽阔，农村居民的消费习惯因各地的地理条件、气候条件及风俗习惯等因素而有所不同，消费者对商品的需求也因地、因人而异。

3. 消费心理调查

消费心理是人们购买商品的内在动力，通过消费心理调查可以掌握农村消费者的购买意向、潜在购买力水平。

4. 流通渠道调查

流通渠道调查如运输价格是否合理、运输工具能否满足需要、流通渠道是否畅通、流通信息是否灵便、"产、供、销"之间是否存在脱节现象等。

四、农业科技推广调查

农业科技推广是农业科研成果转化为直接生产力的最重要环节。农业科技推广调查的主要内容有农业科技推广体系调查、农业科技推广运行机制调查和农业科技推广情况调查。

（一）农业科技推广体系调查

1. 农业技术推广机现状调查

调查内容包括基层农业技术推广机构调查、基层农业技术推广改革情况调查、农业科技推广队伍建设情况调查、农业科技推广网点设置情况调查等内容。

2. 农业技术推广保障措施调查

调查内容包括组织保障、经费保障、政策保障、生活保障及工作条件、推广手段等。

3. 农业技术推广组织多元化发展状况调查

调查内容包括农村专业技术协会发展状况调查、农村专业合作社发展状况调查、农业科技企业发展状况调查等。

（二）农业科技推广运行机制调查

新型农业技术推广体系由政府农业技术推广机构、农业科研单位、农业院校、农业企业、农村专业技术协会、农村专业合作社等众多组织组成。在市场经济体制下，如何使这些组织在推广实践中相互促进、相互融合、取长补短，从而使各个组织的结构和功能得到完善优化，其运行机制就成为亟须探讨的问题。

1. 农业技术推广运行机制调查

农业技术推广运行机制调查包括管理机制、约束机制、协作机制、网络机制、调控机制、动力机制、激励机制、投入机制等调查。

2. 农业技术市场运行状况调查

常设农业技术市场应具备四个条件：固定的交易场所、具有依托的科研单位、综合市场和专业市场相结合、全方位的技术服务。农业技术市场具有三个功能：一是农业科技产品和科技成果的展示交易功能；二是农业科技信息的聚集发布功能；三是技术开发、技术转让、技术培训和技术咨询的服务功能。

农业技术推广部门作为连接农业技术开发机构和农户的桥梁，应该及时掌握农业技术的发展动向，了解农户的技术需求，充分发挥纽带功能。对农业技术市场的运行状况应该有所了解，主要调查农业技术市场发展情况，农业技术贸易、咨询、中介机构发展情况，农业技术市场功能发挥情况等。

3. 科研、教育、推广结合模式运行机制调查

农业科研、农业教育和农业技术推广三方面的互相协作，进一步密切结合，构成合作推广的模式，主要调查其运行机制。

4. 农业科技推广模式调查

调查内容包括科技型企业模式、农业科技示范基地模式、农业产业化经营技术支撑模式、农业科技信息服务网络模式等，主要调查各种推广模式的运行机制。

（三）农业科技推广情况调查

进行农业技术推广工作总结、开展农业技术推广工作评价，都需要对农业科技推广情况进行调查。农业科技推广情况调查主要包括以下几方面。

1. 农业科技推广应用情况调查

调查内容包括农业新品种、新技术、新设备、新工艺等的试验与示范情况调查，农业新品种、新技术、新设备、新工艺等的推广应用情况调查等。

2. 农业科技推广效果调查

调查内容包括农业新品种、新技术、新设备、新工艺等推广应用的经济效益、社会效益、生态效益等调查。

3. 农业科技成果转化情况调查

调查内容包括农业科技成果的转化率、推广度、推广率、推广指数、平均推广速度和农业科技进步贡献率等指标的调查。

4. 农业科技推广人员创新创业情况调查

调查内容包括在岗在编科技人员创新创业情况、科技人员各类创新创业的形式数量，以及3年来承担部、省、市各类科技项目情况，农业品种创新情况，农业技术创新情况，创业带动效应，在各类刊物上发表学术论文情况（限第一作者）等。

5. 农户应用农业新技术状况调查

主要调查农户基本情况、使用最多的农业新技术、农户获取农业新技术的途径、农户认可的技术推广渠道、农户采用农业新技术的影响因素（包括科技意识，采用新技术的困难、阻力、动力等）、农户的科技需求、农户需要哪些农业实用技术等。

第二节 ▶ 农业技术推广调查类型与方法

一、农业技术推广调查类型

按照调查对象的范围不同，农业技术推广调查可分为普遍调查、典型调查、抽样调查和重点调查等类型。

（一）普遍调查

普遍调查简称普查。我们最熟知的普遍调查就是我国的全国人口普查：国家在统一规定的时间内，按照统一的方法、统一的项目、统一的调查表和统一的标准时点，对全国人口普遍地、逐户逐人地进行的一次性调查登记。普查工作包括对人口普查资料的搜集、数据汇总、资料评价、分析研究、编辑出版等全部过程，是当今世界各国广泛采用的搜集人口资料的一种最基本的科学方法，是提供全国基本人口数据的主要来源。

1. 普遍调查的方式

（1）填报表　由上级制订普查表，由下级根据掌握的资料进行填报。

（2）直接登记　建立专门的普查机构，配备一定数量的普查人员，对调查对象进行直接登记。我国已进行的人口普查、农业普查都是采用这种方式。

（3）普遍检测调查　组织专门的普查机构，配备一定数量的普查人员和专门的化验检测仪器，按照一定的技术规程，采集样本，进行化验，取得数据。我国已进行的两次土壤普查就是采用这种方式。

2. 普遍调查的优点

（1）资料全面　普遍调查是对全部调查对象逐个进行的调查，收集的资料全面，便于调查者从宏观上掌握情况，普遍调查的资料也是各级领导机关制定政策的基本依据。

（2）资料准确性高　普遍调查资料的收集是利用统一的统计报表或调查表格，每一个调查对象都按统一要求填写，因此资料的准确性、精确性和标准化程度较高，可以统计或者进行分类比较。

（3）结论具有普遍性　普遍调查是对所有调查对象进行全面、无一遗漏的调查，因此通过汇总和归纳可以得出具有较高概括性和普遍意义的结论，可以准确地反映社会总体的一般特征。

3. 普遍调查的局限性

（1）工作量大、耗时较长　普通调查的调查对象多、分布广、工作量大，无法在短时间内完成，对大量数据与资料进行处理也需要较长时间。

（2）人、财、物消耗大　由于工作量大，耗时较长，这就使得投入普查的人力、物力和财力要比其他调查方式多得多。

（3）资料缺乏深度　普遍调查的项目不可能很细，不可能对每一个调查对象进行深入细致的调查。普遍调查往往限于对社会现象最基本、最一般的描述，无法反映社会现象深层的变化、细微的差别、本质的原因。

4. 普遍调查应注意的问题

（1）规定统一的标准时点　普查时间必须统一，一般是要取得某一时点上的数量和情况，所以调查资料必须反映统一规定的某一时间的状况。如第二次全国农业普查的标准时点是 2006 年 12 月 31 日 24 时。

（2）规定统一的普查期限　各地调查应同时进行，并在普查期限内完成。尽可能在短期内完成调查工作，以保证资料的准确性。

（3）规定统一的普查项目和指标　各地不得改变和增减普查的项目和指标。同一项普查，历次调查的基本项目的指标也应力求一致，以便对历次普查资料进行对比分析。

（4）严格按照法律和普查要求进行　按照《中华人民共和国统计法》的有关规定和普查的具体要求，如实填报普查数据，确保基础数据真实可靠。任何地方、部门、单位和个人都不得虚报、瞒报、拒报、迟报，不得伪造、篡改普查资料。

（5）严格限定普查资料的使用　普查取得的资料，严格限定用于普查目的。不得作为任何部门和单位对普查对象实施考核、奖惩的依据；各级普查机构及其工作人员，对普查对象的个人和商业秘密，必须履行严格的保密义务。

（二）典型调查

典型调查就是从调查对象的总体中选择具有代表性的一个或若干个单位进行全面深入的调查，借以了解总体的特征和本质的方法。在农业技术推广中，需要及时了解典型地区、典型农户采纳农业新技术的情况，这就需要进行典型调查。

1. 典型调查的特点

（1）调查单位具有一定的代表性　典型调查是对调查对象中个别或少数样本进行的调查，是调查者对有意识选择的样本进行的调查，要求调查对象有一定的代表性。这种代表性不是通过随机抽样取得的，而是借助分析判断取得的，因而又区别于抽样调查。

（2）典型调查存在局限性　典型调查的调查单位一般只有一个或几个，而不像普遍调查是研究对象的全部单位。也不像抽样调查那样是研究对象的相当一部分单位。典型调查对象少，其代表性总是不完全的。典型的选择易受调查者主观意志左右，很难完全避免主观随意性。

（3）调查深入细致　典型调查不只是了解调查对象的某一方面，而往往是了解它的各方面，进行全部的"解剖"，因而典型调查是系统、深入的调查，是面对面的直接调查。

（4）侧重于定性研究　典型调查主要是通过对事物内部结构的"解剖"揭示事物的性质、特点及其发展变化的趋势和规律，主要考察事物质的规定性的一面，因而主要是定性调查。

（5）用典型说明一般　典型调查虽然只是考察一个或少数几个对象，但其目的在于通过一个或少数几个对象的考察去发现和说明事物的一般特征和发展变化的规律。但是，在用少数说明多数、用典型说明一般时，典型调查不如抽样调查那样严格和准确，往往只是一种粗略的推论。因而，利用典型作推论时应特别谨慎，不能过于武断，防止以偏概全。

2. 典型调查应注意的问题

（1）选择好典型　首先必须对所研究的问题进行全面分析，以保证选择的典型真正具有代表性。其次，要根据调查目的和任务确定典型。通常的做法是，若是为了说明事物的一般情况，就要选择能够代表事物一般水平的样本作为典型；为了总结先进经验，要选择先进单位和先进人物作为典型；若是为了研究新生事物，就选择最初出现或处于萌芽状态的事物作为典型。此外，应根据被研究对象的特点选择典型单位。

（2）要把调查与研究结合起来　典型调查主要是定性调查，除了要求全面了解典型各方面的情况外，还要去进一步认识调查对象的本质及其发展规律。因此典型调查不能满足于一般的收集材料，而必须把调查和研究紧密结合起来，把认识问题和探索解决问题的方法结合起来。

（3）慎重对待调查结论　典型尽管是同类事物中具有代表性的单位，但它毕竟是普遍中的特殊。因此对典型调查的结论，必须持慎重态度，必须严格区分哪些是代表同类事物的具有普遍意义的东西，哪些是由典型本身的特殊条件、特殊环境所决定的只具有特殊意义的东西，必须对这两部分结论的适用范围做出科学说明，切不可把典型调查的全部结论到处乱搬乱套，更不可不顾时间、地点、条件，拿着典型调查的结论到处去"将军"。

（三）抽样调查

抽样调查就是从调查对象的总体中按照随机原则抽取一部分单位作为样本，对样本进行调查，并根据调查的数据来推算有关总体的数字特征，从而实现对总体的认识。

1. 抽样调查的特点

（1）经济性好　抽样调查的调查对象是作为样本的一部分单位，而不是全部单位，所以抽样调查具有节约人力、物力、财力，省时、高效的特点。

（2）机会均等　调查样本是按随机的原则抽取的，在总体中每一个单位被抽取的机会是均等的，因此，能够保证被抽中的单位在总体中的均匀分布，不致出现倾向性误差，代表性强。所抽取的调查样本数量，是根据调查误差的要求，经过科学计算确定的，在调查样本的数量上有可靠的保证。

（3）存在误差　通过调查取得部分单位（样本）的实际资料，根据样本的数据推断总体的数据。对总体的规模水平、结构指标做出估计，与实际情况的误差是不可避免的。通常抽样调查的误差有两种：一种是工作误差（也称登记误差或调查误差），一种是代表性误差（也称抽样误差）。如根据样本的农作物实际产量，来推算全县的农作物产量，只能是获得一个比较接近实际情况的产量数字。

（4）误差可控　抽样调查可以通过抽样设计，通过计算并采用一系列科学的方法，把代表性误差控制在允许的范围之内，能保证抽样推断的结果达到一定的可靠程度。另外，由于调查单位少、代表性强、所需调查人员少，工作误差比全面调查要小。特别是在总体包括的调查单位较多的情况下，抽样调查结果的准确性一般高于全面调查。因此，抽样调查的结果是非常可靠的。

2. 抽样调查法的适用范围

许多地方和单位，无论是经济调查还是舆论调查，无论是生产调查还是经营调查，都广泛应用抽样调查方法。但是，抽样调查的采用也是有条件的，一般在下列情况下适合采用抽样调查。

一是不能对调查对象进行全面调查时，必须应用抽样调查方法。例如，种子发芽率检验、粮食含水量测定、棉花纤维长度检验等，不能为了鉴定质量而毁去所有的产品，在这种情况下，就只能采用抽样的方法，依样本资料对总体的状况做出推断。有些调查对象群体过大，单位又很分散，无法进行全面调查，如检验水库的鱼苗数、农作物产量预测等，也需要采用抽样调查。

二是在需要取得全面统计资料，但时间来不及进行全面调查或全面调查工作量太大时，可以采用抽样调查方法。如农作物收获前的产量实测、预测大区域的粮食实际产量等。

三是需要了解全面情况，但又没有必要进行全面调查，抽样调查就可以得到较好的效果时，应该采用抽样调查。如市场物价调查、大面积林木数量调查等。

四是运用抽样调查对全面调查资料进行补充、修正和验证。例如，为了验证普查资料的质量，在普查后进行的抽样调查。

3. 抽样调查的形式

抽样调查按其研究对象的性质、研究目的和工作条件不同，可以分为多种形式。在调查中常用的形式有以下几种。

（1）纯随机抽样　就是按照随机原则，直接在总体中抽取所要研究的调查单位。为了保证每个单位都有相等的中选机会，通常采用抽签或用"随机数表"的办法抽取调查单位。一般先将总体各单位编号写签，然后抽取。在实际工作中，总体的单位往往很大，编号抽签的工作非常繁重。

（2）机械随机抽样　又称等距随机抽样或系统随机抽样。该方法是先将总体各单位按一定标志顺序排列，编上序号；然后用总体单位数除以样本单位数求得抽样间隔，并在第一个抽样间隔内随机抽取一个单位作为第一个样本单位；最后按间隔做等距抽样，直到抽取最后一个样本单位为止。

机械随机抽样的排队标志有两种：一种是无关标志，即和研究目的无直接关系的标志，如农产品产量调查不按产量标志排队，而是按各地区、各单位的地理位置或地名笔画多少排队；另一种是有关标志，即与调查目的直接有关的标志，如农产品产量调查按各单位或各地块的预计单位产量或近几年评价单位产量排队。机械随机抽样一般是按有关标志排队抽取样本。

（3）分类随机抽样　又称分层随机抽样或类型随机抽样。这种方法是先把复杂的总体按主要标志划分成若干类型，然后在各种类型中再按纯随机抽样或机械随机抽样的方式抽取调查单位。通过分类，可以把总体中标志值比较接近的单位归为一组，这就缩小了同一组内各单位之间的差异程度。所以在总体各单位标志值大小悬殊的情况下，运用分类随机抽样，能比其他抽样法得到更准确的结果。在实际工作中分类随机抽样应用较多，如农产品产量调查可以按地区的地形分组，经济调查可以按经济水平分组等。由于分类是按有关的主要标志值分组的，各组（各类型）的单位数不同，所以分类抽样通常是按各组单位数占总体单位数的比例来抽取样本，单位数多的组多抽样，单位数少的组少抽样。

（4）集体随机抽样　又称整群随机抽样，是先将总体各单位按一定标志分成若干个群或集体；然后，按随机原则从这个若干个群或集体中抽出样本群或集体实施逐个调查。整群随机抽样样本单位比较集中，调查工作比较方便，可节省人力、财力、物力和时间，但整群调查样本分布不均匀，样本的代表性较差。

（四）重点调查

重点调查是指对某种社会现象比较集中的、对全局具有决定性作用的一个或几个单位所进行的调查。它是一种非全面调查，最适宜在调查对象比较集中的情况下采用。农业生产有很强的地域性，有些经济作物和名特产品的生产往往集中在少数几个地区，只要调查这几个地区就可以基本上掌握其生产情况。由于根据重点调查的材料，可以基本上掌握全部情况，满足一般研究任务的需要，所以对分散的、比较小的地区或单位就没必要再花费人力和时间采用其他调查方法去调查。

重点调查既可用于经常性调查，也可用于一次性调查。组织重点调查的首要问题是确定重点单位。

二、农业技术推广调查方法

农业技术推广调查的方法主要有文献调查法、实地观察法、访问调查法、问卷调查法和电信调查法等。

（一）文献调查法

文献调查法简称文献法，是利用文献间接收集资料的方法，即调查者从各种文献、档案、报纸、书刊、报表以及历史资料等社会信息中采集自己研究所需的资料。文献调查是否成功，主要取决于文献的齐全程度、内容的可信程度和调查人员的素质。

1. 调查人员的选配和文献收集

（1）选配合适的调查人员　从事文献调查的人员，应具有坚定的政治立场、全面的专业知识和丰富的社会经验。

（2）收集文献资料要齐全　按照调查的主题，调查人员应有目的地区地收集文献。通过政府、团体、专门机构、研究单位或个人等多种渠道，尽可能地把已有的文献收集起来，由专人负责登记、立卷、排列、编目、分类和保管，以满足分析研究的需要。

（3）检验、分析和评价文献的真伪　收集来的文献往往质量参差不齐，如不加分析检验，随便乱用，就有可能得出错误的结论。因此，调查人员使用文献时，不管文献多么可靠和真实，都要以批判的、分析的态度去对待，认真检查文献有无遗漏、差错或可疑之处。

2. 收集文献的方法和途径

（1）收集文献的方法　一是检索工具查找法，即利用已有的检索工具查找文献资料的方法，目前有手工检索工具、机读检索工具两种；二是参考文献查找法，也称追溯查找法，即利用作者本人在文章、专著的末尾所开列的参考文献目录，或文章、专著中所提到的文献名目，追踪查找有关文献资料的方法；三是循环查找法，也称为查找法，即将检索工具查找法和参考文献查找法结合起来，交替使用的一种方法。

（2）收集文献的途径　主要有三种途径：一是到文献管理单位收集，可以到档案馆、图书馆、档案室、资料室收集；二是网上搜集，可通过搜索引擎直接搜索，进入相关网站查找，也可进入文献数据库查找（如中国知网、超星阅览器等）；三是社会寻访，向可能存有有价值文献资料的单位或个人访求。

（二）实地观察法

实地观察法是观察者有目的、有计划地运用自己的感觉器官或借助科学仪器，能动地了解处于自然状态下的社会现象的方法。

1. 实地观察的工具

实地观察的工具可分为两类：一类是人的感觉器官，其中最主要的是视觉器官眼睛。人的观察过程是一个能动的反映过程，不仅是人的感觉器官直接感知的过程，而且是人的大脑积极思维的过程。另一类是科学观察仪器，如摄影机、望远镜、显微镜、录音机、探测器、人造卫星等。它们的观察对象应该是处于自然状态下的现象，如果观察对象不是处于自然状态的现象，而是人为的、故意制造的现象，就会失去实地观察的意义，甚至有可能得出错误的观察结论。

2. 实地观察应注意的问题

为了保证观察结果的正确性，减少观察误差，实地观察中应注意以下问题。

（1）做好观察准备　调查人员在观察前应做好充分的知识和物质准备。知识准备是指一个合格的调查人员应该具备较为广博的知识，主要包括三个方面：一是要有与调查课题有关的专门学科的理论知识；二是要有关于所观察对象的历史和现状的知识；三是要有关于观察方法和观察工具使用的知识、经验和技能。物质准备主要是指调查人员要事先准备好观察仪器设备，现场察看和选择、布置好观察场所。

（2）灵活安排实地观察的程序　实地观察的程序一般有三种安排方法：一是主次程序法，即先观察主要对象、主要部分、主要现象，后观察次要对象、次要部分、次要现象；二是方位程序法，即按照观察对象所处的位置，采取由近到远或由远到近、由左到右或由右到左、由上到下或由下到上等方法逐次进行观察；三是分析综合法，即先观察事物的局部现象，后观察事物的整体，或者先观察事物的整体，后观察事物的局部，然后再进行综合或分析，得出观察结论。

（3）充分利用观察仪器　调查人员在实地观察中，应根据需要和具体情况，尽可能使用显微镜、望远镜、测量仪、照相机、摄影机、录音机等科学仪器，充分发挥其放大、延伸、计量和记录功能，提高观察的客观性和准确性，减少误差。

（4）进行多点对比观察或反复对比观察　调查人员在实地观察中，对于比较复杂的或难以做出准确判断的情况，应选不同的观察点或在不同时间对同一观察对象进行对比观察，加以验证比较。一般而言，通过多点对比观察和重复对比观察所得出的结论，产生误差的可能性会大大减少。

（5）把观察与思考紧密地结合起来　任何观察活动都包含两类因素：一类是感性直觉因素，另一类是理性思维因素。只有目的明确、理论正确、知识广博、经验丰富且又积极思维的人，才能获得良好的观察效果。

（6）及时做好观察记录　观察前设计出记录表，详细记录观察对象和观察数据，观察结束后要及时整理观察记录。

（三）访问调查法

访问调查法是调查人员通过交谈等方式向被访问者了解社会设计情况的方法。访问调查能够了解广泛的社会现象，能深入广泛地探讨各类社会问题，能灵活地进行调查工作，可直接了解调查对象对调查的态度并进行心理沟通，能提高调查的成功率和可靠性，适用于多种调查对象。但也存在一些局限性，如耗费时间多，无法大范围调查；访问调查的结构和质量很大程度上取决于被访问者的合作态度和回答问题的能力。要想取得访问的成功，应抓好以下关键环节。

第一，细致地准备。根据调查内容，准备好访谈的问题，安排提问的顺序；根据调查目的阅读有关资料，通过各种途径了解调查对象的基本情况，以便于沟通交流。

第二，巧妙地接近。一般有以下几种接近方式：自然接近、求同接近、友好接近、正面接近和隐蔽接近等。访问者应根据被访问者的特点，采取正确的接近方式。

第三，科学地提问。提问是访问调查的主要手段和环境，科学地提问应注意提问的类型、方式和时间。尽量避免难以回答的提问、有心理刺激的提问、涉及个人隐私的提问。

第四，认真地听取。听取回答是提出问题的直接目的。在访问过程中，访问者要排除各种听取障碍，认真听取回答，要善于对回答做出恰当的反应，及时根据回答提出新的问题。不要以主观愿望影响调查对象的态度，不要暗示回答，不要催促回答。

第五，正确地引导。当访谈遇到障碍不能顺利进行下去或偏离原定计划时，就应及时引导。例如，被访问者有顾虑，就应该摸清其顾虑所在，然后对症下药，解除其思想顾虑。

第六，适当地追询。被访问者的回答没有按照调查要求完整说明问题时，要进行适当的追询，有正面追询、侧面追询、补充追询、重组追询等。追询可环环相扣，但不能步步紧逼。

第七，虚心地求教。要虚心求教，以礼待人，平等交谈，谦逊诚恳；不要装腔作势，故作高雅，居高临下，气势逼人。使用通俗易懂的语言，尽量少用专业术语。

（四）问卷调查法

问卷调查法是调查者运用统一设计的问卷向被调查者了解情况或征询意见，是一种标准化的调查。问卷调查一般都是间接调查（除访问问卷外），一般采用书面形式提出问题，被调查者也用书面形式回答问题。还可以通过互联网进行网上问卷调查。

问卷调查的一般程序包括设计调查问卷、选择调查对象、分发调查问卷、回收调查问卷和审查整理问卷。

1. 设计调查问卷

问卷的一般结构包括前言、主体和结语三个组成部分。设计问卷应注意问题的种类、悬着、结构、表述以及回答的方式及其说明。问卷的设计要遵循通俗性原则、完备性原则、中立性原则、互斥性原则。

2. 选择调查对象

问卷调查的对象可用抽样方法悬着。由于问卷调查的回复率和有效率一般都不可能达到100％，因此选择的调查对象应远多于研究对象，以保证研究对象的数量。

3. 分发调查问卷

分发调查问卷有多种方式，可以随报刊投递、从邮局寄送、派人送给有关机构代发、携带问卷登门访问，也可以直接印在报纸上。

4. 回收调查问卷

回收调查问卷是问卷调查的一个重要环节，如何提高问卷回收率是一个关键问题。提高问卷回收率的一般做法是：①争取知名度高、权威性的机构的支持；②选择恰当的调查对象；③选择具有吸引力的调查课题；④尽量避免难以回答的问题出现；⑤使用不记名的问卷。

5. 审查整理问卷

审查整理问卷主要包括3项工作：一是对回收问卷进行审查，剔除其中的无效问卷；二是对回收问卷进行统计，计算出问卷回复率和有效率；三是对回收问卷进行一定形式的加工，如字迹不清就应填写清楚，错字漏字就应适当补齐，破损问卷能够修复的适当修复。

（五）电信调查法

电信调查法是借助电信设施按照统一的调查提问或调查问卷向被调查者提出问题，并请被调查者回答而获得社会信息的调查资料收集方法。电信调查法是在访谈调查法、问卷调查法和文献调查法等基础上的延伸，是信息技术和电信业务应用于社会调查领域的结果。

1. 电信调查法的类型

（1）电话调查法　电话调查法实际上是一种借助于电话实施的访谈调查法，与一般面对面的访谈调查法比较，电话调查法收集信息速度快、调查费用比较低、有较好的匿名性。

（2）电子邮件调查法　电子邮件调查法实际上就是调查者借助电子邮件的通信方式，向被调查者发出提问，并请被调查者回答以搜集社会信息的方法。

（3）网上问卷调查法　也称为网站问卷调查，是问卷调查法的延伸。

2. 电信调查法实施要点

（1）电话调查法的实施　一是确定抽样方法，电话调查法的抽样方法有电话号簿法、随机拨号法和综合法；二是访谈时间的限制，电话是一种适用于短时间交谈的通信工具，时间长了话费较多，容易使人厌烦。因此，每次电话访谈一般应控制在 20min 之内，最好控制在 15min 之内。此外，电话调查的实施时间最好在傍晚下班之后晚餐之前，或在晚上电视新闻联播之后。无论怎样，电话调查的实施时间应充分考虑和尊重调查对象的作息时间与生活习惯，否则，调查者的调查电话是不会受欢迎的。

（2）电子邮件调查法的实施　一是要明确电子邮件调查的类型，如果是网上访谈，则必须安排专人进行访谈；如果是问卷调查，则必须先设计好电子邮件问卷，按问卷调查法一般程序来操作；二是要建立容量较大的电子邮箱；三是要制订适于电子邮件调查的调查策略；四是要注意保存文件的备份文件，以应付电子邮件出错的情况；五是要时常关注被退回的调查问卷；六是要重视电子邮件调查中的安全问题。

（3）网上问卷调查法的实施　就是把调查问卷放到相关网站上，请网友网上填写调查问卷。比电子邮件调查法更具有优越性。调查对象是随机的，接受调查是自愿的。只要对调查的问题感兴趣，都可以参加。一般把调查问卷放到某一网站的论坛上进行网上调查。

第三节 ▶ 农业技术推广调查实施

农业技术推广调查必须按照一定的科学程序，有目的、有计划地分阶段进行，以保证调查的准确性。农业技术推广调查一般按调查准备、调查资料的收集与整理、得出调查结论（撰写调查报告）3 个阶段进行。

一、调查准备

（一）选择调查课题

正确选择课题是搞好农业技术推广调查的前提。正确选择农业技术推广调查课题应坚持需要性原则、科学性原则、创造性原则和可行性原则。需要性原则指明了农业技术推广调查的根本方向，科学性原则体现了农业技术推广调查的内在要求，创造性原则反映了农业技术推广调查的本质，可行性原则说明了农业技术推广调查的现实条件。只有全面、综合地运用这些原则，才能正确地选择调查课题。

（二）设计调查指标

调查课题选定后，在初步分析的基础上，就可以拟定调查方案。在拟定调查方案之前，应先设计调查指标。调查指标就是调查过程中用来反映调查对象的特征、属性或状态的指标，如农业劳动力人数、农业总产值、农业人均纯收入等。

调查指标的设计过程一般都是以一定的研究假设为指导，设计出一套社会指标体系，并将这个体系中的每一个社会指标具体化为若干调查指标，这就形成了一个具有层次性、系统性和完整性的调查指标体系。这就是说，调查指标的设计过程，实际上是研究假设→社会指标体系→调查指标体系的分解过程。

为了使设计出来的调查指标能准确地说明客观实际，在设计调查指标时，应坚持科学性、完整性、通用性、准确性、简明性和可行性等原则。

（三）拟定调查方案

调查方案一般应包括以下内容。

（1）调查目的　即调查所要达到的具体目的。

（2）调查内容和工具　调查内容是通过调查指标反映出来的，因此设计调查指标的过程就是设计调查内容的过程。调查工具是指调查指标的物质载体，如调查提纲、表格、问卷、各种量表和卡片等。

（3）调查区域　即调查在什么地区进行，在多大的范围内进行。

（4）调查时间　即调查在什么时间进行，需多长时间完成。

（5）调查对象　是指实施工作的基本单位及其数量。

（6）调查方法　包括收集材料的方法和研究资料的方法。

（7）调查人员的组织　包括组织领导、参加人员和协作人员等。

（8）调查经费的计划　包括经费预算、经费来源、重点支出和审计要求等。

（9）调查工作的安排　包括制订调查计划、收集资料、访问座谈、分析研究、确定调查结论等工作环节的安排。

二、调查资料的收集与整理

（一）收集调查资料

农业技术推广调查应收集利用两种资料：一种是第一手资料，即调查人员直接在实地观察、记录和收集的资料；另一种是第二手资料，即由他人收集并经过整理发表的资料，如国民经济统计资料、气象资料、土壤普查资料等。

资料收集过程时调查人员按照调查方案和调查提纲与调查对象接触，相互交往、相互影响的过程。应特别注意资料收集的质量，收集到的资料的系统性和全面性是非常重要的。资料收集过程中，要把研究对象当作系统总体对待，以便达到收集资料的系统性要求。调查人员要对研究样本的每个问题、每个问题的各个细节及其同周围事物之间的关系加以研究，按照细节要求进行资料收集，从而保证收集到系统的资料。要做到资料收集的全面性，就应该按照取样要求，围绕与样本有关的调查项目，逐项地、不厌其烦地收集资料，在掌握大量、全面资料的基础上，才能统观事物的全貌。间接资料，应该注意收取旁证。收集资料要随时记录，避免遗漏和资料散失。

不仅要收集文本资料，也要收集其他载体的资料。有时还要收集实物的标本，或者对实物进行拍照、录像等。

（二）审核调查资料

审核调查资料就是指对原始资料进行仔细探究和详尽考察，看其是否真实可靠和符合要求。其目的主要是消除原始资料中的虚假、差错、短缺、冗余等现象，以保证资料真实、可信、有效、完整、合格，从而为进一步整理分析打下基础。审核时要特别注意资料的完整性、真实性、可靠性和科学性。

1. 完整性

完整性是指调查资料齐全完整。在审核资料的完整性时，应对在调查问卷或调查表格逐项检查审核，看是否有缺项或遗漏。如有缺项或遗漏，应设法补齐。

2. 真实性

资料的真实性审核也称信度审核，是指通过对资料进行逻辑检验以判明调查所得的资料是否符合实际情况、资料中有无相互矛盾的地方。对资料本身的真实性审核，一般选用以下几种方法。

（1）根据已有的经验和常识进行判断　审核中一旦发现与经验、常识相违，就要再次根据事实进行核实。

（2）根据资料的内在逻辑进行核查　如果发现资料前后矛盾的地方或违背事物发展的逻辑，就要找出问题所在，剔除不符合事实的材料。

（3）利用资料间的比较进行审核　如果资料是用多种方法获得的，既有访谈资料，又有文献资料及观察资料，就可以将这些资料进行比较，看有无出入，以判断真伪。

（4）根据资料的来源进行判断　当事人反映的情况比传说的情况更可靠，引用率高的文献比引用率低的文献更可靠。

3. 可靠性

可靠性也称为准确性。资料内容的可靠性审查也称效度审核，是指在一个不太长的时间间隔内，对同一个调查对象前后调查所得资料的一致性程度进行审核。如果在不太长的时间内，两次或多次调查同一调查对象，得到的结果大致相同，就可以说它的可信度高。反之，两次调查或几次调查中有比较大的差异，则可信度就可能较低。对调查资料可靠性的审核，一方面是要审核收集到的资料符合原设计要求及对应分析所研究的问题有效用的程度，对于那些离题太远、效用不大或不符合要求的资料要予以剔除。另一方面是要审核调查资料对于事实的描述是否准确，特别是有关的事件、人物、时间、地点、数据等要准确无误，切忌事实资料含糊不清、模棱两可，数据资料笼统模糊。可靠性审核一般有以下3种方法。

（1）核对法　依据可靠的、权威的相关资料或以往的实践经验，与调查资料的内容进行对照、比较，以发现或纠正调查资料中的某些差错。如果发现调查资料中有明显违背可靠资料、科学原则或实践经验的地方，那么就应重新进行调查或核实。

（2）分析法　是根据调查资料所反映的情况与问题进行内在的逻辑分析，审核其是否合乎情理、是否夸大其词、是否自相矛盾、是否含糊笼统，以发现资料中的疑点和破绽。如果发现调查资料的内容前后矛盾，或者违背事物发展的客观规律，那么就应剔除那些不符合事实的资料，必要时还要进行补充调查。

（3）复查法　是对调查资料所反映的情况再以小范围验证的方式进行直接的实际调查，以检查资料的真实性与准确性。这种方法一般只用于审核关键性的调查资料。

4. 科学性

科学性是指收集的资料是否违背科学原则。如审核研究资料是否有可比的基础，计算方法是否有误，资料收集是否按设计要求进行等。

（三）整理调查资料

通过调查所获得的资料是分散的、零星的，只能反应研究总体的个别样本情况，而不能系统地、集中地、全面地、真实地反映研究对象的总体情况。一般把围绕研究总体收集到的素材，叫作原始资料。对原始资料进行加工，使之条理化、系统化，从而获得能够反映总体特征和内在规律的综合性资料。通常把原始资料加工成综合总量的过程，叫作资料整理。

调查资料主要分为数字资料和文字资料两种。数字资料整理与文字资料整理有所不同，加工时需要按统计分析的要求进行。因此，在制订研究计划时，就应考虑资料整理的要求。

1. 文字资料整理

文字资料包括开放性问卷的文字资料、调查中的各种原始谈话记录、座谈会纪要、观察记录资料以及有关的文献资料等。文字资料整理的程序如下。

（1）审查补充　审查调查资料是否系统完整、准确可靠，发现问题及时进行补充调查，将资料补全。

（2）分析归纳　主要是将各种类型资料归纳在一起，整理出比较完整系统的资料。

（3）摘录提要　对于各类文字资料，要区别主次，精选内容，进行摘录整理。

（4）加注说明　对文字资料的整理要特别注意加注说明。要注明调查时间、地点、范围、方法以及调查者姓名等。

2. 数字资料整理

（1）校正　按照调查计划或表格，检查所得的资料是否有遗漏之处、错填之处，检查收集到的资料是否具有科学性和可靠性，如发现问题，应及时予以校正。

（2）分组　数据资料的分组整理，就是按照一定标志，把调查所得的数据资料划分为不同的组。分组的目的在于了解各组事物或现象的数量特征，考察总体中各组事物或现象的构成情况及依存关系等。对数据资料进行分组的一般步骤是：选择分组标志、确定分组界限、编制变量数列。

（3）汇总　数据资料的汇总就是根据研究目的，把分组后的各种数据（标志值）汇集到有关的表格中，并进行计算和加总，以集中、系统地反映社会调查对象总体的数量情况。数据资料汇总的目的一是初步了解数据的分布情况；二是为深入统计分析做准备。汇总形式分逐级汇总和集中汇总两种。汇总方法一般有手工汇总、机械汇总和计算机汇总等。

（四）制表和图示

数字资料汇总后，为了更加集中、系统、鲜明地反映事物的本质，一般需要进行制表和图示。

1. 制表

经分组、汇总、整理好的统计资料，按一定的规则，清晰、明确、系统地用表格表达出来，这种表格称为统计表。统计表具有完整、简明、系统、集中的特点，而且便于计算、查找和对比。统计表的结构从形式上看，由标题、标目（包括横标目和纵标目）、数字、表格注释等要素组成。

统计表按照主次分组不同，可分为简单表、分组表和复核表三种。简单表是一种常用统计表，未按任何标志对总体加以分组一般无法反映事物的内在联系；分组表是一种按某一标志对总体加以分组的统计表，可以揭示不同类型现象的数量特征，研究调查对象总体的内部结构，分析现象之间的相互关系；复核表是一种按照两个或两个以上标志对总体加以分组的统计表，复合表可以把多种标志综合起来，从不同角度反映社会现象的不同数量特征。

2. 图示

在统计学中，把利用统计图形表现统计资料的方法叫作统计图示法。统计图具有直观、形象、生动的特点，易显出社会现象的规模、水平、发展趋势、相互依存的数量关系、同类指标之间的对比关系，因此统计图也是表现数字资料的一种主要形式。

统计图按其表现形式的不同，可分为几何图、象形图和统计地图 3 种类型。几何图就是利用点、线、面来表示统计资料的图像。象形图就是按照调查对象本身的事物形象来表示统计资料的图形。统计地图就是以地图为底景，用线纹或象形来表现统计资料在地域上分布状况的图形。

统计图一般采用直角坐标系，横坐标用来表示事物的组别或自变量 x，纵坐标常用来表示事物出现的次数或因变量 y；或采用角度坐标（如圆形图）、地理坐标（如地形图）等。按图尺的数字性质分类，有实数图、累积数图、百分数图、对数图、指数图等，其结构包括图名、图目（图中的标题）、图尺（坐标单位）、各种图线（基线、轮廓线、指导线等）、图注（图例说明、资料来源等）等。

（五）统计分析

统计分析就是运用统计学原理对调查总体进行定量研究、判断和推断，以揭示事物内部数量关系及其变化规律的一种逻辑思维方法。

对于数字资料，可以应用数理统计方法对样本进行数量分析（主要有统计分析法、系统分析法、定性定量分析法、因果分析法、比较分析法、典型分析法和趋势分析法等），揭示其数量特征，再用文字加以简要地概括和解释。

对于文字资料，可以应用归纳、比较、推理的逻辑学原理，对收集的样本资料加以分析，找出各样本间共性、个性，以及彼此之间的内在联系和因果关系，确切地反映出研究对象的全貌和本质。

三、撰写调查报告

调查报告是反映调查研究情况和成果的一种报告性文件，系统地介绍调查研究的目的、方法、过程和结论，是调查研究成果的集中体现，因而调查报告的写作是整改调查研究工作中十分重要的一部分。随着农业调查研究工作的广泛和深入开展，调查报告在农业科研、管理和推广工作中的作用将越来越重要。调查报告的质量将直接关系到调查成果质量的高低和对社会作用的大小。要撰写好调查报告，就必须了解调查报告的类型，掌握调查报告的结构、写作方法及写作过程中应注意的问题。

（一）调查报告的类型

由于内容、性质和作用不同，调查报告的类型也不相同。在农业技术推广工作中采用较多的有以下 3 种类型。

1. 基本情况调查报告

这类调查报告的作用主要是认识社会现象、了解社会问题、把握社会命脉，通过对调查资料的归纳，认识事物的特点和规律。在研究某个问题、做出重要决策、处理重大事件之前，一般先要调查基本情况。这类调查报告注重全面情况的调查，着重对基本情况和主要事实进行具体说明，分析和议论很少，重视原始材料的统计分析和引用材料的翔实。

2. 典型经验调查报告

如某一地区、某一单位、某一企业，在贯彻落实党和国家的各项方针政策过程中，或在日常的思想政治、经济建设、科学教育等方面，或是在某项工作所取得的成绩取得了突出的成绩，为了把他们的具体做法和成功奥秘反映出来，可以对其进行专题调查。

3. 理论研究调查报告

理论研究调查报告一般分为专题研究调查报告和综合研究调查报告两种。无论专题研究还是综合研究，都是从客观实际出发，通过对有关问题进行系统周密的调查研究，得出科学结论。一方面为制定正确的方针、政策和措施提供可靠的实际材料和理论依据；另一方面又为贯彻中央的方针、政策做理论上的说明，达到宣传方针、落实政策的目的。

（二）调查报告的结构与写作方法

农业技术推广调查报告除标题外，一般由三部分构成，即前言、正文和结尾。

1. 前言

前言是调查报告的开头部分，一般用来介绍调查的对象、范围、经过、目的等，是概括全文的内容和主旨，或是对基本情况的说明，给人以概括性的了解。前言写的好坏，对于激发读者的兴趣具有重要作用。一般来说，前言有以下几种写法。

（1）宗旨直述法　即在前言中着重说明调查工作的具体情况。这种写法有利于读者了解进行调查工作的主要宗旨和基本精神，因此是一种常见的前言写作方法。

（2）情况交代法　即在前言中着重说明调查工作的具体情况。这种写法有利于读者了解进行调查工作的历史条件和调查研究过程中的具体情况，多用于比较大型的调查报告。

（3）提问设悬法　即在报告的开头首先提出问题，给人设下悬念。这种故设悬念的写法，增强了调查报告的吸引力，常用于总结经验和揭露问题的调查报告。

（4）结论前置法　即在前言中先将调查结论写出来，然后在调查报告的主体部分中去论证。这种写法开门见山，使读者对调查报告的基本观点一目了然，也是一种较为常见的前言写作方法。

2. 正文

正文是调查报告的主体部分，不同类型调查报告的正文写法各异。

（1）基本情况调查报告的写法。一般是根据所分类别将问题逐一说明。常见的基本情况的分类方法，除按时间、地点、单位、部门的特征分类外，还常常按事物的性质、特点、意义、作用、原因、发展趋势、存在的问题等分类，这是一种逻辑分类法。有时一篇调查报告只涉及其中一个问题，或仅介绍特点，或仅介绍意义，这时则需要对特点或意义从几个方面进行说明。

（2）典型经验调查报告的写法。如果是总结正面的经验，一般是先谈基本情况和取得的成绩，然后总结经验，分析原因；如果是揭露问题的调查报告，正文一般可分为存在的问题和产生问题的原因两个部分。

（3）理论研究调查报告的写法。正文很灵活，应根据主体的需要，同写论文一样，按照理论的逻辑结构安排文章各个部分的顺序。

正文各部分有时用小标题，有时用序号；还有不用小标题，也不用序号，首尾相连，一气贯通的写法。

3. 结尾

结尾一般用来总结全文。调查报告的结尾常常用来指出存在的问题和不足，提出建议和设想，说明影响和群众反映，指明前进的方向等。结尾也有略写、详写或独立为正文的一个部分等3种写法，也有的不用结尾，文章随正文结束而结束。

（三）撰写调查报告应注意的问题

1. 进行深入细致的调查研究

调查报告是调查者站在正确的立场，运用正确的方法，对调查所得的大量事实的综述和评价。所以，搞好调查研究是写好报告的基础。要做好调查研究需做如下工作：一是列好提纲，做好准备；二是选好典型，具体剖析；三是周密调查，深入研究；四是坚持"去粗取精、去伪存真、由此及彼、由表及里"，把感性材料上升到理性高度。

2. 提炼明确的富有指导意义的主题

主题的提炼要努力做到正确、集中、深刻、新颖和对称。正确是指主题要如实反映客观事物的本质和规律；集中是指主题要突出，要小而实；深刻是指要深入揭示事物的本质；新颖是指主题要有新意，要在前人研究的基础上有所发展；对称是指主题要与材料、观点相平衡。

3. 科学恰当地选用素材

调查报告最基本的要求是用事实说明问题。对调查所得的大量材料，一是选取具有普遍意义、反映事物本质特征的典型材料；二是运用好写作技巧，科学恰当地安排和运用材料，发挥材料的巨大说服力。

在选用材料的写作技巧上常用以下 5 种方法：①用一个完整的典型实例说明一个观点；②用一种排比材料从不同角度说明一个观点；③用新旧、正反、成败等方面的对比材料说明观点；④用反映总体情况的综合材料与某些具体的典型材料结合阐明观点；⑤在报告的关键部分，采用少量经过加工提炼的生动、形象、准确、简练的群众语言印证观点。

4. 做好材料的结构安排

提炼好主体、确定了说明主题的材料后，还要注意所用材料的结构安排。一般有纵式结构、横式结构、因果式结构三种。纵式结构就是按照事物发展的历史顺序和内在逻辑来叙述事实，阐明观点；横式结构就是把调查的事实和形成的观点，按其中性质或类别分成几个部分，并列排放、分别叙述，从不同的方面综合说明调查报告的主题；因果式结构是以材料的因果关系为次序安排材料。

案例

农业科技推广应用状况调查报告

某县是一个以粮食生产为主的农业县份。近几年，粮食产量始终在低水平徘徊，水稻亩产难以继续稳定增产，而且粮食品质不优，市场价格不稳，经济效益不高。为此，县政府组织相关部门，深入全县 8 个乡镇、部分村（屯），通过走访农户和科技人员，采取调查问卷及座谈讨论等形式，就该县农业科技推广应用情况进行了广泛深入的调查。

一、基本情况

该县属第三积温带，年活动积温在 2300～2500℃，无霜期 120 天左右，境内有大小河流 27 条，小型水库 8 座，塘坝 820 座，沼泽 275 个，水资源比较丰富，发展水稻生产有着得天独厚的自然条件。该县是以水稻生产为主的农业县份，水稻是农民收入的主要来源。该县现有耕地面积 143 万亩，其中水田 92.9 万亩，水稻总产达到 4.1 亿千克，占全县粮食总产的 85％。水稻生产以综合配套技术为主体。全县大中棚育苗面积占整个育苗面积的 75％以上，机械插秧面积占水稻插秧面积的 60％，机械收割占总收割面积 75％以上。全县水稻单产 415kg/亩；90％以上的品种都采用优质米品种如沙沙泥、富士光等，实现了增产增收；大豆主要采用垄三栽培方法。大豆是该县第二主栽作物。大豆垄三栽培方法，即垄体垄沟深松，分层深施肥、垄上双行精量点播。比普通栽培平均每亩增产35kg，增加经济效益84元。同时施入防治大豆重迎茬药剂，大力发展大豆小垄密植，即45cm小垄垄上双行每公顷保苗在35万株左右，成为大豆增产的又一途径；青贮玉米生产取得明显成效。通过通透栽培，玉米产量由过去的亩产400kg增加到600kg，为发展畜牧业生产奠定了基础；近年来，县农技推广中心投入150多万元资金和设备，健全完善了土壤化验室，增添了大量土化设备，为农民测土配方，平均每亩地水稻可节省化肥5kg，增加产量40kg，亩节本增效80元。

二、存在的问题及原因

（一）存在科技贡献率低、科技应用普及率低

由于大部分农户不懂得运用科技进行经营，因而造成科技在农业中的贡献份额较低。在对农户调查中发现，有接近70%的农户在生产经营中仅依靠老经验、老传统进行耕作，有20%的农户能借助或简单应用农业科技进行经营，只有10%的农户才基本掌握农业科技，这部分农户大多都是经营大户，在科技方面受益较大。在水稻生产方面，据调查，全县约有10%农户育苗操作跑粗，在这个环节造成减产约67kg/亩；有20%的农户施肥方法不正确、不科学，在这个环节造成减产约100kg/亩；不能合理利用水源进行科学灌水的农户约占20%，造成总产量降低30%，减产约105kg/亩。

主要表现在：一是育苗及苗床管理不规范。部分地块还存在着小棚育苗，苗长势弱，根系不发达，边苗浪费多，不适合机械插秧，不便于施肥和浇水；播量过大，育不出壮苗；苗床管理不及时，造成立枯病，青枯病发生。二是施肥管理不科学。氮肥施用过晚，一次投肥过多，既浪费肥料又对作物生长不利。应用测土配方施肥农户少，农民盲目投入过大；三是水稻选种比较杂，很难保证质量；四是病虫害防治存在侥幸心理，重"治"不重"防"，没有抓住最佳防治时期；五是农业水利基础设施薄弱，抗自然灾害能力差，农业生产风险依然存在。六是农机发展不平衡，机与具的配套不合理，耕地的整体深松没有得到很好解决。

（二）科技推广工作存在面上大、作用小的问题

经了解，该县农业科技推广应用的渠道主要有县乡政府行政性推广、有关部门服务性推广、村级组织针对性推广和民间以销售农资为目的的营利性推广四种渠道。几年来，该县采取每年农闲季节举办各种科技培训班、创办农民技术学校、举办农技电视专题讲座等办法，给农民增收提供了有效帮助。但在具体培训推广中，却暴露出许多不尽人意的问题。一是科技培训效果不佳：个别乡镇领导重视不够，个别村委会为农民服务意识不强，参加培训的农户较少，影响了农业技术成果的转化。二是农技知识更新慢：推广方式比较单一，农技咨询服务和田间地头指导不够。三是阵地作用发挥不够好：有的农村"一校两室"以及远程教育流于形式，没有真正发挥作用。

知识归纳

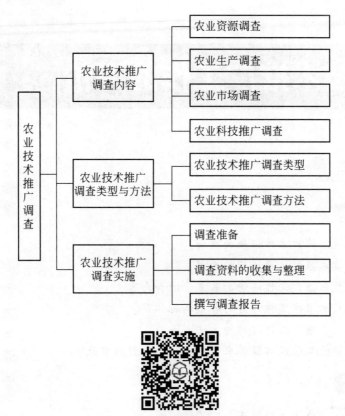

自测习题

第十章

农业技术推广工作的评价

知识目标 ▶▶

◆ 理解农业技术推广工作评价的概念。

◆ 了解农业技术推广工作评价的原则。

◆ 掌握农业技术推广工作评价的基本步骤和内容。

◆ 理解农业技术推广工作评价的各个指标体系。

◆ 掌握农业技术推广工作评价的方法。

◆ 了解过程评价与管理对提高农业技术推广绩效的贡献。

能力目标 ▶▶

◆ 能解释不同评价方法的优点和不足。

◆ 能应用不同的指标体系对农业技术推广工作做出评价。

农业技术推广工作评价是衡量农业技术推广项目绩效的重要手段，它是应用科学方法，对推广工作进展和成效进行评价，即依据推广工作目标、产出和活动及其衡量标准，对推广工作的各个环节进行核查和考核，以便了解和掌握推广工作是否达到了预定的目标或标准，进而确定推广工作的成效，并及时总结经验和发现问题，以期不断改进和提高推广水平的工作。因此，农业技术推广工作评价是推广工作的重要组成部分，也是进行项目管理的重要手段。

第一节 ▶ 农业技术推广工作评价的概述

一、农业技术推广工作评价的基本内涵

从现代发展学视角来看，农业技术推广工作评价包括监测与评价两个方面的内容，即过

程评价和结果评价。监测是指在项目计划的基础上，系统观察项目的实施、作用或影响、整体工作框架运行和外部条件状况，并记载有关的资料和数据；评价是对照项目的准则和目标，对监测所得到的数据、资料进行项目评价。它包括：对项目的预期和实际状况进行系统比较，对目标的拟合和偏离情况进行评价，从而为项目调控和措施的改进提供决策的依据。

监测和评价过程包括两个循环，其一是指通过对活动过程连续性监测和对活动效果的评价，将得到的信息反馈到项目计划阶段，用于指导下一周期活动计划的过程；其二是参与的角色群体通过对项目活动过程和结果的评价，将评价的结果信息通过信息反馈体系反馈到问题确认阶段，以检验确认问题的正确性及其后系列过程的合理性，为行动计划的制订提供信息和依据。

综合各个机构对监测评价的定义以及近年来对监测评价认识的发展趋势，可以将监测评价的性质概括为：①监测是一种微观管理手段，它具有两个明显的特征，一是检查项目等的投入、产出、进度、效益等短期目标是否与规划或预期的目标一致，二是监测本身的执行过程又是一个评价的过程，通过不断及时地总结前进过程中的经验教训，提出改进意见和办法。②评价是一种宏观管理工具，通过分析监测到的数据和信息，并结合其他信息定期地评测项目、计划或政策等产出的相关性、表现和影响等，以便改进宏观管理，优化资源配置。

二、农业技术推广工作监测与评价的区别与联系

虽然监测与评价都是项目管理的重要手段，但二者之间具有重要的区别与联系。

其主要区别表现在：①工作目标的区别。监测是项目执行的耳目，是对项目执行实行全面的监督检查，以便发现问题，及时研究解决。监测的目标是确定项目是否按照计划的程序在进行，确定受益者的初步反应是否与原来设想一样；评价的目标在于判断项目等的效果和影响是否达到了或正在达到预定的目标，同时为总结、修正和完善新的项目等提供借鉴。②工作内容的区别。一般来说，项目等的监测工作着重于其执行过程中的完成情况及存在的问题，而评价着重于其执行后所产生的效果。也可以说，监测是保证项目取得预期效果和发生预期影响的重要手段；评价则是以监测提供的数据为依据，结合实地调查及其他来源的有关执行区的社会经济发展和统计资料来识别和解释项目等执行所产生的效果和影响。

其联系表现在：①二者均是重要的项目管理手段和管理信息系统的重要组成部分。②二者均需要收集项目等执行过程中的投入、产出、进度、效果、影响等方面的信息，并与目标比较，评定其利弊得失。二者在确定收集指标、分析方法和信息传递及反馈信息方面非常类似。③二者的目的均在于发现问题并总结经验教训，改进项目等执行和决策方式、方法，优化资源配置，提高效益。④执行监测和评价的组织形式相似，尤其在基层基础上是由同一个机构在执行。

因此，项目监测和评价都是项目管理必不可少的重要工具。监测更着重于过程，是一种微观管理手段；而评价则更着重于结果，重点在于为宏观决策服务。

第二节 ▶ 农业技术推广工作评价的原则和基本步骤

一、农业技术推广工作评价的作用

正如前面介绍的，评价是对照项目的准则和目标，对监测所得到的数据、资料进行项目评价。它包括对项目的预期和实际状况进行系统比较，对目标的拟合和偏离情况进行评价，从而为项目调控和措施的改进提供决策的依据。以便总结过去，肯定成绩，找出差距，调整方略。具体来讲，农业技术推广工作评价的作用体现在以下几个方面。

1. 认可的作用

评价可以评定农业技术推广工作完成的状况，通过专家或政府认可的方式对项目预期总目标、阶段目标、组织功能、推广方式（方法）、效益（经济、社会、生态）和工作成绩等方面的成果给予认定。

2. 学习的作用

通过对推广工作的评价，透视整个推广工作中的问题和成绩，可以从中汲取经验和教训，实现知识的融合，并为将来项目的实施与管理奠定理论和实践基础。因此，推广工作的评价实现了从"实践-反思-理论"的学习过程，也即实现了发展学中提出的新的学习进程。

3. 强化责任的作用

评价工作可以明确项目相关利益群体的责、权、利，明确哪一级任务应该由谁负责，推广工作满足了哪些目标群体的利益，工作方式是否使受益人的利益得到持续保障。同时，可以剖析推广工作中教训和经验的成因，帮助推广人员端正服务态度，提高工作能力和改进工作作风。

4. 决策的作用

评价所掌握的资料可作为农业技术推广项目管理及项目相关利益群体共同确认的问题，改进措施，修订计划，调整决策，重新拟定资源分配方案的基础。因此，通过推广工作的评价，可以形成政策层面、项目管理层面和项目实施层面上决策的支持依据，从而提高决策的合理性和科学性。

5. 提高推广绩效的作用

农业推广工作评价通过改进决策方式、增强责任感和学习作用的发挥，可以实现不同层面利益相关者的能力建设过程，并增加其使命感和责任感，从而提高农业技术推广工作的绩效。如评价可窥视到农民对推广内容的态度和行为改变的程度，便于发现处于萌芽状态的好与坏的苗头，加以发扬或纠正，使推广工作顺利开展。可以检查推广计划的合理性和可行性，为未来的推广项目计划和技术更新提供依据，并确定正在进行的项目是否继续进行。

二、农业技术推广工作评价的原则

农业技术推广工作是一项综合性的社会工作，随着时间的推进，农业技术推广工作涉的领域也不断地增加。以农业技术推广项目为龙头的农业技术推广工作必然会对区域经济、社会发展起到促进作用，所以农业技术推广工作评价需要遵守一定的原则，具体包括以下几个方面。

1. 全面分析原则

要以国家农村经济与农村社会发展战略目标为依据，以近期目标为重点，从不同视角（经济、社会、生态），不同层面（农户、社区、乡、县等）对推广项目和推广工作进行分析评价。考虑项目实施给当地自然环境、社会环境和经济环境带来的变化及影响，尤其是社会效益、经济效益和生态效益能否统一，整体效果如何。

2. 以人为本原则

需要强调的是，从社会学视角需要关注推广项目和推广工作对不同人群产生哪些影响和不同人群对推广项目和推广工作的评价，其对社会公平、组织发展、治理的有效性，以及对缓解贫困、增加就业、改善生计等方面的影响。如农民、地方政府、研究工作者、推广工作者和项目管理者对推广工作的评价和项目对其产生的直接和间接影响。

3. 实事求是原则

在推广工作评价的整个过程中，参与评价人员必须认真了解评价对象的各个方面，对所获第一手材料进行实事求是的分析、鉴别、比较。要客观地、实事求是地评价推广项目和推广工作的成绩，不能主观地加以夸大或缩小，更不能弄虚作假。对试验、示范的数据要认真核实，评价的指标体系要力求合理，评价结果公正、公平、科学、合理。

4. 可比性原则

有比较才能有判断。对农业技术推广工作的评价，只有通过一定的比较才能做出结论。但互相比较的两个或多个事物，必须有可比性，这样的评价结果才有说服力。如在进行新技术推广效益评价时，常以新技术与对照技术（当地原有技术或当前大面积推广技术）进行效益比较。在进行两者的比较时，注意资料的来源、统计口径和比较的年限应一致等。同时，所比较的事物应该是同类技术。就玉米产量目标而言，不同品种间可以比，不同的施肥水平间可以比，但要求除了比较要素外，其他要素具有系统的一致性。

5. 统筹兼顾原则

农业技术推广工作的评价，要兼顾宏观评价与微观评价。宏观评价反映推广工作的一般性，微观评价反映推广工作的特殊性。同时，要将定性指标与定量指标相结合。从感性和理性两个方面进行评价，如果可能，尽量用定量的指标说明问题。

三、农业技术推广工作评价的步骤

农业技术推广工作评价的步骤是依据具体工作的性质而制订的，主要包括以下几个方面。

（一）确定评价对象

根据农业技术推广项目设计的主要活动、产出、影响和项目目标，由评价人员对项目实施所引发的系列影响因素进行分析评价，确定项目设计与项目实施过程发生的变化，及其可能波及的范围，以及时间、空间距离。评价对象一般包括：项目活动内容、项目组织与管理、项目影响、推广方式（方法）和资源利用等方面。

（二）选择评价的指标

对于不同的评价领域与内容，要选择不同的指标和标准，要尽可能地列出所涉及的指标，并对指标进行量化和标准化处理，达到能正确准确地评价项目的目的。指标是用来衡量项目活动或项目产出（由一项活动导致）变化的工具，具有可测量性、可操作性、相关性和及时性的特点。评价指标体系应该包括各个层面关于效果与影响方面的定量指标和定性指标，以全面衡量推广项目的成果。

但因为不同利益相关者都有自己的评价标准，所以选择谁的指标进行评价，即评价指标体系的确定对推广工作评价的结果会产生很大的影响。如对某山区的荒山改造项目进行评价，如果以项目管理人员的指标进行评价，则认为项目实施过程完全按照项目执行标准进行的，达到 AAA 级水平；但从生态学家视角来看，荒山改造工程严重破坏了植被，导致水土流失加重；农民认为，此项目影响了他（她）们的生计，荒山改造后他们很难从自然林中获取山茶油，增加了生活支出（购买其他食用油）。

对于大多数农业技术推广项目，常用以下标准：项目合同完成情况、经费使用情况、创新的推广及其在目标群体中的分布，目标群体收入的增加及生活标准的改善及其分布状况，推广人员与目标群体之间的联系状况，目标对象对推广项目的反应评价，项目实施的经济、社会和生态效益等。对评价同一个领域，必须达到指标与标准的统一。

（三）确定评价的标准

在评价对象和指标确定后，需要进一步确定评价的标准。对于存在客观评价标准的评价指标，要力求按照已经建立的"国家参数"和"国家标准"进行分析评价。在其他情况下，要进行横向和纵向的基线调查，并将基线调查获取的信息进行分析整理，在此分析基础上才可以以其作为评价的标准。

（四）制订评价计划方案

评价人员根据评价领域和内容，在开展评价工作前，一定要拟定评价计划。在此计划中，要将评价的目的、内容、时间、地点、由谁来评价、资料收集方法、组织方法、评价方法及经费预算等方面详细列出，写成书面材料，形成文件。

（五）实施评价

农业技术推广项目和农业技术推广工作的评价一般是由相对独立的评价机构组织专家完成，评价多采用专家论证会、现场调研、现场答疑和审阅材料等方式进行，由专家组对参与评审的项目进行审核。实施评价具体过程如下。

1. 成立评价组

评价人员数量和构成应根据评价的内容而定，而且需要有一定的代表性和鲜明的层次性。评价人员一般以 5~15 人较为适宜。对大型的推广项目或者时间跨度较大的项目，可由专家先划分成多个子项目进行单独审议，然后意见汇总。评价组可由推广专家、专业技术人员及项目实施机构等构成。

2. 收集、整理、评价资料

（1）收集资料　资料收集是实施农业技术推广项目评价的基础性工作，也是为实现评价目标而收集评价证据的过程。要严格按照资料收集的调查设计方案，有目的、有方向、有重点地收集资料，保证资料收集的合理、全面和便于分析。资料收集可以通过典型调查法、重点调查法、抽样调查法、访谈法、直接观察法、问卷调查法等方法收集资料。下面仅就采用访谈法、直接观察法、问卷调查法进行介绍。

① 访谈法。调查者直接到现场面对面征求与推广项目相关的利益相关者的意见，以关键人物访谈或开座谈会的形式进行。在访谈过程中，常以半结构提纲作为信息获取的手段，并需做好信息记录。访谈的对象可以是地方政府官员、村有关领导、推广人员本身、农民或专家学者等，这是一种双向沟通和信息反馈的好方法。

② 直接观察法 这是评价的专家组成员亲临现场，对推广工作的现状、进展、成效和影响进行直观参与性观察，以获取第一手资料。如对农作物的长势、增产潜力、农民的生活水平和社会稳定发展状况等方面的观察。使用这种方法应切忌主观因素的影响。

③ 问卷调查法。根据评价的目标与内容，按照一定的逻辑设计相应的问题和与之对应的标准，制成表格标明各要素的等级差别和对应的分值，然后采用随机抽样或典型调查的方式对相关人群进行调查。问卷调查法可以采用邮寄的方式，发给有关人员征求意见，与调查对象不直接见面；也可以将其与访谈法结合，从目标群体中获取需要的信息，并进行统计分析。

（2）整理资料 在进行全面收集项目工作评价有关的硬件和软件资料之后，需要对收集的资料进行认真细致地审核、分组和汇总，这是为推广工作进行系统、科学审核做基础，这个过程叫资料的整理。资料整理的好坏直接关系到评价分析的质量和整个评价研究的结果。

资料整理的基本步骤：①设计评价整理纲要，明确规定各种统计分组和各项汇总指标；②对原始调查资料进行审核和订正；③按整理表格的要求进行分组、汇总和计算；④对整理好的资料进行再审核和订正；⑤编制评价图表或评价资料汇编。

（3）评价资料 资料整理后要对汇总资料按评价指标和标准分类填写预先设计的评价图表，并根据预先设计的评价方法，开展评价工作，形成评价结论。其评价方法很多，可以采取定性评价法、比较分析法、关键指标法、综合评分法、加权平均指数法及函数分析法等。具体采用什么方法要根据评价的目的而定，一般采用较多的是关键指标综合评分法。

（六）撰写评价报告

这是评价工作的最后一步，由专人以客观、民主、科学的态度，用文字的形式撰写评价报告，并反馈给被评价者，从而更好地发挥评价工作对推广工作的指导作用及促进信息反馈的作用。将项目的评价结果编制成评价报告，报送项目主管部门和各级地方行政部门和领导，不仅对项目的实施结果进行验收、鉴定做准备，而且能发挥评价工作对推广实践的指导作用，也作为各级管理者提出增加、修订、维持或停止项目实施的依据。目前世界很多发达国家都实行了推广评价报告制度，取得了良好的项目运作效果。例如，美国农业技术推广工作中对项目进行反应评价，编制汇报报告，以作为各级管理者提出增加、维持或停止资助推广项目意见的根据。

第三节 ▶ 农业技术推广工作评价的内容和指标体系

一、农业技术推广工作评价的内容

农业技术推广工作评价的内容是多方面的，但主要是对推广工作绩效、推广目标和工作过程的评价。农业技术推广项目工作绩效包括：社会效益、经济效益和生态环境效益评价。农业技术推广目标评价包括：对不同目标层次和对推广项目实施结果的评价。农业技术推广工作过程评价包括：农业技术推广支持服务系统运行状况，人力、财力、技术投入状况，农民知识、技能等方面的评价。

1. 对推广工作绩效的评价

（1）社会效益的评价　社会效益是指农业技术推广项目应用后对公益事业发展、农村生活条件改善、社会公平、组织发展、治理的有效性、增加就业、改善生计等方面的影响。考察其在满足人们的物质和精神生活需要，促进社会安定，提高农民素质，促进农村"两个文明建设"和社会发展的效果。

其评价内容具体包括：①农民对推广项目的态度和认识程度；②操作技能提高程度；③就业率变化；④弱势群体地位和参与度；⑤劳动力负担变化；⑥农民生计结构和生计状况；⑦教育功能发挥程度；⑧农村生活条件改善等方面。

（2）经济效益的评价　经济效益是指生产投入、劳动投入与新技术推广产值的比较。在进行经济效益评价时，首先要注意农民是否得到了好处，投入产出比是否高，比较效益是否合理；其次在评价项目总体经济效益时，还应注意推广规模和推广周期长短等因素，因为这与单位时间创造的总经济效益关系密切。

（3）生态环境效益的评价　生态环境效益是指项目推广对生物生长发育环境和人类生存环境的影响效果。对推广项目实施中所带来的生态影响评价内容包括：①自然资源（土地、水、森林、草业、生物多样性等）保护和利用状况。如因项目的实施，土壤再生产能力发生的变化；是否破坏了自然景观；是否造成水土流失；农业用水和饮用水的水源是否遭到污染等。②对环境质量的影响。如因项目的实施对项目区土壤环境，水体、空气净化的贡献，"三废"处理是否妥当，是否对当地的农业生态环境造成威胁和污染等。③资源开发利用的合理性。项目是否实现了循环经济新理念和实现的程度；是否实现了农（作物）副产物的合理开发和循环利用，节水、节能效果，有效利用当地的温、光、水和耕地资源情况等。

2. 对推广目标的评价

农业技术推广目标是实现农业发展所要达到的标准。对目标的评价，更多的是在取得实施结果后进行，以期为新的目标决策奠定基础，但也不排除有些目标评价是在计划或合同执行过程中进行的。如在支撑条件发生变化时，可以组织专家、推广人员、农民代表实事求是地对推广目标进行评价，在必要时可对原目标进行修正。目标的发展变动性决定，在某一发展时期内对目标进行调整和重新予以评价很有必要，以促进新的更高一级目标的确立。

3. 对推广工作过程的评价

农业技术推广工作过程是一个推广工作组织、农民参与的过程，及社会各机构、各力量沟通协商和利益整合的过程。涉及技术项目的试验、示范，推广方式方法的创新，农村人力资本建设，综合服务的配套等方面。

（1）对推广项目内容的评价　推广项目内容评价主要从技术的先进性、经济的合理性、生产的可行性、区域的适应性等方面权衡项目是否能达到预期的推广规模；并从农民需要程度、外部环境（政策、资金）支持、市场前景和推广机制等方面判断推广项目是否可以达到预期的结果。

（2）对推广方式方法的评价　推广方式方法是否恰当是影响推广度和推广率的重要因素。推广方式方法评价主要考虑的内容包括农业技术推广程序是否灵活，推广方式是否做到因地制宜、因人而异，推广项目发展阶段与沟通媒介选择是否适宜，不同推广方法之间是否具有互补性，大众传播的频率，参与推广活动的人数等方面。

（3）对农民知识、态度和行为的评价　这是现代农业技术推广学研究的重要内容，即评价推广项目对推广对象农民在知识层面、态度层面和行为层面产生的影响，以及分析产生积极或消极影响的原因。如评价农民在推广项目执行前后态度、行为的变化，参与项目活动的积极性等方面，并将这种变化与推广方式、方法和推广内容建立联系，为农业技术推广项目管理提供理论支持。

（4）对农业技术推广支持服务系统的评价　农业技术推广支持服务系统指推广人员、农业信息、信息传递的方式、组织结构、信息服务效果、农资供应、技术服务和产品销售等方面。评价农业技术推广项目的工作运行过程支持服务系统能否及时有效满足推广工作的需要，并在必要的情况下进行及时有效调整、资源调配、组级协调，以满足项目运行的需要。

4. 对推广项目实施结果的评价

推广项目实施结果的评价又称事后评价，一般在项目结束时对推广工作的各方面进行评价。当然，根据推广工作的需要和发展趋势，评价内容应有所侧重。在项目结束时，对管理工作进行评价也是十分必要的。

（1）对推广资金管理的评价　包括资金的筹措是否及时到位，资金的有偿使用、无偿划拨、滚动使用、资金回收、财务制度是否健全和资金管理是否公开透明等。

（2）对推广物资管理的评价　包括农用物资品种是否齐全，数量是否充足，价格是否合理，到位是否及时，采用什么方式送到农民手中，是否出现伪劣产品，使用效果如何，农用物资是否有积压，使用、保管制度是否安全等。

（3）对推广机构及人员能力的评价　包括对管理人员的组织协调作用，对该地区科技潜能（含科技人员数量、素质，科技推广经费、技术装备、外引经协等）的利用率，对参与推广工作的推广机构、推广人员的积极性、业务素质、能力素质、思想素质和团队协作精神等。同时要重视推广机构、科技人员参与科技承包活动的评价。

（4）对档案管理和农业信息服务的评价　主要包括存档是否及时、准确，资料是否齐全，格式是否标准，是否由专职管理人员保管，使用制度是否健全；信息管理人员是否经常性地进行信息加工和整理等方面。

（5）对农民行为改变的评价　农业技术推广的目的是通过一定的沟通和干预实现农民自愿行为的改变，因此有必要评价推广工作对农民个体或群体行为产生的影响。在推广评价中要关注不同类型农民行为的变化规律、行为发生的动因和诱发行为发生的外在条件，从而判断推广方式、方法的正确性，考核推广教育的近期效果和长远效果。行为改变的评价着重于知识的改变、态度的改变和技能的改变。

二、农业技术推广项目工作评价的指标体系

由于农业技术推广项目或工作涉及的利益相关者比较多，此外，自然因素、社会因素、项目资金、项目周期、项目效益的外显性等方面也都会对项目评价产生影响，所以推广项目工作评价指标体系的确定相对比较困难。因此，需要建立多视角、多层次的综合指标体系，以确保评价的科学性、准确性和公平性。从目前的农业技术推广项目工作评价来看，比较关注项目效益指标、项目影响指标、项目可持续性指标。

1. 项目效益指标

项目效益指标重点为经济效益，也包括社会效益和生态环境效益等方面，其中经济效益指标一般是通过评价项目经费、项目周期、单位面积追加成本和效益、单位面积经济回报率、项目规模之间的关系来衡量是否实现了资源优化配置和新增经济收益状况。一般情况下以经济分析指标来表示，如推广项目单位面积增产率、单位面积增加经济效益、产投比、项目总经济效益、推广年经济效益、农民收益率、项目总产值、单位面积增产值等。同时，也包括新项目推广规模起始点、经济临界值及土地生产率提高率和单位面积增产值等方面指标体系。这里仅就推广项目的产投比、新项目推广规模起始点、新项目推广的经济临界限、单位面积增加的经济效益、土地生产率提高率、新技术单位面积所增产值（量）等几种经济效益指标进行详细阐述。

（1）推广项目的产投比　推广项目的产投比是指实施某一农业技术推广项目的总产出的产值与总投入费用之间的比例，它是评价项目实施实绩的一个重要方面。如某项目实施的总产出为3000万元，总投入为100万元，则产投比为30∶1。其中，产出包括主副产品及其他收入。投入，包括资金、物资和人工的投入。这里需要强调的是，为了提高可比性，在计算时应该将所有各项换算成价值（不变价）进行比较，以提高其可比性。

（2）新项目推广规模起始点　新项目推广规模起始点＝项目推广总费用/[（项目单位面积的新增产值－项目单位面积的新增费用）×项目实施年限]。

从经济学角度分析，要求新项目实际推广规模一定要大于或等于推广规模的起始点才会具有一定的经济效益。

例如，在东北某区推广玉米模式化栽培新技术，推广总费用为10万元，预测实施两年，因新技术使用每公顷要增加500元成本，新增收入2500元，则该项目最低起始点的推广面积＝100000/[（2500－500）×2]＝25公顷。

因此，只有在项目实施规模大于25公顷，才会产生经济效益，而且面积越大效益愈大。

（3）新项目推广的经济临界限　新项目推广的经济临界限又称经济临界点，是指采用新项目的经济效益与对照的经济效益之间的比较，如果二者之比大于1或两者之差大于0，说明项目达到了经济临界点。在若干新项目都高于经济临界点的情况下，具有最大经济效益的新项目为最佳项目。

（4）单位面积增加的经济效益　单位面积增加的经济效益是指采用新技术后年总收入与总支出之差减去采用新技术之前的年总收入与总支出之差与总生产面积之比。其结果说明采用某项新技术单位面积获得的新增加的经济效益。

例如，某地有 1000 公顷水稻，采用新技术前年总收入为 540 万元，总支出为 270 万元，而采用新技术后的年总收入为 900 万元，总支出为 450 万元，则每公顷水稻每年推广新技术的经济效益计算公式为：$[(9000000-4500000)-(5400000-2700000)]/1000=1800$ 元。

（5）土地生产率提高率　土地生产率提高率指新技术推广后的土地生产率与对照土地生产率增加的百分比。与前面提到的推广某项新技术或新成果导致单位面积增加的经济效益不同，土地生产率提高率是考察因新技术或新成果的引入，导致的土地生产能力变化的指标。

例如，某地农村推广玉米新品种，采用新品种每公顷产量为 6750kg，对照每公顷产量为 4500kg，则土地生产率提高率 $=(6750/4500-1)\times100\%=50\%$

可见，以上玉米新品种的推广，使当地土地生产率提高 50%。

（6）新技术单位面积所增产值（量）　推广新技术单位面积所增产值（量）也叫新增单产值（量）。在推广实践中发现，小面积试验条件与大面积推广条件存在一定的差异，多点小区试验单位面积增产值往往高于大面积推广平均单位面积增产值。这样，在对试验数据进行分析评价时，会导致新技术大面积推广的效果比实际效果偏高。为了纠正这一偏差，引入缩值系数来解决以上问题。

缩值系数应用要点是，以多点控制试验的数据为基础，以大面积多点调查数据为比较，以单因子增产量之和不超过总的实际增产量为前提，以地、县为单位取正常年景值或 3 年平均值，将综合分析与单项考察相结合，提出了以下两种情况下的缩值系数的计算方法。

第一种情况。当地大面积增产的主导因子是所推广的成果时（其他因子为非主导因子）首先要取得在多点控制试验条件下（简称"控试"）本成果比对照（当地原有的同类型技术）所增产的数据，然后再取得大面积采用该成果多点调查的增产数据，并且在符合①控试每公顷增产量大于多点调查每公顷增产量；②多点调查每公顷增产量大于大面积应用该成果的每公顷增产量两个条件时，可用下式来计算缩值系数。

缩值系数＝大面积多点调查每公顷增产量/控试条件下每公顷增产量

单位面积增产量＝控试每公顷增产量×缩值系数

上式中，缩值系数<1，即大面积多点调查每公顷增产量（值）只能小于控试条件下每公顷的增产量（值）。从四川省农科院调查 80 项成果的计算结果来看，缩值系数取值范围在 0.4~0.9，平均范围为 0.6~0.7。

例如，吉林省东部山区推广玉米地膜覆盖栽培技术，在小面积多点控制试验下，平均每公顷增产玉米 2250kg，而大面积多点调查平均每公顷增产玉米 1800kg，求该地区推广地膜覆盖玉米技术新技术的缩值系数？

缩值系数＝大面积多点调查每公顷增产量/控试条件每公顷增产量 $=1800/2250=0.8$

第二种情况。当某地区大面积增产的主导因子不只是一个，而是两个或两个以上时，就不能使用第一种情况下的方法，而应采取"矫正系数"的方法：

矫正系数＝大面积多点调查综合应用各单因子每公顷增产量/各单因子控试每公顷增产量之和

单位面积增产量＝控试每公顷增产量×矫正系数

以上两种方法，均是以控试试验数据为基础，与自然、生态、经济及技术类型基本相同的地区大面积多点调查的数据相比。控试是指按科学的设计方案在严格控制的可比条件下，在不同的自然经济区域选择有代表性的点进行的新旧成果（技术）的对比试验。大面积多点调查是指在大面积推广运用新成果的地区，选择若干有代表性的点进行新旧成果技术经济效果的对比调查，其数据必须准确可靠，点次要多，且有代表性和可靠性。

2. 项目影响指标

项目工作的影响指标包括直接影响和间接影响两个方面，直接影响是因项目实施和项目工作的开展产生的影响，具有近期可观察性特点；而间接影响是在直接影响的基础上产生的影响，具有长期预见性特点。具体内容包括经济影响、社会影响、生态影响等方面。

（1）经济影响　对农业技术推广工作产生的直接经济影响评价的指标，前面已经进行了详细的阐述。对农业技术推广工作产生的间接经济影响评价的指标，主要是从整个项目工作对国民经济的影响，以及对就业、资源分配公平性、农业科技成果转化及农业科技进步的贡献率等方面的指标来表示。

（2）社会影响　对社会影响的评价主要集中在项目对实现国家各项社会发展目标方面的贡献，定性指标包括：项目工作对社会环境改善的影响和对合理利用自然资源的贡献，如体现人文关怀、促进社会公平、人力资本建设等方面。

（3）生态影响。主要包括项目对自然和生态环境改善的影响，如抗灾自救的能力；项目对自然资源合理开发利用的贡献，如对草业资源、作物生产副产物、土地资源和水资源等利用的合理性；项目对社会经济的贡献，如在分配、就业、技术进步和资源配置方面的作用。

3. 项目可持续性指标

受国际发展项目的影响，项目工作的可持续性指标日益受到社会的关注，这也是对国际发展援助成效反思的结果，即在外界的项目干预结束后，项目区目标群体或受益者能否继续保持项目所带来的好处，包括项目管理制度和政策的可持续性、目标群体参与的积极性、资源分配的公平性。同时，也是考察项目工作对人力资本建设的贡献，如通过项目干预，是否提高参与者或受益人的自我发展、自我管理的能力，及对增强地方机构利用项目经验解决发展问题能力的贡献程度。

例如，贵州某村庄得到加拿大国际发展研究中心资助的社区发展项目，项目期为 3 年，目标人群为整个村庄的农户。在贵州农科院和当地乡政府的组织协调下，确立了农户引自来水项目，并制订详细的项目计划和管理办法。而且，建立了农民的自我管理小组。5 年之后，资方和项目实施方对项目工作进行后评价，其关注的就是项目的可持续性指标，并从项目管理的角度进行推进。

项目工作的可持续性的衡量指标体系包括定性指标和定量指标两个方面。

常用的定性指标包括：项目推广后对社区人力资本建设的影响，对社区对外交往渠道的影响，农村人际关系（如道德修养水平、农民之间关系的密切程度、交流的机会、与外界联系频度、信息来源及信息量等方面）的变化，项目推广后农村文化、生产及生活（如劳动强度、食物结构、交流机会、科技小组的建立等方面）的变化。

常用的定量指标包括：推广项目对劳动力的吸引率、对辅助劳力的容纳率，对社区稳定的提高率，对农民生活水平的提高率等方面内容。

三、推广成果综合评价指标

1. 推广程度指标

（1）推广度　推广度是反映单项技术推广程度的一个指标，指实际推广规模占应推广规模的百分比。推广规模指推广的范围、数量大小。实际推广规模指已经推广的实际统计数。应推广规模指某项成果推广时应该达到、可能达到的最大局限规模，为一个估计数，是根据某项成果的特点、水平、内容、作用、适用范围，与同类成果的竞争力及其与同类成果的平衡关系所确定的。多项技术的推广度可用加权平均法求得平均推广度。

推广度在0~100%之间变化。一般情况下，一项成果在有效推广期内的年推广情况（年推广度）变化趋势呈抛物线，即推广度由低到高，达到顶点后又下降，降至为零，即停止推广。依最高推广率的实际推广规模算出的推广度，为该成果的年最高推广度；根据某年实际规模算出的推广度，为该年度的年推广度；有效推广期内各年推广度的平均，称该成果的平均推广度，也就是一般指的某成果的推广度。

（2）推广率　推广率是指推广的科技成果数占成果总数的百分比，是评价多项农业技术推广程度的指标。

例如，假设吉林省某农业科研单位在"十二五"期间共取得农业科技成果721项，其中可推广应用的成果为680项，已推广的成果为310项，则推广率为：

（已推广的科技成果项数/总的成果项数）×100%＝（310/680）×100%＝45.59%

因此，该吉林省农业科研单位在"十二五"期间的科技成果推广率为45.59%。

（3）推广指数　因为成果的推广度和推广率都只能从某个角度反映成果的推广状况，而不能全面反映某地区、某部门在某一时期内的成果推广的整体状况。为此，引入"推广指数"作为同时反映成果推广率和推广度的共同指标。推广指数可以较全面地反映成果推广状况。因此，推广指数为综合反映成果推广状况的指标。推广指数是推广率与推广度乘积的算术平方根。

例如，某省在2006~2015年期间培育或引进玉米新品种7个。据调查统计得知，各品种的年最高推广度和平均推广度分别为：

玉米品种代号	A	B	C	D	E	F	G
年最高推广度/%	19.0	25.0	56.0	70.0	9.5	35.5	46.0
平均推广度/%	8.5	16.5	47.8	52.0	3.5	27.6	37.7

求该省2006~2015年期间玉米新品种的群体推广度、推广率及推广指数（以年最高推广度≥20%为起点推广度）。

群体推广度＝（8.5＋16.5＋47.8＋52.0＋3.5＋27.6＋37.7）/7＝27.7%

推广率＝（已推广成果数/科技成果总数）×100%＝5/7×100%＝71.4%

$$推广指数＝\sqrt{群体推广度×推广率}＝44.5\%$$

（4）平均推广速度　平均推广速度是评价推广效率的指标，指推广度与成果使用年限的比值。

平均推广速度＝推广度/成果使用年限

2. 推广难度指标

根据推广收益的大小、技术成果被技术的终级用户采纳操作的难易程度、推广收益的风险性及技术推广所需配套物资条件解决的难易程度，把农业科技成果推广的难易度分为三级。

Ⅰ级：推广难度大。具以下情况之一者均为Ⅰ级：①推广收益率低；②经过讲述、示范或阅读等技术操作资料后，仍需要正规培训和技术人员具体指导技术采用全过程；③技术采用成功率低；④技术方案所需配套物资或其他条件难以解决。

Ⅱ级：推广难度一般，介于Ⅰ、Ⅲ之间。

Ⅲ级：推广难度小。全部满足下列情况者可视为Ⅲ级：①推广收益率高；②经过讲述、示范或阅读等技术操作资料后，即可实施技术方案；③技术采用成功率高；④技术方案所需配套物资或其他条件容易解决。

3. 农业技术推广工作综合评价指标体系

推广工作综合评价是指评价人员对推广机构的领导管理、项目推广应用和工作效果等方面进行比较全面的评价。评价人员在通过访谈、座谈、讨论、交流、查阅资料、听取汇报、现场察看等了解情况进行比较全面的评价，指标列入表 10-1，分别打分，然后取平均。综合得分在 80 分以上为优，70~79 分为良，60~69 分为中，59 分以下者为差。

表 10-1　综合评价指标表

一级指标	分值	二级指标	分值
推广项目	10	信息(项目)来源 可行性论证报告	3 7
成果推广应用与管理	30	技术措施 推广方法 领导管理	10 15 5
产前、产中、产后服务	25	资金投放使用 生产资料的供应 产品销售和深加工	5 10 10
推广效益	35	经济效益 社会效益 生态效益	20 10 5
合计	100		100

第四节 ▶ 农业技术推广工作评价的方法

一、参与式监测评价法

1. 参与式监测评价法的概念

监测评价作为现代管理方法的萌芽可追溯到 20 世纪 30 年代。但由于人们认识和理解的局限，在应用过程中存在一定的限制，只是在有限区域内进行。随着人们认识的深入和国际发展实践者的推动，监测与评价渐渐被越来越多的个人、团体和机构认可。目前，监测和评价项目管理方法已广泛应用在加拿大、南美、欧洲、澳洲等国家和地区的项目管理体系，并在有些国家成立了专业评价协会。而且，该管理方法也备受世界银行、国际农发基金和联合国粮农组织等国际发展机构和相关组织的关注。尽管目前在各监测评价组织和机构的内部就监测评价的目的、模式、方法等问题上还有很多争论，但该方法的理论已被越来越多的组织和机构所接受，并应用到各自的农业技术推广项目管理体系中。

参与式监测评价是将参与式理念应用到项目监测与评价过程，使项目的目标群体能够持续地参与项目过程、效果、影响的观察与评价过程，并不定期地进行项目再规划，以保证项目的顺利进行和通过项目活动实现农村人力资源培养过程。参与式监测评价是一个良好的学习过程，其涉及一系列方法学的问题，包括监测与评价的内容、所需要的工具及有效的指标体系。

2. 参与式监测评价与常规评价的比较

常规评价与参与式监测评价之间的区别，具体体现在六个基本要素上（表 10-2）。由表 10-3 可以看到不同人群评价的优点和缺点。

表 10-2　参与式监测评价与常规评价的比较

比较项	参与式监测评价	常规监测评价
谁来做？	所有利益相关者	专家和项目管理者
什么时候做？	项目执行全过程	中期、终期
怎样做？	按不同视角下的指标监测评价	按预先拟订的科学指标监测评价
为什么做？	为了及时发现问题,进行项目调整	项目要求
在哪里做？	较灵活,不限定	会议室或试验地
为谁做？	所有利益相关者	项目管理者

表 10-3　各类评价人员的优点和缺点

评价人员类型	优点	缺点
推广人员	熟悉问题 愿意接受评价结果 较充分地利用评价信息 与日常工作能较好地结合起来	评价方法论的技术有限 与日常推广工作具有时间上的冲突 主观性较强,客观性不够 不容易深入发现自己工作中的问题
目标群体	具有问题分析的综合视角 了解自身的情况 愿意与项目合作	视角差异大时,增加评价难度 引发冲突,个别群体不能充分表达自我 容易以不切实际的期望为基础进行评价
相关的评价专家	具备有关方法论的知识 对问题有深入了解 有足够的机会获得各种信息 能直接为推广人员提供咨询	容易将评价报告写成日常工作报告 较难采纳批评意见 容易使调查及分析工作复杂化 其评价结果较难被推广人员接受
独立的评价机构	能清楚地认识问题 有较好的评价方法 了解很多相关的项目,有助于比较分析	对被评价项目本身的了解不够 由于推广人员对其有戒备心理,故较难收集真实信息 容易与项目人员发生意见冲突,调查及评价结果难以为其接受

一般，国际发展项目强调 6 要素的整体效用，但由于项目来源不同，对以上 6 个要素有不同的要求，如有些国家计划项目比较关注"怎样开展"和"什么时候开展"，而对"为谁开展"不是很明确。但无论什么项目，在进行项目管理和期望提高项目管理绩效时，都需要对这 6 个要素进行全面分析与考察，以找到影响工作绩效的真正原因。这一点对农业技术推广工作和推广项目管理同样有效。

3. 参与式监测评价的一般步骤

参与式监测评价不仅是一种方法，也是农民参与调查、分析和决策的能力建设过程，该过程可以加强农民的自我独立思考、判断和决策的能力。参与式监测评价的一般步骤如下。

第一步，组建包括农民、地方政府和相关人群参与的监测评价小组。监测评价小组最好是具有不同类型农民代表在内的多角色、多视角和多学科小组。以农民为主体的监测评价由农民自己组织或由项目管理者协助组织，在评价过程中充分体现农民的视角、需求和愿望。

正如前面介绍的，在进行监测评价时不但有技术评价，还要有经济评价、社会评价等方面，因此需要多学科小组人员的共同参与，以确保评价的科学性，避免单一学科视角评价的片面性。同时，在组建小组时，应做到小组成员在性别方面的平衡。小组组建好后，还应该选出一位小组组长，负责小组的活动。

第二步，根据项目计划确立监测评价的内容和指标体系。在此过程，要赋予参与监测评价者充分的知情权，了解项目设计的活动、产出和影响及相关层面的指标。在具体评价指标确定过程中，要重视农民的意见和看法，尊重农民的监测评价指标和标准。

第三步，调查、收集资料。在开始调查时，要根据调查目的，确定调查边界和调查对象，然后采用一定的方法进行调查和信息收集。采用参与式方式进行调查和资料收集时，常采用参与式农村评价法中的半结构式访谈工具，它是与结构式访谈相对应的一种方法。

半结构式访谈只有部分的问题或题目是预先决定的，而其他许多问题是在访谈过程中形成的。提问是根据一个灵活的访问大纲或访问指南，而不是来自一个非常正式的问卷；访谈地点和形式灵活多样。在操作过程中，半结构式访谈常常与其他参与式的技术联合使用，比如参与式观察、排序和绘图等。半结构式访谈不是传统的结构性访谈的必要替代，而是进一步获取深入信息的有效手段。

第四步，资料的分析整理。参与式的调查过程不是对数据、资料的简单汇总过程，而是与农民一起进行问题、机会和潜力分析，以及探询发展途径的能力建设过程。在分析与决策过程中，要尊重农民的意见，使农民在不受任何引导的前提下发表自己的意见和想法。在与农民一起分析他（她）们的意见、想法时，有利于激发农民的发展意识、提高其参与社会事务管理的积极性、主动性，并增加责任感和拥有感。经过这种农民参与的分析评价后，还可以与农民讨论地区发展的方向和重点。这是一个"调查-分析-决策"的循环过程。

第五步，撰写评价报告。

二、对比评价法

1. 对比法（比较分析法）

这是农业技术推广工作一种很简单的定量分析评价方法。一般将不同空间、不同时间、不同技术项目、不同农户等的因素或不同类型的评价指标进行比较，常以推广的新技术与当地原有技术进行对比。

进行比较分配时，必须注意资料的可比性。例如，进行比较的同类指标的口径范围、计算方法、计量单位要一致；进行技术、经济、效率的比较，要求客观条件基本相同才有可比性；进行比较的评价指标类型也必须一致；此外，在价格指标上要采用不变价格或按某一标准化价格才有可比性。还有时间上的差异也要注意。

该方法在农业技术推广评价中广泛应用，是一种很好的评价方法。

（1）平行对比法　这是把反映不同效果的指标系列并列进行比较，以评定其经济效果的大小，从而便于择优的方法。可用于分析不同技术在相同条件下的经济效果，或同一技术在不同条件下的经济效果。此法简单易行，一目了然。

例如，畜牧业生产的技术经济效果比较。某畜牧场圈养肥猪，所喂饲料有两种方案：一是使用青饲料、矿物质和粮食，按全价要求配合的饲料；二是单纯使用粮食饲料喂养肥猪。哪一种方案经济效果好？详见表10-4。

表 10-4　配合饲料与单一饲料养猪的经济效果

指标	头数	试验天数	平均每头日增重/kg			每千克增产耗用粮食/kg	每千克增产成本/元	每千克活重产值/元	每千克活重盈利/元	每工日增重/g
			初重/kg	末重/kg	日增重/kg					
配合饲料	36	80	55.7	123.9	0.852	8.68	1.30	1.50	0.20	35
单一饲料	36	80	56.1	93.4	0.466	24.56	2.44	1.50	−0.94	42

从表 10-4 中可以看出，用配合饲料喂猪，除劳动生产率较低外，其他经济效果指标都优于单一饲料喂养。通过上例比较说明，采用配合饲料喂猪效果更好。

（2）分组对比法　分组对比法是按照一定标志，将评价对象进行分组，并按组计算指标进行技术经济评价的方法。分组标志是将技术经济资料进行分组，用来作为划分资料的标准。分组标志分为数量标志和质量标志。按数量标志编制的分配数列，叫作变量数列。变量数列分为两种，一是单项式变量数列，二是组距式变量数列。常用组距式变量数列，即把变量值划分为若干组列出。例如，某县采用组距式变量数列按物质费用分组计算经济效益（表10-5）。

表 10-5　某县试点户物质耗费与小麦产量分组比较表

组别	组距/元	户数	公顷数/hm²	每公顷费用/元	每公顷产量/kg	每公顷收入/元	每公顷纯收益/元	每千克成本/元	每元投资效益/元
1	420～480	1	0.36	455.7	3262.5	1305	847.8	0.140	1.86
2	480～540	2	1.67	511.2	3547.5	1419	937.8	0.144	1.78
3	540～600	3	1.59	573.8	3630.0	1457	876.8	0.160	1.52
4	600～660	4	1.29	631.4	3720.0	1488	856.7	0.170	1.36
5	660～720	5	0.33	697.7	4440.0	1776	1078.4	0.156	1.55

注：小麦按每千克 0.401 元计算。

从表 10-5 中可以看出，受物质费用投入的影响，单位产量随其增加而相应增加，但由于报酬递减率规律的制约，投资的效果在逐步下降。如每公顷费用为 455.7 元的第一组，每公顷产量为 3262.5kg，其每千克成本最低，而每元投资效益最高；每公顷费用为 631.4 元的第四级，每公顷产量为 3720kg，其每千克成本为最高，而每元投资效益最低。由此可见，在生产水平的一般地区，小麦种植以每公顷投资 420～480 元的经济效益为最好。

（3）综合评价法　这是一种将不同性质的若干个评价指标转化为同度量，并进一步综合为一个具有可比性的综合指标而实行评价的方法。综合评价的方法主要有：关键指标法、综合评分法和加权平均指数法。

① 关键指标法。指根据一项重要指标的比较对全局做出总评价。

② 综合评分法。指选择若干重要评价指标，根据评价标准定的记分方法，然后按这些指标的实际完成情况进行打分，根据各项指标的实际总分做出全面评价。

③ 加权平均指数法。指选择若干重要指标，用该指标实际完成数据除以比较标准，计算出个体指数，同时根据重要程度规定每个指标的权数，计算出加权平均数，以平均指数值的高低做出评价。

2. 农业技术推广工作定性评价方法

农业技术推广工作评价的很多内容很难定量，只能用定性的方法。定性评价法是一个含义极广的概念，它是对事物性质进行分析研究的一种方法，如行为的改变、推广管理工作的效率等。它是把评价的内容分解成许多项目，再把每个项目划分为若干等级，按重要程度设立分值，作为定性评价的量化指标，下列中的定性评价方法可供参考：

例：请您就参加"技术讲习班"的评价，在您认为适当处划"√"。

要素	等级				
	很差	差	普通	好	很好
1. 环境场地安排	1	2	3	4	5
2. 指导	1	2	3	4	5
3. 学习的气氛	1	2	3	4	5
4. 教学设备	1	2	3	4	5
5. 讲课内容	1	2	3	4	5
6. 讲课老师的水平	1	2	3	4	5
7. 讲习班的方式	1	2	3	4	5
8. 讲习效果	1	2	3	4	5

三、绩效评价法

为了提高农业技术推广经营服务工作的绩效，必须引进、吸收和消化成功经验。目前，绩效管理已成为世界大多数优秀公司战略管理的有效工具。绩效管理的思想、方法与工具也被越来越多的中国企业所重视。

1. 绩效管理的含义

绩效管理对组织目标的实现起着至关重要的作用，从这个意义上来说，绩效管理是组织赢得竞争优势的中心环节所在。在绩效管理的过程中，组织内员工的个人特征，如技能、能力等要素是组织绩效的原材料和基础，组织成员依靠个人的技能和能力等基本要素，通过一系列有目的的个人行为，最后达到客观的组织绩效结果。

农业技术推广绩效通常指农业技术推广组织、人员对社会的贡献或对社会所具有的价值等。具体体现为完成农业技术推广工作的数量、质量、成本费用，以及为社会做出的其他贡献等。

2. 绩效管理系统

有效的绩效管理系统应该能够对下面五个方面的内容进行有效管理：组织的远景目标，组织的战略、规划、过程和活动，组织绩效指标和水平，组织的激励制度及保证组织学习的绩效控制机制。

（1）组织的远景目标 绩效管理系统着眼点和最终目的是组织的远景目标。这些远景目标不仅仅局限于财务目标，还包括所有利益相关者所关注的、对组织未来整体成功至关重要的所有目标。绩效管理系统必须能对组织所有的目标是否实现进行有效的测量和评价。

（2）组织的战略、规划、过程和活动 绩效管理系统应该阐明组织为了实现远景目标所采取的战略和规划。这些战略和规划的实现必须依赖于特定的过程和活动，组织对这些过程和活动的测量和评价是绩效管理系统的重要内容。

（3）组织绩效指标和水平 在绩效管理系统中，组织有了特定的战略和规划，以及采取的相应过程和活动，就必须为这些过程和活动设定科学合理的绩效指标和应该达到的绩效水平，这是对组织活动进行控制的基准。

（4）组织的激励制度 根据设定的基准，绩效管理系统能够评价出组织内各部门和员工是否达到了相应的绩效水平，然后根据这些评价结果对部门和个人进行相应的奖惩（主要是薪酬制度和员工职业发展规划等），因此相关人力资源制度也是绩效管理系统非常重要却常常被忽视的内容。

（5）保证组织学习的绩效控制机制　绩效管理系统最重要的功能是绩效控制。绩效管理系统对组织活动过程中产生的信息进行收集、处理，不断调整、改进绩效管理系统的战略规划、绩效指标和相应的激励机制，如建立学习型团队、强化员工参与等，以确保组织在不断总结经验教训中改善绩效水平，达成预先设定的目标。

关于绩效管理系统基本架构的五个内容组合到一起，就构成了一个能够全面实现绩效管理的有机整体。当然，将这样一个有机整体称为绩效管理系统的基本架构，并不是要建立一个绩效管理的固定模型，而是从功能角度描述绩效管理系统的管理职能和作用流程，提供一种能够从整体角度全面管理和提高组织绩效的思维框架。

3. 绩效管理和绩效评价

绩效评价是绩效管理的一个中心环节。绩效评价的结果表明了组织选择的战略或行动的结果是什么，它是一种管理手段；而绩效管理是一种由绩效评价手段支持的管理理念，它为绩效评价提供了评价的内容和对象，并在绩效评价的基础上进行决策和改进。绩效管理先于绩效评价并紧随绩效评价之后。因此，在一个重复进行的循环中，绩效管理和绩效评价是不可分割的，它们互为先行或者互为后续。

绩效评价和绩效管理的这种关系要求组织的目标能够被分解成可测量和评价的战略和活动内容（战略和活动与组织的目标有内在联系），在对这些战略和活动实施有效的绩效管理的基础上，实现组织的目标。

4. 绩效考核模式

（1）关键绩效指标（KPI）考核　KPI考核是通过对工作绩效特征的分析，提炼出最能代表绩效的若干关键指标体系，并以此为基础进行绩效考核的模式。KPI必须是衡量企业战略实施效果的关键指标，其目的是建立一种机制，将企业战略转化为企业的内部过程和活动，以不断增强企业的核心竞争力和持续地取得高效益。

KPI考核的一个重要的管理假设就是一句管理名言："你不能度量它，就不能管理它。"所以，KPI一定要抓住那些能有效量化的指标或将之有效量化。而且，在实践中，可以"要什么，考什么"，应抓住那些亟须改进的指标，提高绩效考核的灵活性。

（2）目标管理法（MBO）　MBO作为一种成熟的绩效考核模式，始于管理大师彼得·得鲁克的目标管理模式迄今已有几十年的历史了，如今也广泛应用于各个行业。为了保证目标管理的成功，确立目标的程序必须准确、严格，以达成目标管理项目的成功推行和完成；目标管理应该与预算计划、工资、人力资源计划和发展系统结合起来；要弄清绩效与报酬的关系，找出这种关系之间的动力因素；要把明确的管理方式和程序与频繁的反馈相联系；绩效考核的效果大小取决于上层管理者在这方面的努力程度，以及对下层管理者在人际关系和沟通的技巧水平；下一步的目标管理计划准备工作是在目前目标管理实施的末期之前完成，年度的绩效考评作为最后参数输入预算之中。

（3）平衡记分法（BSC）　平衡记分法是从财务、顾客、内部业务过程、学习与成长四个方面来衡量绩效。平衡记分法一方面考核企业的产出（上期的结果），另一方面考核企业未来成长的潜力（下期的预测）；再从顾客角度和内部业务角度两方面考核企业的运营状况参数，充分把公司的长期战略与公司的短期行动联系起来，把远景目标转化为一套系统的绩效考核指标。

（4）360度反馈 360度反馈也称全视角反馈，是指被考核人通过其上级、同级、下级和服务的客户等对他进行评价，知晓各方面的意见，清楚自己的长处和短处，来达到提高自己的目的。

（5）主管述职评价 述职评价是由岗位人员作述职报告，把自己的工作完成情况和知识、技能等反映在报告内的一种考核方法，是主要针对企业中高层管理岗位的考核。述职报告可以在总结本企业、本部门工作的基础上进行，但重点是报告本人履行岗位职责的情况，即该管理岗位在管理本企业、本部门完成各项任务中的个人行为，本岗位所发挥作用的状况。

每一种绩效考核模式，都可以选择灵活的考核方法。这些不同的绩效考核方法，归纳起来可以分为以下三种：①等级评定法，是根据一定的标准给被考核者评出等级，如S级、A级、B级、C级、D级等；②排名法，是通过打分或一一评价等方式给被考核者排出名次；③目标与标准评定法，是对照考核初期制订的目标标准对绩效考核指标进行评价。

为了选择有效的绩效考核模式和方法，下面对不同绩效考核模式的特征进行说明。

KPI模式强调抓住企业运营中能够有效量化的指标，提高了绩效考核的可操作性与客观性；MBO模式将企业目标通过层层分解下达到部门及个人，强化了企业监控与可执行性；BSC模式是从企业战略出发，不仅考核现在还考核未来，不仅考核结果还考核过程，适应了企业战略与长远发展的要求，但不适应对初创公司的衡量；360度反馈有利于克服单一评价的局限，但应主要用于能力开发；主管述职评价仅适用于中高层主管的评价。

四、农业技术推广工作评价方式

1. 项目自评

这是推广机构及人员根据评价目标、原则及内容收集资料，对自身工作进行自我反思和自我诊断的一种主观评价方式。这种方式的特点是：农民或推广机构的人员对自身情况熟悉、资料积累较完整、投入较低。

2. 项目的反应评价

这种方式指通过研究农户对待推广工作的态度与反应，鼓励以工作小组的形式来对推广工作进行的评价。这种方式在很多方面都优于项目自评，它使推广人员能研究农户是如何看待推广项目有效性的，并能获得如何改进各方面工作的第一手资料。一般该方式是将项目评价方法标准化和简化，用标准化的询问题目供人填空，使对正式评价没有经验的人也能接受它，而且为在推广中修订项目计划提供了参考。

3. 行家评价

由于行家们具有广泛的推广知识和经验，对事物的认识比较全面，评价的意见也比较准确中肯。加之行家们来自不同的推广单位，很容易把被评单位与自己所在单位进行对比。这种多方位的对比，从不同的侧面对被评单位进行透视和剖析，就不难发现被评价单位工作的独到之处和易被人们忽视的潜在问题。所以行家们的评价，不仅针对性强、可行性大，且实用价值也高。

4. 专家评价

这是一种高级评价，是指聘请有关方面的理论专家、管理专家、推广专家组成评价小组进行评价。由于专家们理论造诣较深，又有丰富的实践经验，评价水平较高，对项目实施工作能全面地研究和分析，所以提出的意见易被评价单位和个人接受。

专家评价法的信息量大、意见中肯、结论客观公正，容易使被评价单位的领导人产生紧迫感和压力感，从而推动推广工作向前发展。但这种方法花的时间及费用较多，有时专家们言辞尖锐或碍于情面，不直接指出问题的所在，这些在评价中应特别注意。

知识归纳

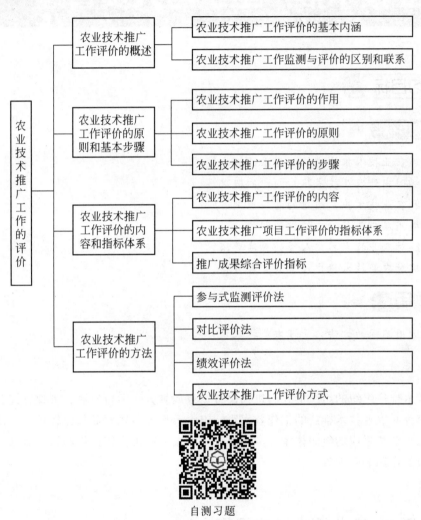

自测习题

第十一章

农业技术推广组织与人员管理

知识目标 ▶▶

◆ 了解农业技术推广组织和体系的概念。
◆ 了解国内外农业技术推广组织的概况。
◆ 理解农业技术推广组织的管理原则。
◆ 掌握高层与基层推广组织的职能。
◆ 理解对农业技术推广人员的素质要求。
◆ 掌握对农业技术推广人员的管理方法。

能力目标 ▶▶

◆ 能运用不同的方法，管理农业技术推广人员。

　　农业技术推广组织的组织形式、机构设置、隶属划分、运行机制、管理方式、人员素质及工作内容等对农业技术推广的工作效率影响很大，世界各国对此都比较重视，逐步建立起与自己国家国情相适应的组织体系。本章重点介绍农业技术推广组织的基本概念、组织类型及推广人员的作用和管理等。

第一节 ▶ 农业技术推广组织

一、农业技术推广组织概述

1. 农业技术推广组织的概念

　　农业技术推广组织是构成农业技术推广体系的一种职能机构，是具有共同劳动目标的多个成员组成的相对稳定的社会系统。农业技术推广组织主要围绕服务"三农"（农业、农村和农民）的中心目标，参与政府的计划、决策、农民培训及试验、示范的执行等任务。没有健全的农业技术推广组织，就没有完善的成果转化通道，科技成果就很难进入生产领域，转化为生产力。当今世界各国都十分重视农业技术推广的组织建设，而在组织建设上又非常注意组织结构。因为农业技术推广组织结构是否合理，直接影响推广任务的贯彻和落实。

现代科技劳动组织不是一成不变的，无论从时间上还是在空间上，都表现为一种不断变化着的动态平衡。因此，农业技术推广组织在结构与职能上也随着农业生产方式的调整变化而变化。在全球范围内有中央政府、省、市和县政府支持的推广组织，中央、省和地方联合主持的推广组织，农业科研机构的推广组织，大学推广组织，农民及企业推广组织等。我国的农业农村部是中国农业技术推广组织最高管理机构，负责全国的农业技术推广工作，相应地在省、地（市）、区、乡也都建有农业技术推广组织，负责本辖区的农业技术推广工作。随着社会主义市场经济体制的建立，企业、农民和技术人员合办的协会组织相继产生，并发挥越来越大的作用。

2. 农业技术推广体系

农业技术推广体系是农业技术推广机构设置、服务方式和人员管理制度的总称。各个国家政治、经济体制不同，相应的农业技术推广体系也各异。美国实行教学、科研、推广"三位一体"，由农学院统一领导与管理；多数国家在农业部设置农业技术推广机构，自上而下进行管理。我国的农业技术推广体系是在政府统一领导下，分别由各级政府的农业行政管理部门管理。随着社会主义市场经济体制的建立，体系开始向多元化方向发展。

3. 农业技术推广组织的职能

（1）确定推广目标　推广组织的职能之一就是结合当地政府和农民的需要，为各级推广对象确定清楚、明确、具有说服力的推广工作目标。

（2）保持推广工作的连续性　推广组织要根据本地区推广工作长期性的特点，在安排推广任务时，在使用推广方法上，在推广人员、推广设备、推广财政的支援方面，都突出地保证推广工作的连续性。

（3）保持推广工作的权变性　农业技术推广工作面向复杂多变的环境，有些机遇的错过将导致推广工作陷入困境。为适应各种新问题的挑战，要求组织形式和成员经常保持高度的主动性，发现并利用机会灵活地处理各种复杂局面，建立、培养和发展同各界的联系，以利于发挥推广组织所特有的权变性。

（4）信息交换　发展组织的横向与纵向联系，是推广组织的又一职能。农业技术推广工作面临的环境是复杂的，一个问题与多个方面相关，一种信息可能适用多种选择，本系统解决不了的问题，其他领域也许并不难解决。因此，建立有利于信息交换的系统是推广组织极为重要的职能。

（5）调控　推广组织需要经常检查与目标工作程序有关的实际成就，这就要求组织必须具有对组织成员、工作条件和工作内容的调控能力。在组织成员的选择上，应以权变理论为基础，要求各组织推广人员应具备的条件（如生产技术、经营管理、劝农技巧、行政管理及相关学识的范围，以及规定推广人员进行有效基础训练的内容，胜任人员的补充条件，培养课程设置的要求等）都是从组织对成员、工作条件和工作内容的要求出发得出的内容。

（6）激励　推广组织必须具备促进组织内部成员积极工作的动力。推广组织的责任就是创造一种能够激发工作人员主动工作的环境。如明确的推广目标，成功的工作方案，个人提升、晋级、获奖的机会及进一步培训的机会，工作中有利于合作的方式，这些都可能成为推广组织的特殊职能。

（7）评估　组织对推广机构的组成，对成员工作成绩的大小，对推广措施的实施，对计划制订的完成程序都需要进行评估考核。

二、农业技术推广组织的类型

根据国内外农业技术推广组织的特点，可以将其划分为若干类型。从世界各国农业的推广实践看，农业技术推广组织主要有5种类型，即行政型农业技术推广组织、教育型农业技术推广组织、项目型农业技术推广组织、企业型农业技术推广组织和自助型农业技术推广组织。

1. 行政型农业技术推广组织

行政型农业技术推广组织就是以政府为主设置的农业技术推广机构。在许多国家特别是发展中国家，推广服务机构都是国家行政机构的组成部分，因而农业技术推广计划制订工作侧重于自上而下的方式，目标群体难以参与。由于农业技术推广的内容大都来自公共研究成果，因此，其工作方式偏于技术创新的单向传递，推广人员兼有行政和教育工作角色，角色冲突较为明显，执行以综合效益为主的推广目标。

行政型推广组织的公共责任范围较广，涉及全民的福利，组织的活动成果主要由农村社会与经济效益来度量。例如，印度国家推广工作组织体系就属于此类型。

由于各个国家与地区的社会经济和农业发展水平不同，所以，虽然同样是政府设置的行政型农业技术推广组织，其组织结构和工作活动内容也会有一定的差异。

2. 教育型农业技术推广组织

教育型农业技术推广组织以农业大学（科研院所）设置的农业技术推广机构为主，其服务对象主要是农民，也可扩延至城镇居民，工作方式是教育性的。

建立这类农业技术推广机构的基本考虑是政府承担对农村居民进行成人教育工作的公共责任，同时，政府所设立的大学应具有将专业研究成果与信息传播给社会大众，以便其学习和使用的功能。这类推广组织的行动计划是以成人教育形式表现的，其技术特征以知识性技术为主，且大部分推广内容来自学校内的农业研究成果。

教育型农业技术推广组织通常是农业教育机构的一部分或附属单位，因而农业教育、科研和推广等功能整合在同一机构。农业技术推广人员就是农业教育人员，而其工作就是进行教育性活动。该类型的组织规模是由大学行政所能影响的范围而决定的。

3. 项目型农业技术推广组织

鉴于很多政府推广机构效率有限，人们反复尝试创建项目型推广组织。项目型农业技术推广组织的工作对象主要是推广项目地区的目标团体，也可涉及其他相关团体。其工作目标视项目的性质而定，主要是社会及经济性的成果。其技术特征以知识性为主，亦具操作性。而组织规模属于中等偏小，如我国实施的黄淮海平原农业综合开发项目。就组织表现而言，项目型农业技术推广组织的公共职责范围是改善项目区目标团体的经济与社会条件，其成果评估也偏重社会经济效益。在项目执行过程及实施结束之后，都要进行较严格的监测与评估。

4. 企业型农业技术推广组织

企业型农业技术推广组织是以企业设置的农业技术推广机构为主，大都以公司形态出现。其工作目标是为了增加企业的经济利益，服务对象是其产品的消费者，主要侧重于特定专业化农场或农民。一般而言，此类推广组织的推广内容是由企业决定的，常限于单项经济商品的生产技术。农业技术推广中，大都采用配套技术推广方式，同时也为农民提供各类生产资料或资金，使农民能够较快地改进其生产经营条件，从而显著地提高生产效益。由于此类组织的工作活动主要以产品营销方式表现，因此，其技术特征以实物性技术为主，也兼含一些操作性技术。应强调指出的是，此类组织是以企业自身效益为主，有时农民利益受制于企业效益。

5. 自助型农业技术推广组织

自助型农业技术推广组织是一类以会员合作方式而形成的组织机构，是具有明显自愿性和专业性的农民组织。农业合作组织需要依据组织业务发展、组织成员的生产与生活而决定推广内容。其推广对象是参与合作团体的成员及家庭人员。这类推广组织的工作目标是提高合作团体的经济收入和生活福利，因此，其技术特征以操作性技术为主，同时进行一些经营管理和市场信息的传递。需要指出的是，这类组织的农业技术推广工作资源是自我支持和管理的。部分农业合作组织可能接受政府或其他社会经济组织的经费补助，但维持农业技术推广工作活动的主要资源条件仍然依赖合作组织。其日常活动要遵照国家有关法律法规的约束和调整。

三、国内外农业技术推广组织概况

（一）我国农业技术推广组织的建设和发展

在我国，随着农村经济体制和农业政策的变化，农业技术推广的组织形式和管理体制也发生了相应变化。在计划经济体制下，农业技术推广组织为国家行政机构的一部分。在社会主义市场经济体制确立之后，出现了不少民办的非政府组织形式的推广组织。但无论推广组织、机构的种类如何，要搞好农业技术推广工作，就必然会涉及农业组织的管理和建设方面的问题，因此，我们必须深入了解和掌握农业技术推广组织的概况，以便更有效地推动农业科技进步，促进农业的发展。

自中华人民共和国成立以来，我国的农业技术推广组织的发展经历了 4 个阶段，即建立阶段、发展阶段、曲折阶段、全面发展阶段。

1. 建立阶段（1949—1957）

中华人民共和国成立初期，党中央十分重视农业生产恢复问题，其中的首要问题是解决农民的温饱问题，逐步建立起了农业发展的领导和推广机构。1952 年农业部在全国农业工作会议上，制订了《农业技术推广方案》，要求各级政府设专业机构和配备干部负责农业技术推广工作，建立以农场为中心，互助组为基础，劳模、技术员为骨干的技术推广网络。根据这一精神，各省纷纷建立省、地、县农业技术指导站。为适应新的形势，农业部制订了《农业技术推广站工作条例（草案）》，要求县以下建立农业技术推广站，并对推广站的性质、任务、组织领导、工作方法、工作制度、经费、设备等事项都作了规定。

2. 发展阶段（1958—1965）

1956 年，党中央向全国人民发出了"向科学进军"的口号，全国农业生产以水土治理改造生产基本条件为主，修水库、修水渠、打机井、修梯田等。这个时期，国家已培养出了成批的农业科研、推广人才，而且大都分配到农业生产第一线，深入农村，结合办夜校、社员扫盲，推广新型农具，为提高劳动生产率起到了极大的推动作用。全国除边远山区外，每个区都有了农技推广站，县农业局设立农技推广站、植物保护站、畜牧兽医站等，农业技术推广组织已初具规模。有的区、乡也建立了相应的"农、林、牧技术推广站"。

3. 曲折阶段（1966—1976）

该阶段农业生产总的投入有了增加，如拖拉机、化肥、农药等工业的发展，促进了农业发展。同时，首先在湖南搞起了县、社、村、队"四级农科网"，后来这种农业技术推广组织形式很快遍及全国，村、小队有了一批不脱产的农民农业技术推广员，如兽医员、农业技术员、果树技术管理员等，当时开始大面积推广杂交作物品种，使我国平均单产有了新的提高，但总的农业技术推广的指导思想还是以粮为纲，农业技术推广形式、内容单一化，加之组织管理上的"大锅饭"，农业技术推广工作处在传统的、行政命令下的状态。

4. 全面发展阶段（20 世纪 80 年代后）

20 世纪 80 年代后，包括农业技术推广工作在内的科技工作得到了极大的推动和发展。2000 年底统计，我国有种植业技术推广机构 5.1 万个，农技推广人员 38.4 万余人。国家设有全国农业技术推广服务中心，省级设有省农技推广中心或分设的农技推广、植保、土肥、种子等总站，地（市）级设农技推广中心或分立的农技推广、植保、土肥、种子等站。县级主要设农技推广中心。乡镇一级设农技站。全国约有 20％的村设有农技服务组织，共有 193 万农民技术员，660 多万个科技示范户。全国共有畜牧兽医机构 5.6 万多个，48.3 万名畜牧兽医推广人员。水产技术推广机构 17638 个，水产技术推广人员 43467 人。农业机械化技术推广机构 4.1 万个，技术推广人员 272462 人。农业经营管理机构 46170 个，职工 168871 人。林业技术推广站 3.7 万多个，推广人员 15 万多人。水利技术推广机构 4.8 万多个，推广人员 87 万多人。农民专业技术协会 15 万多个，囊括 500 多万农户，约占全国农户总数的 2％。

（二）代表性国家的农业技术推广组织体系

1. 美国农业技术推广组织体系

美国实行的是教育、科研、推广"三位一体"的农业技术推广体制。机构上有三个层次，即联邦农业部推广局、州推广机构、县推广站。

（1）联邦农业部推广局　美国联邦农业部设推广局，其职能是审核各州的农业技术推广工作计划，指导联邦推广经费的分配，协调全国各方面的力量，提供项目指导，维持与农业部、联邦其他机构、国会和全国性组织的联系，并承担对其活动解释说明的责任。

（2）州推广机构　州推广机构设在州立大学农学院，是美国合作推广机构最重要的机构。推广机构的工作和大学的教学、科研工作同等重要。州推广机构由农业试验系统合作推广系统组成。农业试验系统主要包括大学的农学院和地区性研究与试验中心；合作推广系统包括县的农业技术推广站和农学院的推广教授。州推广机构负责本州内重大的技术推广项目和特殊的技术领域。各州每年都应准备一个工作计划，并需得到联邦推广局长的认可。各州参与推广经费的年度预算和确定联合聘用推广体系工作人员。

（3）县推广站　县推广站通过召集会议、举办各种专题、答复农户的咨询等方式进行农业技术推广工作。推广机构通过区域推广组织实现对县推广站的指导，每个区域负责若干个县。

（4）经费情况　据资料显示，美国推广体系的经费主要来源于联邦、州和县政府的税收，也有来自私人集团、个人捐赠，另外还有农业部的推广教育工作基金。

2. 日本农业技术推广组织体系

在日本,由国家、地方及农民共同建立起比较完善的农业技术推广(日本称"农业普及")组织机构。农业改良普及所是主体和实施机构,其协力(辅助)机构主要包括农业科研和农业教育、情报等机构。

(1)**国家农业技术推广机构** 日本农业水产省农蚕园艺局内设立普及教育课和生活改善课,作为国家对农业普及事业的主管机关。他们负责农业改良、农民生活改善和农村青少年教育等方面的计划、机构体系建立、资金管理、情况调查、信息收集、普及组织的管理、普及活动的指导、普及方法的改进,以及普及职员的资格考试和研修等工作。农林水产省还把47个都、道、府、县按自然区划,分为7个地区,分别设立了地方农政局,作为农林水产省的派出机构。

(2)**地方农业普及机构** 都、道、府、县农政部内设普及课,负责普及工作的行政管理工作。各地下设农业试验场、农业者大学校、农业改良普及所,分别负责农业技术开发、农业技术普及教育等工作。

各地根据地域面积、市町村数、农户数、耕地面积及主要劳动者人数,确定设立农业普及所的数量、规模。农业普及所是各地农政部的派出机构,具体负责管理区内的农业普及工作。

(3)**经费情况** 根据《农业改良助长法》的规定,日本的农业普及事业是由国家和都、道、府、县共同进行的。因此,农业普及事业所需要的经费,也是由国家和地方共同负担的。这些经费主要用于普及职员的工资、普及所和普及职员的日常活动、普及职员的研修、农业者大学校的正常运营,以及帮助农村青少年开展活动等。日本这种定额支付补助金的形式,较好地调动了地方政府根据实际情况,合理自主地利用普及资金的积极性,也加强了地方政府对普及事业的领导。

(4)**农业技术推广的队伍状况及职能** 日本农业协同普及事业的具体实施者主要是专门技术员和改良普及员。

专门技术员的设置,一般视当地的农业经营规模、农作物布局等情况决定。其业务工作内容主要是与科研、教育单位,以及政府、团体进行联系、调度专门事项进行调查研究;对新成果、新技术的信息进行收集加工,并在此基础上对改良普及员进行培训和指导。

改良普及员的设置,各地依据实际情况不同而异,没有统一要求和规定。改良普及员是农业普及事业的直接和主要的实施者。其主要职责是通过开展多种形式的农民教育和指导工作,普及农业新技术及深入农村调查研究,即时发现农业生产问题,向研究机关反馈信息,并参与对策研究;指导管区内农业团体和组织的自主活动;开展农家生活指导。

3. 英国农业技术推广组织体系

英国在18世纪中期即开始有组织地进行农业技术推广,1946年在英格兰和威尔士成立了全国农业咨询局,1971年又改组为英国农渔食品部农业发展咨询局。在地方则按郡和城镇设置咨询推广机构,从而形成了国家与地方上下一体的农业咨询推广体系。此外,其他组织,包括英国肉品和农畜管理委员会、全国农业中心和各种协会,在农业咨询推广方面都发挥着重要作用。英国聘用农业咨询推广人员比较重视资格和学历,因此,咨询推广人员所从事的工作,因学位种类及专业知识不同而有区别,但在选拔和使用上十分严格。

英国农业咨询推广经费的来源主要有四个渠道:一是政府拨款,二是地方政府从地方税收中拨出一定数量的款额,三是农业发展咨询局自筹经费,四是其他组织(如欧共体和私人企业或公司的资助)。

4. 荷兰农业技术推广组织体系

荷兰的国家推广组织分为种植业和养殖业两大系统,垂直领导分为中央和地方两级,行政上由农渔部直接领导,省一级不设专门的农业技术推广行政管理部门,按自然区划设有12个种植业和17个养殖业地区推广站。农业教育、科研、推广均属农渔部领导,由一位副部长主管和协调这几方面的工作。推广人员实行招收录用制度,录用后2年考核合格者转为正式推广员。推广人员分为专业技术推广员和普通推广员,对推广员坚持定期考核、岗位培训制度。国家推广体系的经费全部由国家拨发。

5. 丹麦农业技术推广组织体系

丹麦的农业咨询服务范围,遍及种植业、畜牧业、农业建筑、机械化、农场会计和管理、法律、青年工作、农政以及培训与信息等。开始时,由政府创办,不久就转为由两个农民组织——农场主联合会和家庭农场主协会为主,并负担大部分经费,国家给予一定经费补助,还在各方面给予支持,指导他们的工作。部分经费(占20%)来源也靠有偿服务的收入。咨询人员都要具备一定学历和实际经验,并必须经常参加在职培训,保证其相当的业务水平。

6. 国外较成功的农业技术推广服务体系的共同特点

(1)层次分明,结构完善 这些国家均有自上而下纵向的推广体系,实行垂直管理,每一级都有明确的职能和相应的人员结构,并建立健全岗位责任制和工作汇报制。同时,也注意经常性地横向合作和信息交流。

(2)经费来源以政府拨款为主 随着生产的发展,协会组织承担费用的比例逐渐增大,但没有一个国家靠有偿服务解决推广体系的主要经费。

(3)加强农业技术推广的立法 以法保推广,以法促推广。

(4)农业教育、科研、推广职责分明,又密切合作 农业教育、科研坚持为推广服务。教师除了教学外,还承担部分的科研与推广任务,根据推广的需要,调整教学内容,并承担推广人员在职培训的主要任务。科研机构以推广部门反馈的信息为依据,确定研究方向,同时和教学人员一起解决一般推广人员不能解决的技术问题。教学和科研单位还为推广机构在农民培训方面提供便利。

(5)重视提高推广人员素质 许多国家都要对推广人员进行职前培训,对在职培训的时限和内容都有明确要求。

第二节 ▶ 农业技术推广组织的管理

一、农业技术推广组织的管理原则

1. 目标性原则

组织管理首先进行的是制订有关推广组织应努力达到的目标和确定推广对象的决策。关键是被推广的技术、成果、信息应是生产需要、农民急需的。确定的组织目标应符合组织的承担能力,目标的制订一定要十分周密,力求深入到不同层次成员的实际工作计划之中。

2. 层次性原则

一个好的推广组织应该有一个好的能级管理系统，"高、中、低"不同层次清楚。"责、权、利"相适应，总目标、任务明确，并要达到专业化、具体化程度，每一步都能尽快转化为行动和结果。

例如，县中心承担了一项推广任务，中心将任务分解给有关的站，站再将任务分解给有关的组和人。这样层层布置、层层落实，形成层次清晰、各负其责的单元，形成一条完整的指挥链，组织才能正常运转，发挥出应有的功效。

3. 协调性原则

组织在运转过程中处于一种动态变化的状况。实际上，管理组织的工作也就是在组织不断变化的情况下，跟踪变化，调节控制，实现系统的整体化目标。这就要求我们的管理工作必须注意以下几点。

（1）信息沟通　在推广组织当中，如果没有双向沟通，要得到充分的信息几乎是不可能的。只有信息管理运行灵敏、畅通，人、财、物相通，才能提高组织管理的效率。

（2）应变能力　组织的外部环境变化通常对组织的结构和功能等产生深刻的影响。管理使组织具有较强的应变能力和知识性，适应环境的变化，才能确保组织目标的实现。

（3）监测调控　在管理当中，要建立起有效的监控机制，对于推广组织的工作情况，要按照工作计划和目标进行经常性的检查监督，发现问题及时纠正，使组织的构成要素之间相互联系的秩序井然，有条不紊，减少其混乱和内耗，实现组织的有序运转。

（4）整体性原则　衡量组织管理工作好坏的一个重要标志就是组织运转的整体效果如何。管理要力求使推广组织的各个组成部门按照一定层次、秩序、结构有机地衔接，互为补充、相互促进，发挥出比个体效果相加之和要大得多的整体效果。

（5）能动性原则　组织管理是一种社会活动，离不开组织中每个成员的创造性，离不开个人的主动性和创造性。只有充分发挥主观能动性才能真正实现组织的整体优化目标，取得良好的管理效益和经济效益。

（6）封闭性原则　在任何一个系统内，其管理必须构成一个连续封闭的回路，这样才能进行有效的管理活动。一个推广组织的管理系统应由指挥中心、执行机构、监督机构、反馈机构四部分组成。其中，指挥中心是决策机构，对整个系统进行指挥；执行机构则根据计划进行工作；监督机构对执行机构进行监督，以保证指令得到准确执行和组织目标的完成；反馈机构根据执行结果对反馈信息进行分析处理，提出对原来指令进行修正的方案。应当注意，我们所说的这种封闭性是相对的，在运用中要灵活掌握，切不可僵化。

二、高层与基层推广组织的职能

1. 高层推广组织的管理与监控职能

（1）推广者的人事管理　高层推广管理者总要设法调动基层推广者的积极性。要做到这一点，需有合作和轻松的工作态度，表扬特别努力的人，对艰巨的任务给予帮助，公正评价推广人员的成就，进一步按目标培训，提供晋升机会。

（2）对基层推广者的技术支持　基层推广者的直接领导必须对推广工作给予切实帮助，包括对难度高的计划给予帮助或直接参加某项活动。高层推广者常常必须请求各方面对推广的支持和专家的帮助。

（3）对基层推广者的基础培训与高级培训　基层推广者需要接受基础培训和高级培训，特别是与推广计划有关的工作。必须了解他们知道多少，知识上还有什么不足，如何采用适当的教学法弥补这些不足；也包括要获悉政府官员的培训计划及应该培训什么。

（4）管理职能　当推广项目及实施措施确定之后，高层推广者应在基层推广者和目标组的代表之间起协调作用。在讨论时，应该保证做出决定或把问题提交上级决策机构。

（5）对基层推广者的监督　监督的目的是保证已经到期的工作计划得以执行。为保证项目的顺利实施，高层推广者必须对基层推广者进行监督。

（6）对基层推广者的评价　评价基层推广者在项目实施过程中的表现是高层推广者进行业务鉴定的基础，根据评价的结果，必须对其培训、提高等问题做出具体要求和安排。

2. 基层推广组织的反馈与执行职能

基层组织的推广人员根据当地自然条件和经济建设重点制订当地的农业技术推广项目，及时反馈基层信息，具体如下。

（1）就目标、人口、地理、资源、经济、交通状况建立有关人、组、机构、培训等框图。

（2）必须具备识别推广障碍因素的技能，并找到可能克服这些障碍因素的办法。

（3）必须保证与目标组一起确定问题。为鼓励目标组参加，必须有诊断目标组的技能并能使他们组织起来的能力。

（4）必须对目标组出现的问题和解决问题的方式和方法加以评论，并反馈到上级。

（5）基层推广工作者应该参加上一级确定措施的讨论。

（6）在专家不能进行调查时，基层推广工作者必须能够自己进行调查，为决策提供依据。

（7）解决问题时，基层推广工作者的主要任务是和目标组一起，通过讨论和提高，使问题暴露出来，并做出解答。

（8）基层推广工作者必须懂得推广的内容，还必须做出示范，教会目标组使用。

三、我国农业技术推广组织管理的改革

1. 应用信息管理，强化咨询服务功能

信息管理渗透和体现在管理的各个方面和全部过程。

农民的需求，首先是信息，其次才是技术。农业技术推广部门适应市场农业的需要，直接、及时地掌握农民的需求，帮助农民搜集、整理、分析、加工选择和应用信息，既要帮助他们解决种什么、养什么的问题，又要帮助他们解决如何种、如何养的问题，还要帮助他们解决到什么地方卖、怎么卖好价钱的问题，最终实现农业增效、农民增收、农村发展，这是必须要考虑的问题。

为适应农业国际化的需要，需加强农业技术推广的信息基础设施及网络建设，对农民展开广泛的咨询服务，服务内容要从产中技术拓展为农业、农村、农民需求的全过程，服务范围要小到农户、村、乡，大到县、市、省或全国。具体咨询内容至少应包括：市场信息、生产预测、灾害诊断、资源开发利用、技术引进、结构的调整及优化、农业人才培训等。

2. 应用知识管理，创建学习型推广组织

人类社会的经济形态逐步由农业经济、工业经济向知识经济过渡。在知识经济社会里，

经济的增长已经不再单纯依靠土地、劳动力和资本三个生产要素的投入，知识成为最重要的战略性资源，成为推动社会发展的关键因素，成为获取利润的主要手段。企业或组织处在知识化、信息化的社会环境中，面对急剧增长的知识和信息，将面临一种以知识为基础的更高形态的竞争，其兴衰成败、实力强弱在于知识的拥有和创新能力，以及对于知识的管理和开发。企业或组织在纷繁多变的市场环境下，要保持长久的竞争优势，实现可持续发展，必须具有足够的创新能力和反应能力。人才和智力资源是知识经济的主要因素，而高素质的员工和具有特别的专业知识则是竞争成功的关键所在。知识管理可以帮助企业和组织提高员工的素质，充分利用知识，提高生产力和竞争能力。有鉴于此，我们说知识经济时代呼唤知识管理，知识管理是企业和组织在知识经济环境下一种必然的战略性选择，农业技术推广组织也毫不例外。

3. 实行企业化管理，创建示范农场和高新技术园区

创建示范农场和高新技术园区能以市场为导向、效益为中心，将农业的新技术、新成果、新组织方式和运行机制向农民示范，可大大加快农业高新技术成果向现实生产力的转化。农业技术推广部门应自觉依靠自身的技术优势、信息优势和组织管理优势，大胆创建企业化的示范农场和高新技术园区，成为当地技术创新和组织管理创新的样板。这一以示范农场或高新技术园区为圆点、以服务能力为半径的新型推广模式，给农业技术推广部门展示了无限的生命力，需要广大农业技术推广人员积极地参与和探索。

4. 依靠可持续发展管理完成政府赋予的公益性任务

在社会主义市场经济的条件下，农业技术推广工作的目标和重点已经转移，需要根据市场和农民的需求开展推广工作，而不是单纯服务于政府的需要。但是，我国是人口大国，粮食和食品安全问题始终是第一位的，承担这一重任的自然是我国的农业科技和推广人员。

从可持续的观点看，我国必须建立稳定的国家推广体系，国家推广体系的主要职责是重大技术引进、试验、示范、推广，提高农民素质，引导农民科学经营农业，不断增加收入，以及开展直接为履行这些职能服务的技术质量监测（如病虫测报、农资质量监测）等基础工作，这些基础性、公益性的职能，国家给予积极的财政支持。要把它看作是国家对农业稳定发展的重大措施，对农业实行扶持政策的具体表现。从发展的角度看，市场经济条件下，国家兴办推广体系与推广服务组织多元化并不矛盾。日本、荷兰等国的农民组织很发达，但国家仍然兴办农业技术推广体系。以日本为例，国家和都道府县联合兴办了近600个农业改良普及中心，有公务员身份的推广普及员1.1万多人，专门从事公益性推广工作；与此同时，农协有2万多人的推广队伍，主要从事农资经营和家政推广活动。在我国，由于农民组织和农村服务组织不健全，国家兴办推广体系尤为必要。农业技术推广的公益性决定了国家兴办推广体系的必要性，而且是一个长期的基本方针。

第三节 ▶ 农业技术推广人员

农业技术推广人员肩负着传播农业科技知识，提高农民科技文化素质，促进科技成果转化的历史使命。推广人员的素质高低是决定推广工作成败的主要因素。随着农村经济、科技和社会的进步，对农业技术推广人员的素质也相应提出了更高的要求。加强对农业技术推广人员的管理，培养应具备的基本素质，提高思想道德水平和知识能力，对更好地开展农业技术推广工作尤其重要。

一、农业技术推广人员的素质要求

由于市场经济的日益发展，农村产业结构的变化和新型农业的开拓，使农民要求解决的问题远远超出了传统农业的范围，因此，对农业技术推广人员的素质也就提出了更高的要求。总的来说，一要有严肃的科学态度，有勇于吃苦、献身农业的精神；二要有广博的业务知识，有一定的社会经验和市场经济意识；三要有较强的业务实践能力，有组织群众工作的经验和良好作风。推广人员应是德才兼备、一专多能的多面手。

1. 职业道德要求

（1）热爱本职，服务农民　农业技术推广是深入农村、为农民服务的社会性事业，它要求推广人员具有高尚的精神境界，良好的职业道德，以及优良的工作作风，热爱本职工作，全心全意地为发展农村经济服务，为帮助农民致富奔小康服务，争做农民的"智多星"和"贴心人"，把全部知识献给农业技术推广事业。

（2）深入基层，联系群众　离开了农民就没有农业技术推广工作，推广人员必须牢固树立群众观念，深入基层同群众打成一片，关心他们的生产和生活，帮助他们排忧解难，作农民的"自己人"，同时要虚心向农民学习，认真听取他们的意见和要求，总结和吸取他们的经验，与农民保持平等友好的关系。

（3）勇于探索，勤奋求知　创新是农业技术推广不断发展的重要条件之一。要做到这一点，首先要勤奋学习，不断学习农业科学的新理论、新技术，还要善于捕捉市场信息，进行未来市场预测；在帮助农民致富、推进农业产业化方面不断接受新思想，学习新知识，加速知识更新速度，拓宽知识面，不满足前人已取得的成果，不拘于权威的结论，争取在工作实践中有所发现、有所发明、有所创新、有所前进。

（4）尊重科学，实事求是　实事求是农业技术推广人员的基本道德原则和行为的基本规范。因此在农业技术推广工作中，要坚持因地制宜、"一切经过试验"的原则；坚持按科学规律办事的原则，在技术问题上要敢于坚持科学真理。

（5）谦虚真诚，合作共事　农业技术推广工作是一种综合性的社会服务，不仅依靠推广系统各层次人员的通力合作，而且要同政府机构、工商部门、金融信贷部门、教学科研部门协调配合，还要依靠各级农村组织和农村基层干部、农民技术人员、科技示范户和专业户的力量共同努力才能完成。因此，要求农业技术推广人员必须树立合作共事的观点，严于律己、宽以待人、谦虚谨慎、不骄不躁，要互相尊重、互相学习、互相关心、互相帮助，调动各方面的力量，共同搞好农业技术推广工作。

2. 业务素质要求

（1）学科基础知识　目前，我国农业技术推广人员多为某单一专业出身，学历知识过细过窄，远远不能适应社会主义市场经济发展的需要。所以要求推广人员应具有大农业的综合基础知识和实用技术知识，既要掌握种植业知识，还要了解林、牧、渔，甚至农副产品加工、保鲜、贮存、营销等方面的基本知识和基本技能；要熟悉作物栽培技术（畜禽饲养技术），还要掌握病虫防治、土壤农化、农业气象、农业机械、园艺蔬菜、加工贮存、遗传育种等的基本理论和实用技术，才能适应农村和农民不断发展的需要。

（2）管理才能　农业技术推广的对象是成千上万的农民，而推广最终的目标是解决效益问题，所以推广人员做的工作绝不是单纯的技术指导，还有一个激发农民积极性和对人、财、物的组织管理问题。因此，农业技术推广人员必须掌握教育学、社会学、系统论、行为科学和有关管理学的基本知识。要学会做人的工作，诸如人员的组织、指挥、协调，物资的筹措和销售，资金的管理和借贷，科技（项目）成果的评价和申报等，方可更好地提高生产效益和经济效益。

（3）经营能力　在社会主义市场经济条件下，农业技术推广人员应有帮助农民群众尽快走上富裕道路的义务，使他们既会科学种田（养殖），又会科学经营。"打铁还需自身硬"，这就要求农业技术推广人员必须学好经营管理知识和技术，加强市场观念，了解市场信息，学会搜集、分析、评估、筛选经济信息的本领，以便更好地向农民宣传和传授。同时，还要搞好推广本身"产、供、销"的综合服务能力，达到自我调剂和自我发展不断完善的目标。

（4）文字表达能力　文字是信息传递的主要工具之一，写作是推广工作进程和体现的形式，也是成果评价和经验总结的最好手段。写作能力的高低在相当程度上决定着推广效果的好坏，所以农业技术推广人员必须具备良好的科技写作能力，要学会科技论文、报告、报道、总结等文字的写作本领。还要具备计算机的应用能力，借以获取和传递信息，提高工作效率。

（5）口头表达能力　口头表达能力和文字表达能力同等重要，是农业技术推广人员的基本功之一。在有些方面和某些场合，口头表达能力的高低，直接影响着推广进程和效果。特别是我国目前大部分农民文化素质低，口头表达能力就显得特别重要。因为，口头表达能力可以增强对农民群众的吸引力和鼓舞力，使之更快地接受农业技术并转化为现实生产力。

（6）心理学、教育学等基础知识　农业技术推广是对农民传播知识、传授技能的一种教学过程。所以说，推广人员作为教师，就需要摸清不同农民的心理特点和需求热点，有针对性地结合当地现实条件进行宣传、教育、组织、传授，也就要求推广人员懂得教育学、心理学、行为学、教学法等基本知识，才能更好地选择推广内容和采用有效的方法。

二、农业技术推广人员的职责

1. 各级推广人员的职责

（1）全国性及省、地（市）级农业技术推广人员的职责　全国性及省、地（市）级农业技术推广机构是农业技术推广工作的管理机构，其推广人员的职责是：主要负责编制全国和本省、本地区的农业技术推广工作计划、规划，经农业部领导或有关部门审批后列入国家及省、地（市）计划，并组织实施；按财政管理体制编报农业技术推广的基建、事业等经费和物质计划；加强各级推广体系和队伍建设，逐步形成推广网络；检查、总结、指导所辖区域的农业技术推广工作；制定农业技术推广工作的规章制度，组织交流工作进修和培训；加强与科研、教学部门的联系，参加有关科技成果的鉴定；负责组织或主持重大科技成果和先进经验的示范推广。

（2）县级农业技术推广人员的职责　县级农业技术推广机构是综合性的管理和技术指导机构。其推广人员的职责是：了解并掌握全县农业技术推广情况，做好技术情报工作，调查、总结并推广先进技术经验，引进当地需要的新技术，经过试验、示范，然后推广普及；选择不同类型地区建立示范点，采用综合栽培技术，树立增产增收样板；培训农村基层干部、农民技术员和科技示范户，宣传普及农业科技知识，提高农民科学种田和经营管理水平，帮助乡（镇）、村建立技术服务组织进行技术指导，开展多种形式的技术服务；有条件的也可以参加技术承包。

（3）乡镇农业技术推广人员的职责 乡镇农业技术推广组织是农业技术推广的基层单位，是综合服务组织。其推广人员职责是：按照县、区（片）农业技术推广计划和农民要求，制定乡村重点推广项目的实施方案；与有关专业技术承包服务公司、农民技术员、科技示范户共同做好新技术、新成果的推广工作；帮助农民引进良种和先进技术，种好示范田，树立榜样，组织参观交流经验，进行技术指导；配合供销部门组织好农药、化肥、农用薄膜的供应和使用技术指导；通过会议和现场参观等各种形式，宣传普及农业科学技术知识；及时向上级反映农事动态和农民的意见，当好农业生产经营的情报员。

（4）村级农业技术推广人员的职责 村级农业技术推广人员主要是村办或联户办的农业技术员。其职能是协助和贯彻乡镇农业技术推广站所布置的推广项目的完成。具体工作有：对所推广项目进行技术宣传、指导、落实技术示范和操作规程，为农民生产经营提供优质服务；反映农民对推广生产技术的态度、问题和改变行为的表现；制订对农民培训和访问的工作安排及技术采用后的跟踪调查；在新技术、新成果的推广采用中起模范带头作用。

2. 各级农业技术人员的职责

（1）农业技术员的职责 农业技术员的职责是：参与试验、示范和制订技术工作计划，组织并参与实施，对实施结果进行总结分析；指导生产人员掌握技术要点，解决生产中的一般技术问题。

（2）助理农艺师的职责 助理农艺师的职责是：制订试验、示范和技术推广工作计划，组织并参与实施，对实施结果进行总结分析；指导生产人员掌握技术要点，解决生产中的一般技术问题；撰写调查报告和技术工作小结。

（3）农艺师的职责 农艺师的职责是：负责制订本专业主管工作范围内的工作计划和规划，提出技术推广项目，制订技术措施；主持并参与科学试验、国内外新成果引进试验和新技术推广工作；能解决生产中的一些技术问题，并且对实施结果和推广效果进行分析，做好结论，撰写技术报告和工作总结；承担技术培训，指导、组织初级技术人员从事技术工作。

（4）高级农艺师的职责 高级农艺师的职责是：负责制订本部门或本地区主管工作范围内的生产发展规划，从理论和实践上进行可行性分析论证，并指导或组织实施；提出生产和科学技术上应该采取的技术措施，解决生产中的重大技术问题；审定科研、推广项目，主持或参与科学技术研究及成果鉴定；撰写具有较高水平的学术论文、学术报告和工作总结；承担技术培训，指导、培养中级技术人员。

（5）推广研究员的职责 推广研究员相当于学校教授职称和科研单位研究员，职称是农业技术职务中最高的一级，应在同行中享有较高威望，能起学术带头人的作用。其主要职责是：直接从事国内外重大科学研究、技术攻关和重大推广项目的立项工作；组织国家或地区内重大项目的研究和推广工作，研究农业技术推广的理论与方法问题，解决生产中的重大技术问题；掌握本专业的国内科技动态，提出本专业的研究或开发方向。

三、农业技术推广人员的管理

农业技术推广人员的管理属于人才管理的范畴，是农业技术推广管理的核心。农业技术推广人员的管理就是对农业技术推广人员的发现、使用、培养、考核、晋升，以发挥其主动性和积极作用，从而提高工作效率，多出成果、快出人才的过程。

1. 农业技术推广人员管理的内容

（1）合理规划与编制　规划与编制是培养和选拔农业技术推广人员、组织和建设推广队伍的依据，是管理的首要环节。农业技术推广队伍的规划要与推广事业的发展规划相适应。农业技术推广队伍的发展规划要通过编制来实现，其定编原则：首先，编制与任务相适应，即根据任务按一定规模、比例确定人员编制；其次，依据最佳组织结构，确定各人员中在质和量上的要求；第三就是精干，以最佳比例、最小规模搭配人员，发挥最大效能（目前我国农业技术推广单位确定的"高、中、低"三级农业技术推广人员的比例以1：2：3为宜）；最后，编制要相对稳定，但人才可以合理流动，不流动组织就无生气而言。

（2）合理选配农业技术推广人员　选拔、调整和配备农业技术推广人员是管理的重要环节，选配时应遵循下面几条原则：一是要爱惜人才，把人才视为事业中最宝贵的财富，最大限度地发挥人的才能，并且要适当照顾人的情趣；二是调配要有计划，既考虑当前，又考虑长远；三是专业、职责、能级年龄结构要合理；四是选人要多渠道、多途径，选才广泛，用才适当。

（3）恰当使用农业技术推广人员　农业技术推广人员的恰当使用是管理的核心。只有使用恰当，才能调动积极性。因此，必须坚持任人唯贤的原则，不搞任人唯亲。首先，要了解每个推广人员的品行、才能、长处和短处，尽量做到扬长避短；第二，了解每个推广人员的特点，据其特点和爱好，恰如其分地安排工作、职务，即知人善任；第三，要做到对推广人员不嫉贤妒能、求全责备。只有这样才能做到合理使用，发挥最佳效能。

（4）农业技术推广人员的培养提高　对农业技术推广人员的培养提高，应成为推广人员管理的重要内容。科学技术发展迅速，知识日新月异，知识更新周期越来越短，农业技术推广人员需要接受再教育。否则适应不了农业发展、农村经济发展的需要，还会造成推广队伍老化、知识老化，直接影响推广工作的效率。

（5）农业技术推广人员的考核　考核是对推广人员工作的评价，正确的考核可以起到鼓励先进、督促后进，同时也可推动人才合理使用。目前主要的考核是指对农业技术推广人员的实际水平、能力和贡献做客观、科学的评价，即水平考核、能力考核和实绩考核三个方面。

2. 农业技术推广人员管理的方法

（1）经济方法　农业技术推广人员管理中用的经济方法，属于微观领域中的经济管理方法，即按照经济原则，使用经济手段，通过对农业技术推广人员的工资、奖金、福利和罚款等，来组织、调节和影响其行为活动和工作，从而提高工作效率的管理方法。

（2）行政方法　行政方法就是指依靠行政组织的权威，运用命令、规定、指示和条例等行政手段，按照行政系统、层次的管理方式，直接指挥下属工作。因此，行政方法在某种程度上讲带有强制性。要想有效地利用行政方法来管理农业技术推广人员，首先，应将行政方法建立在客观规律的基础上，在做出行政命令以前，必须做大量的调查研究和周密的可行性分析，使所要做出的命令或决定正确、科学、及时和有群众基础。

（3）思想教育方法　思想教育方法是我们国家在管理中的传统办法。农业技术推广人员的思想教育方法，就是通过思想教育、政治教育和职业教育的方法，使推广人员的思想、品德及时得到改进，使他们成为农业技术推广目标所需求的合格者。在这个方法中常采用的做法有：正面说服引导法、榜样示范和情感陶冶法等。

（4）精神激励法　在许多情况下，人们对工作的兴趣，对自己职业重要性的认识，对自己劳动的社会地位的认识，以及对集体的热爱等，从根本上说要比工资和其他物质性的刺激来得大。尤其是广大农业技术推广人员，相当数量的人在工作、生活条件艰苦，待遇明显低的情况下勤劳地为农业技术推广事业奉献。当他们的工作取得成绩，获得社会认可，受到群众欢迎和尊重时，他们的工作热情会更大限度地发挥出来，再苦再累也心甘情愿，这就是精神激励所致。所谓精神激励，就是通过一些刺激引起人的动机，使人的一股内在的动力，朝着所期望的目标奋发前进。

（5）法律方法　法律是国家进行管理的重要方法措施之一。农业技术推广人员管理的法律方法，除要求每个农业技术推广人员必须严格遵守国家颁布的各项法律外，还包括严格遵守农业技术推广方面的地方法规。中央颁布的《农业技术推广法》使农业技术推广走上了法制化道路，将对农村、农业稳步发展产生深远的影响。在农业技术推广人员管理中，应用法律方法具有高度的严肃性。

法律与政策不同，政策是指导性的，法律是强制性的，它体现的是一种规范，明确规定在一定情况下可以做什么，应当做什么或不应当做什么，并以这种规定作为评价人们行为的标准。就农业技术推广组织机构而言，应该根据国家的法律、法规制定自己的管理措施，保证推广工作正常运转，保证队伍的稳定，使推广工作受到法律保护，同时使每个农业技术推广人员主动做到有章可循、有法可依。

（6）农业技术推广人员的资格地位　根据联合国粮农组织建议：①农业技术推广人员的工作资格应和农业科研人员一致，②在专业职称和相应等级的任命上一致；③在给予相应的奖励和表彰方面一致；④在提供专业晋级方面的机会一致。

案例

浙江省 J 市农业推广机构与人员状况

浙江省 J 市地处浙江省中西部，具有地貌多样性及生态区位优势，是一个传统农业大市，总面积10919km²。据统计，J 市农村人口418.15万人，农村实有劳动力258.99万人（其中男劳动力136.45万人），农业劳动力107.98万人（其中种植业劳动力100.05万人）。当地以种植业为主，包括粮食作物和其他经济作物，如油料、棉花等。

J 市下辖2个市辖区，3个县，4个县级市。本资料主要是对 J 市及其所辖区 W 区，以及 W 区所辖镇 T 镇的调查。W 区面积1388km²，人口62万，下辖9个乡及9个镇，农业生产结构与 J 市的总体情况大致相同，以种植粮食作物和经济作物为主。T 镇下辖70个行政村，当地主要以种植业为主，种植水稻、玉米和冬小麦，另有少量的经济作物，以棉花、茭白、茶叶为主。

一、J 市各级农业技术推广的设置与职责

1. 市级

J 市农业局下设办公室、人事科教处、法制处、生产指导处等20个单位。其中与农业技术推广有直接关系的机构有：J 市农业科学研究院、农业机械研究所、畜牧兽医局等12个机构。这些机构的工作人员属于行政管理人员，其工作职责是计划、组织、领导和管理该组织及其下属机构的推广活动。具体机构及其职能如下：

J市农业科学研究院：进行农业综合性、区域性科学技术研究；农业新品种、新技术的研究成果开发、试验和推广；农业新品种的引进和选育；当地农业生产中需要解决的重大技术问题的研究；农业技术的社会化服务。

J市畜牧兽医局：负责进行动物防疫、防疫监督及违法行为的处理；动物、畜牧业疫病预防宣传、技术服务并组织实施免疫计划；核发"动物防疫合格证"。负责全市动物及其产品质量的安全监测；畜牧业投入品质量检测；畜牧业发展计划的制订。

J市农业机械研究所：负责开展农业机械研究和先进、适用农业机械的推广应用；农业机械技术攻关、试验、示范；农业机械产品的人身安全、质量安全、环境保护、质量监督、计量论证；食品和环保机械设备的研究开发。

J市农村新能源技术推广站（农村能源领导小组办公室）：负责制订全市农村能源建设管理政策和农业、农村废弃物资源化利用规划；承担市级农村能源建设项目的编制申报和组织实施工作；农村能源行业管理；指导农村清洁能源开发利用；农村能源技术指导、培训、宣传、统计工作；"生态市建设"工程中有关农村能源建设的规划及组织实施。

J市植物保护站：负责开展农业植物检疫，农药检测，农业植物病虫害监测、预警及防治。

J市经济特产技术推广站：负责开展茶、桑、果、棉等经济特产品发展规划、技术规程的制订与组织实施；J市特产基地建设的组织实施；经济特产的新品种、新技术引进研究、开发、推广示范及成果展示；特产新技术的培训、指导、咨询服务；蚕桑、水果和苗木经营许可证的审核。

J市农业机械管理站：负责制订全市农业机械发展规划、标准体系、技术规范、维修质量标准、作业质量标准，并组织执行；开展农业机械化科技知识和安全作业的宣传教育和新技术推广服务；跨行政区域农业机械化作业的组织；农业机械和上路行驶驾驶员驾驶证的核发、年检及安全监督管理；拖拉机驾驶培训学校的资格管理；农业机械事故处理。

J市蔬菜技术推广站：负责实施"放心菜工程"；蔬菜的发展规划，技术规程的制订与组织实施、成果展示；蔬菜新品种和新技术的引进、研究、示范推广；无公害安全标准化蔬菜基地规划与建设；市区蔬菜市场的研究与管理；食（药）用菌种的管理及生产许可证的审查标准；蔬菜生产技术的指导、咨询、信息服务；全市红壤资源开发项目的水土保持、土壤改良、开发利用技术及经营管理的研究、试验、示范、培训、指导、咨询服务。

J市土壤肥料工作站：负责制订全市土壤、肥料行业发展、资源开发和技术推广规划；进行土壤资源调查和成果的开发利用；指导开展耕地地力调查及其质量评价；制订全市中低产田改良实行用养结合，培育地力计划，并指导实施；指导各类有机肥料的开发利用和商品有机肥的开发、应用；参与农业产业结构调整和基本农田保护；全市土壤肥力、环境状况监测、评估管理；土壤、肥料、科技成果、适用先进技术、新产品、新品种的开发、试验、示范；指导生态农业建设、实用技术推广和土壤肥力监测体系、信息网络体系建设。

J市种子管理站：依法并受托进行全市种子产业方针政策、法律法规及发展规划的宣传和调研；种子工程项目、种子行业的指导和管理；农作物品种审（认）定种质资源保护；农作物种子质量监督管理；生产、经营许可证管理；种子执法监督、指导；种子救灾储备的计划制订与管理。

J市农业技术推广站：负责制订农业技术推广计划并组织实施；组织拟定种植有关技术标准和技术规范；组织全市农业技术推广机构、群众性科研组织和农技人员的农业技术推广活动；负责种植业的行业管理；参与实施基本农田结构状况的调查和农田资源的管理。

JHSC种业公司：负责承担农作物改良选育、引进、试验、示范的组织和推广；良种选育、提纯复壮理论、技术和方法的研究；市级救灾备荒种子的贮备和调拨、余缺调节；品种改良，种质资源收集、整理、鉴定、保存、保护工作；种子科技服务；种子科技项目的实施。

J市共有农业推广机构450个。其中地市级农业推广机构31个，包括23个种植业技术推广机构、1个农业经营管理机构、7个农业机械化推广机构；县级农业推广机构77个，包括53个种植业技术推广机构、7个农业经营管理机构、9个畜牧兽医草原机构、8个农业机械化推广机构；乡镇一级的农业推广机构342个，包括67个农业综合服务机构、66个种植业技术推广机构、65个农业经营管理机构、78个畜牧兽医草原机构、66个农业机械化推广机构。J市共有农业推广机构在编人数3959人，年末在岗职工2408人，年平均在岗职工数2451人。其中农业技术推广专业人员2158人，占到年末在岗职工总数的88%；工人250人，包括技术工人180人，普通工人70人。

2. 县（区）级

以W区为例，W区农林局归属J市农业局主管，负责全区的农业生产。其下设农业技术推广站、经济特产站、植保测报土肥站等15个机构，其中与农业技术推广有直接关系的机构有12个，具体机构及其职能如下。

W区农业技术推广站：负责编制全区各季农业生产计划和农业生产发展规划，推广农业实用新技术，与大专院校、科研院所建立长期稳定的业务联系，邀请专家、教授对农技人员进行新技术培训。

W区经济特产站：指导农民进行种植结构调整，引进茶树、棉花等经济作物优良品种，并进行试验和示范，同时负责新技术的引进、试验、示范、培训和推广工作。

W区植保测报土肥站：负责承担植保、测报、土肥技术信息资料工作的编制印发，开展植保、病虫测报和科学施肥技术的培训。

W区科技信息服务站：负责编印农业信息和技术资料，提供网上农技"110"服务。

W区畜牧兽医局：开展畜牧生产先进技术和良种的引进、试验、推广和应用，以及猪瘟、禽流感等一、二类传染病的预防工作。

W区林业技术推广站：负责全区林业生产计划的制订，并组织实施林业科技推广项目，林业科普宣传，林业生产技术指导和专业知识宣传培训。

W区森林病虫防治站：负责辖区内的病虫测报，发布森林病虫害预报，建立测报档案，提供森林病虫防治技术指导、技术咨询，拟定防治计划，培训防治技术人员。

W区农业机械管理总站：负责全区内的农技产品结构调整，农技驾驶员的培训和安全生产工作。

W区第一良种场：承担国家、省、市、区级农业科研机构和推广部门农作物的区域试验和生产试验，管理省农作物良种繁育推广定点示范基地。

W区东方红林场：负责林木资源的培训、管理及生态环境建设，承担全省松毛虫生物防治及赤眼蜂试验研究任务。

W区共有农业推广机构69个，其中县级农业推广机构6个，包括3个种植业技术推广机构，1个农业经营管理机构，1个畜牧兽医草原机构，1个农业机械化推广机构；乡镇一级的农业推广机构63个，包括18个农业技术推广机构，18个农业经营管理机构，9个畜牧兽医草原机构，18个农业机械化推广机构。

全区共有农业推广机构在编人数240人，年末在岗职工211人，年平均在岗职工数211人。其中农业技术推广专业人员197名，占到年末在岗职工数的93%；工人14人，包括技术工人11人、普通工人3人。县级技术人员59人，其余152人分布在各乡镇农业推广机构。

3.乡（镇）级

以T镇为例，它隶属于J市W区。因为撤乡并镇的原因，在原来的HT、ZD、HD、TX分别设立管理处，并派驻一名农业技术推广人员，负责该地区的农业推广事物。

全镇有1个农业技术推广站（5名农技员，其中4名为各管理处的农技员，另1名为农业经营管理站农技员兼职），1个农业经营管理站（1名农技员），1个农业机械化推广站（4名农技员），1个畜牧兽医站（4名农技员）。这些机构负责全镇的农业技术推广工作。农业技术推广站、农业经营管理站、农业机械化推广站归T镇政府管理。畜牧兽医站归W区畜牧兽医局管理。

此外，还利用"J市乡土人才"培训的成果，将农业推广工作延伸至各行政村，每村由1名本村的村民担任村级农技员，但不属于任何编制。HT地区有12名村级农技员，ZD地区有18名村级农技员，HD地区有14名村级农技员，TX地区有26名村级农技员。

二、J市农业技术人员情况

J市农业技术推广部门共有专业技术人员2158人，学历构成主要以大专和中专为主，分别为683人和676人，占到技术人员总人数的31.6%和31.3%。其次具大学学历的有441人，具有研究生学历的只有3人。其他学历的355人，占技术人员总人数的16.5%。本科以上学历的占技术人员总人数的20.6%。

县级及乡镇一级的农业技术推广人员的学历更低。以W区为例，有农业技术推广人员共197人，其中大专学历56人、中专学历65人、本科学历的26人、其他学历的50人。本科以上学历的农业技术人员只占技术人员总人数的13.2%。

尽管J市目前的农业技术推广人员素质比以前有了明显提高，但与发达国家相比受教育水平仍然偏低。目前我国农业生产的进一步发展有赖于农业科技的推广应用，而农业科技的推广应用又主要依靠基层的农技人员。据有关的研究表明，农业技术推广人员的学历层次与农业生产有显著的正相关。当前，J市缺乏具有高学历的推广带头人，与农业现代化建设需要高层次的农业技术推广人员及建立高素质、高效率的推广队伍的要求不相适应。

知识归纳

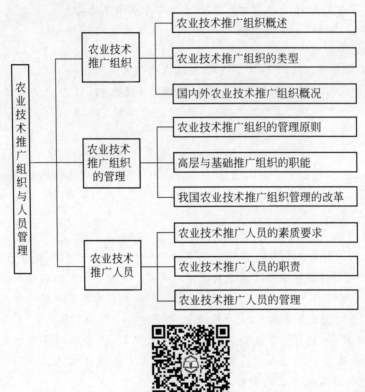

农业技术推广组织与人员管理
- 农业技术推广组织
  - 农业技术推广组织概述
  - 农业技术推广组织的类型
  - 国内外农业技术推广组织概况
- 农业技术推广组织的管理
  - 农业技术推广组织的管理原则
  - 高层与基础推广组织的职能
  - 我国农业技术推广组织管理的改革
- 农业技术推广人员
  - 农业技术推广人员的素质要求
  - 农业技术推广人员的职责
  - 农业技术推广人员的管理

自测习题

第十二章

农业技术推广写作与演讲

学习目标

知识目标 ▶▶

◆ 了解农业技术推广论文的选题原则。

◆ 掌握农业技术推广论文的格式与写作。

◆ 掌握农业技术推广宣传应用类文体的格式与写作。

◆ 理解农业技术推广语言的特点及原则。

◆ 掌握农业技术推广人员的语言技巧和演讲稿的撰写方法。

能力目标 ▶▶

◆ 能完成农业技术推广论文、报告类论文与宣传应用类文体的写作。

◆ 能撰写农业技术推广演讲稿并很好地完成演讲。

第一节 ▶ 农业技术推广写作

由于农业技术推广工作的广泛性，决定了农业技术推广写作文体的多样性。本节将推广写作文体分为三类，即推广论文类、推广报告类和宣传应用类，分别介绍如下。

一、推广论文的写作

按照论文的分类，农业技术推广论文属于科技论文，是指用书面形式表述在农业技术推广领域里进行研究、开发及其推广方面项目的技术性文体。由于推广论文具有专业性、创新性、理论性及规范性等特点，因此，在论文的选题、格式及撰写上应遵循一定的原则及规范化要求。

（一）论文的选题原则

1. 选择有创新的问题

可选择别人尚未研究，或虽有研究但不完整、不全面的问题。通过立题，阐述自己的新观点、新发现、新理论。创新是推广论文生命力的具体体现。

2. 选择有争论的问题

有些问题虽已有研究，但尚未定论，或觉得尚未完善未敢苟同。作为新课题，仍有必要再行探究，以期在争鸣中进一步探明事物的客观规律。

3. 选择农业生产实际中急需解决的重大问题

这是推广论文选题的最基本原则，即"生产实践出题目，科研推广做文章"。不解决实际问题的论文是没有价值的。

4. 选择与自身条件、能力相适应的题目

取己所长、量力而行，选择自己研究领域内擅长的题目，较易写出学术性、科学性较强且有价值的论文。

（二）论文的格式

1. 论文的格式

按照论文的一般分类方法，科技论文可分为科学论文与技术论文两种。推广论文一般属于后者。尽管不同刊物对论文格式的要求有所不同，但归纳起来，技术论文的格式一般包括：标题、作者署名（包括作者所在地、工作单位、邮政编码）、摘要（英文摘要）、关键词、正文、参考文献等部分。

（1）标题　标题是读者第一眼所看到的。一个好的论文标题可以使读者"先睹为快，欲阅下文"。推广论文的标题应具有确切、鲜明、醒目、简洁等特点。标题确定应注意论文的定性问题：试验、推广进行中的结果报道，可用"……简报"，如"EM 在家禽配合饲料中应用效果研究简报"；分阶段研究与推广的成果，可用"……初报（一报）""……二报"，如"保丰玉米对玉米田间植物和节肢动物的影响初报"；试验研究结论与他人结果有出入的同类研究，可用"……探讨（商榷）"，或用"……初探"等，如"北方旱区防旱保墒问题的探讨"；如果课题研究结果一致，占有资料较丰富，把握性较强，则可以用"论……"或"……研究"等，如"论农业可持续发展的投融资问题""中国集约农业对环境影响的研究"。

（2）作者署名　就作者而言，论文署名表示作者对论文负有责任。对编者来说，则是对作者劳动的肯定。从作者与读者的关系而言，署名便于读者与作者联系沟通。从作者与作品关系看，署名则是确定学术成果的归属。

（3）摘要（内容提要）　摘要是对论文内容准确而不加评论地简短陈述。内容包括研究目的、方法、成果和结论。摘要一般不用图表、化学结构式及非公式的符号和术语。一般要求 200 字左右（有的刊物要求同时有英文摘要）。

（4）关键词　为适应信息检索、情报查新需要，每篇论文需要提炼出 3～8 个关键词。由于关键词是反映论文核心内容的名词和术语，因此应尽量从主题词表中选用。

（5）正文　正文是反映论文价值的主体部分。推广论文一般由前言、材料与方法、结果与分析、讨论与结论等部分组成。

前言说明写作目的，介绍主要内容及与本论文相关的前人研究状况等；材料与方法介绍论文涉及的相关材料与研究方法；结果与分析是运用简洁的语言，对研究结果进行充分合理的分析；讨论或结论是根据研究结果分析和归纳出来的观点，同时分析存在的问题，提出今后的研究方向等，应当总结精炼、措辞严谨。

科技综述与科普论文类一般由前言、问题提出（意义、原因分析等）、解决问题的措施、结论及建议等部分组成。

（6）参考文献　为了反映论文的科学依据，同时表示作者尊重他人研究成果的严肃态度，以及向读者提供有关信息的出处，正文之后一般应列出参考文献。所列出的参考文献，应限于论文中曾经出现或提到的，一般应该是公开发表的文献。文献的格式，按不同刊物的要求。投稿前应仔细查阅该刊物的投稿指南，按要求书写。

2. 论文的图表和图像

（1）图表　在论文中，为了使表达更为直观、简洁，常常采用图表这种表达方式。图表多用来表达具体的试验（实验）和统计结果，一般研究的对象为行题，研究所观察的对象为列题。论文常用的图表包括曲线图、柱形图、图形图、示意图及表格等。

（2）图像　论文常用的图像包括图画、照片等。

二、推广报告的写作

农业技术推广报告种类繁多，诸如立项、开题、可行性论证、成果报奖、情况调查、工作总结等。不同报告有不同的特点及撰写要求，现介绍如下。

（一）项目类报告

1. 可行性论证（研究）

随着现代农业及经济全球化的迅速发展，科学管理、科学决策显得越来越重要。无论是建设项目、科研项目、推广项目，还是银行信贷、协作关系建立、项目引进等事项，都必须经过科学、周密的可行性论证，方能确定。

所谓可行性论证，是指根据社会需求、现实条件，以及社会、经济、生态效益等情况，从技术、资源、人、财、物等因素考虑，在立项前，对项目进行定性、定量分析，论证其可行性的报告性材料。

可行性论证报告的撰写格式如下。

① 封面。封面一般应写明论证项目的名称、项目主办单位及负责人、承担可行性研究或主持论证单位及送审日期。

② 目录。

③ 正文。正文应包括前言、项目内容、效益分析、结论与讨论等部分。

a. 前言。概括说明项目的产生背景、目的、意义。

b. 项目内容。除本身外，还应包括现实条件分析、主要依据、工作范围、主要过程、技术、经济等指标，以及承担单位基本条件与计划进度安排等部分（建设项目还应包括资源、协作、建厂、环保等相关内容）。

c. 效益分析。指根据项目实施条件进行效益预测，包括社会、经济、生态、技术效益，提出经费预算与来源。

d. 结论与讨论。提出论证结果并指出存在问题及建议等。与论证报告相关的图表、参加人员等说明，可作为附录附后。

e. 可行性报告。报告是否可行，最终需经过现实性、科学性、综合性论证，通过答辩最终确定。农业技术推广项目，若经济、技术等条件不太复杂，协作关系较简单，往往将可行性报告与计划任务书合二为一，上报审批后立题。

例："星火计划"项目可行性研究报告

"星火计划"项目可行性研究报告

项目名称：
申报部门：
承担单位：
项目负责人：

×× 科技厅制

---

a. 项目意义及申请理由（国外发展趋势，国内技术水平及现状，市场预测及应用推广的可能等）。

b. 技术开发内容（主要技术路线及工艺流程、解决的关键技术及解决的途径）。

c. 项目要求（达到的技术经济指标、经济效益及示范意义）。

d. 现有工作基础、技术和资源条件。

e. 计划进度（分年度）。

f. 经费预算及偿还计划。

g. 经费预算及"匹配"情况。

h. 偿还计划（指偿还省投资部分）。

i. 专家评议意见（一般需三人以上评议）及签字。

j. 当地银行审查意见。

k. 市科技局或有关厅（局）审批意见。

l. 当地财政部门审查意见。

2. 项目申请报告

项目申请是推广项目在立项前向上级有关主管部门提出开展某项目的请求报告，是审批立题的依据。

例 1：全国农牧渔业"丰收计划"项目申报书

全国农牧渔业"丰收计划"项目申报书

项目名称：
承担单位：
申报日期：

---

a. 项目名称。

b. 承担单位及主要参加单位。

c. 推广的主要技术来源及获奖情况（获奖或鉴定日期、奖励名称、等级、授奖部门、目前国内外水平对比）。

d. 该项目技术推广地区的应用现状及前景（包括应用范围、规模，社会、经济、生态效益，产品的市场现状及前景预测）。

e. 项目主要内容及技术经济指标。

f. 项目实施地点、规模及分年度计划进展。

g. 采用的技术推广方法、措施及技术依托单位。

h. 预期达到的目的（包括社会、经济效益）。

i. 经费概算。

j. 专家评审意见。

例2：国家科技成果重点推广计划项目申报书

国家科技成果重点推广计划项目申报书

项目名称：
项目申报单位：
推荐部门：

a. 项目简要技术说明及主要技术性能指标。

b. 国内外技术水平分析。

c. 推广的主要技术内容。

d. 推广的必要性。

e. 已推广、应用情况说明。

f. 推广范围、条件及市场分析。

g. 实施科技成果推广的能力。

h. 推广实施进度安排及推广方式。

i. 主要协作关系。

j. 典型实施范例的社会、经济效益分析。

k. 申报单位意见。

l. 地方科技厅或部门审查意见。

（二）其他类报告

1. 调查报告

调查报告是在对客观事物或社会问题调查研究后，将所得认识和结论准确、精炼、系统地写出来的书面报告。它是上级或相关部门了解情况、制订政策、发现典型、总结推广经验、解决和处理问题的依据。调查报告种类很多，根据其内容和特点，一般分为四种类型。

（1）基本情况调查　基本情况调查主要调查某一地区或单位、某一阶段工作或某方面的情况，摸索规律，发现问题，归纳整理，为制订计划、措施、政策、决策提供依据。

例：××县用地养地的调查分析

a. 前言。

b. 地力、施肥状况及与作物产量关系的分析。

c. 该村农田有机质和养分状况的分析。

d. 用地养地的途径。

（2）典型经验调查　典型经验调查是指对具有典型意义的先进单位成功经验或个人先进事迹总结分析，以点带面，对全局或面上工作起推动或示范作用的一类报告。写作时应注意：经验应符合实际，有普遍意义；内容要具体、深刻；所举事例应具有典型性、针对性。

例：改进农村思想政治工作的实践和思考

a. 开展的几项工作与做法。

b. 取得的基本经验。

（3）查明问题调查　查明问题调查是指为弄清某一事件或问题发生的原因、经过、性质、当事人责任等进行调查后所写的一类报告。其目的是查明真相、揭露问题、分清责任、提出建议，为有关部门决策处理提供依据。

例：×村××同志在土地纠纷案中致伤事故的调查

a. 简介。

b. 事故经过。

c. 事故原因分析。

d. 处理意见。

e. 今后预防事故再度发生的措施。

f. 调查组成员名单。

（4）报道新生事物的调查　社会飞速发展，科技日新月异。这类调查报告正是为了满足现代人对社会不断涌现出来的新生事物的关注了解的需要，追赶时代潮流，以促进经济建设和社会发展而写的。

例：水稻覆膜旱直播栽培技术推广应用情况的调查

a. 问题的提出。

b. 解决的关键技术要点。

c. 推广应用情况。

d. 应用前景及有待改进的几点建议。

2. 技术总结报告

技术总结报告主要是在某一科研或推广课题阶段或全部结束后，将取得成果、经验教训进行回顾检查、归纳分析，得出指导性结论，同时指出今后工作方向及改进措施等的文字材料，属于专题性科技总结。同其他总结报告一样，技术总结一般也包括标题、正文、署名和日期三个部分。

（1）标题　写明研究或推广项目名称、完成单位、时间等。

（2）正文　开头（导语）主要概述情况，包括课题目的意义、工作进程、研究成果等，力求简明扼要。主要工作成绩与做法是总结的重点部分，应翔实、具体，包括课题主要技术要点及创新点、遇到的问题、采取的措施、经验体会。另外，还应指出课题实施中存在的问题。结尾部分还应提出课题的发展趋势、今后努力方向及相应建议。

（3）署名和日期　若标题下已经写明，此处可略。

写好技术总结，除了应掌握一般总结报告的写作要点（如充分获取材料、正确评估工作、总结归纳找出规律所在等）之外，还应注意其写法与推广论文、工作总结报告亦有所差异。主要表现：一是应分析素材形成概念，运用逻辑推理以体现出课题的学术水平；二是应突出重点及创新点，总结规律性，提炼主题；三是应反复推敲，形成观点，科学论证，保持报告的科学严谨性。

例：小麦节水高产栽培技术研究报告

a. 前言。

b. 试验示范区的条件。

c. 主要研究结果。

d. 主要技术。

e. 生产示范效果。

f. 突破点和技术创新。

3. 工作总结报告

工作总结报告是对科研或推广课题的实施方法、组织管理、工作成效等进行总结的专题报告。一般是与相应的技术报告平行共用的一类报告。写作格式也包括标题、正文、署名和日期三个部分。

（1）标题　写明研究或推广课题名称、完成单位、时间等。

（2）正文　主要包括工作进展情况概述或课题实施方法、组织管理措施、主要工作成效、取得经验、存在问题、发展趋势及今后建议等。如果说技术报告侧重于技术要点，而工作报告则应侧重于工作方法或管理措施。当然其他内容亦不可少。

（3）署名和日期　若标题下已写明，此处可略。

例：小麦节水高产栽培技术工作报告

a. 前言。

b. 研究经过。

c. 主要研究结果。

d. 生产示范效果。

e. 经验和问题。

三、宣传应用类文体写作

（一）科普文章

科普文章是科技论文的一种，其特点是用深入浅出、生动活泼的语言，阐述科学道理，从而使深奥的理论和科技知识得以普及。科普文章按其内容及主要性质，可以分为知识性科普文章和技术性科普文章两类。

1. 知识性科普文章

知识性科普文章是普及科学知识的作品，主要讲述各种科学知识，尤其是自然科学各学科的基础理论与实践。该类文章的写作应注意以下几点。

（1）由浅入深　应根据不同读者对象，用通俗浅显的语言，循序渐进，逐步展开。使读者易懂易记，获取知识。理解掌握科学原理。

（2）超前求新　应以介绍新知识、新技术、新信息、科技发展新趋势等为创作的主要内容，从中选材。并以新角度、新方法研究探讨，赋予新意，使读者获得新知识。

（3）引人入胜　把知识性与趣味性融为一体，启迪思想，吸引读者，激发其探索求知欲望，引发思考，使读者深入其中，获取知识，这既是写作的基本要求，也是写作目的。当然，趣味性应从科学知识中挖掘提炼，不可低级趣味，有失科学的严肃性。

2. 技术性科普文章

与知识性科普文章不同，技术性科普文章是普及应用技术的作品。技术性科普文章注重实用性与专业性，主要讲述实用技术。因此写作除了应具备知识性科普文章的基本写作要求和特点外，还应掌握以下几点。

（1）实用具体　指这类文章材料能够解决读者的一些相关实际问题，具有实际应用的价值。措施具体，技术使用，易于掌握，施之即效。

（2）通俗易懂　指作品应力求使抽象的科学理论、原理深入浅出，在内容、结构、图文等方面精心设计，以通俗化扩大阅读面，实现科普。

（3）艺术巧用　为激发读者兴趣，引人入胜，技术性科普作品可以运用如贴切的比喻、艺术手法，新颖词句或概念等，渲染气氛，吸引读者，实现科学与艺术的有机结合。

（二）科技合同、协议

科技合同、协议一般指与科技或经济密切相关的文体。在农业技术推广实践中，常用的科技合同有技术服务、技术开发和技术转让合同等。

标题一般由"合同（协议）类别"加上"合同（协议）"构成，如科研合同、农业技术推广合同等。有时大标题进一步定性后，下面可加上具体项目名称。

1. 技术服务合同

技术服务合同包括技术咨询服务、技术辅助服务、技术中介服务和其他技术性服务。

（1）技术咨询服务　指一方聘请另一方担任临时的或常年的技术顾问，或者委托另一方就一定的技术项目提供可行性论证、技术预测、专题技术调查，分析评价报告和意见的技术服务。

（2）技术辅助服务　指技术交易一方委托另一方进行产品设计、工艺编制、工程计算、产品及材料鉴定、理化及生物测试和分析、情报收集、检索和整理，以及计算机服务等技术服务。

（3）技术中介服务　指一方为促成另一方和第三方订立技术合同而进行联系、介绍和提供签约机会的技术服务。

（4）其他技术性服务　指一方为另一方培训技术人员，举办技术展览等技术服务。

2. 违约责任

（1）因委托方的原因造成影响工作进度和质量的，所付的报酬不追回，未付的应当如数支付。给受托方造成损失的应当负赔偿损失的责任。

（2）受托方不履行合同，未按时、按质、按量完成工作的，应当免收或酌减费用，给委托方造成损失的，应当负赔偿损失的责任。

（3）其他违约责任。

例：技术服务合同书1

封面：

技术服务合同书

……合字（20　）第……号

项目名称：

委托单位：　　　　　　　　　　　　　　　　　　　（公章）

（甲方）

承接单位：　　　　　　　　　　　　　　　　　　　（公章）

（乙方）

中介方：　　　　　　　　　　　　　　　　　　　　（公章）

合同登记机关：　　　　　　　　　　　　　　　　　（公章）

合同签订日期：　年　月　日

　有效期限：　年　月　日至　年　月　日

正文：

a. 项目的内容及范围和要求。

b. 委托单位可提供的条件及需要服务的方式。

c. 受托单位的义务和责任。

d. 履行合同的计划、进度、期限、地点和方式。

e. 验收标准和方法。

f. 违约责任。

g. 成交金额及付款方式和付款时间。

h. 中介方的义务和责任及收取服务费的比例和支付方式。

i. 甲乙方负责人及联系人签字和盖章、联系电话、账号、开户银行。

3. 技术开发合同

技术开发合同包括：委托研究、开发合同，合作开发合同，技术承包。

（1）委托研究、开发合同　指技术交易一方委托另一方进行下列科学技术研究开发工作。

① 新技术、新产品、新工艺和新材料及其系统的研制和应用。

② 自然资源的利用和开发。

③ 环境保护和改造。

④ 引进技术的消化、吸收和创新。

⑤ 其他技术开发项目。

（2）合作开发合同　指技术交易各方共同投资，共同参与研究开发工作；或技术交易一方以参与研究、开发作为股份向企业进行技术投资、联合研制、开发新产品。

（3）技术承包　技术承包根据另一方的委托和要求，对科研、设计项目进行包干。技术承包一般以一个工程项目、一个引进技术消化吸收项目等为单元实行承包，承包方从项目的咨询、调研、勘探、工艺设计、施工（或调制）、设备引进、配套、安装调试、操作规程、质量管理体系到人员培训等全面负责。

例：技术开发合同书 2

封面：

```
┌─────────────────────────────────────────────────────────────┐
│                     技术开发合同书                            │
│                  ……合字（20　）第……号                       │
│  项目名称：                                                   │
│  委托单位：                                        （公章）    │
│  （甲方）                                                     │
│  承接单位：                                        （公章）    │
│  （乙方）                                                     │
│  中介方：                                          （公章）    │
│  合同登记机关：                                    （公章）    │
│  合同签订日期：　年　月　日                                   │
│    有效期限：　年　月　日                                     │
└─────────────────────────────────────────────────────────────┘
```

正文：

a. 项目的内容及技术要求。

b. 委托方承担的义务和责任。

c. 承接方承担的义务和责任。

d. 履行合同的计划、进度、期限、地点。

e. 验收标准和方法。

f. 技术成果的分享。

g. 风险责任的负担。

h. 违约责任。

i. 成交金额与付款时间、付款方式。

j. 甲乙方负责人及联系人签字盖章、联系电话、账号、开户银行。

4. 技术转让合同书

（1）技术转让合同书的内容

① 技术成果转让。指新产品、新技术、新材料、新工艺、新设计、生物品种等应用成果，或计算机软件、管理方法、系统分析方法、传统技艺和技术诀窍的转让。

② 技术入股。指技术交易方以转让的技术折合成股份向企业进行技术投资，联合开发新产品、共同承担风险、分享效益行为。

（2）成果的可行性经济分析、预测

① 形成产品的经济分析。主要原材料及其来源和价格、产品的原材料成本及综合成本、产品的预期售价。

② 形成生产能力的条件。主要设备及投资额、所需动力条件及投资额、所需厂房面积及投资、能形成的生产能力。

③ 经济效益预测。年产值、年利润、年税金。

（3）违约责任

① 技术出让方未按合同规定转让技术或转让技术达不到合同规定的技术经济指标的，除返还部分或全部使用费外，给受让方造成损失的，应当负赔偿损失的责任。

② 受让方无正当理由不按合同规定支付使用费的，应补交使用费和逾期罚款，拒不支付使用费的，必须停止使用技术，交还技术资料，赔偿转让方损失。

③ 在技术合同有效期内，当事人一方未经另一方同意，擅自将技术转让或泄露给第三方的，除必须停止违约行为外，应当赔偿另一方的损失。该损失额规定为违约方实际获得的非法收入的总额。

④ 其他违约责任。

例：技术转让合同书

封面：

```
                        技术转让合同书
                      ……合字(20   )第……号

项目名称：
技术受让单位：                                        （公章）
（甲方）
技术出让单位：                                        （公章）
（乙方）
中介方：                                              （公章）
合同登记机关：                                        （公章）
合同签订日期：……年   月   日
    有效期限：……年   月   日
```

正文：

a. 本成果应用范围及市场预测。

b. 成果主要内容和经济技术指标。

c. 成果的可行性经济分析、预测。

d. 技术出让方的义务和责任。

e. 技术受让方的义务和责任。

f. 履行合同的计划、进度、期限、地点。

g. 验收的标准和方法。

h. 违约责任。

i. 成交金额与付款时间、付款方式。

j. 中介方的义务和责任及收取中介服务费比例和支付方式。

k. 纠纷和争论的解决办法或名词和术语的解释。

1. 其他有关事项。

m. 甲乙方负责人及联系人签字盖章、联系电话、账号、开户银行。

（三）科技简报

简报，即简短的情况、信息通报。科技简报是指科研，推广，企事业单位内部及其上、下、平级单位之间，用来反映科技领域内的科研动态、推广进展、情况交流、问题调研、信息报道的一种简短文字材料。

1. 科技简报的分类

科技简报按其内容可分为以下三类。

（1）工作简报 工作简报是重点反映本部门（单位）科研、推广、生产管理等方面工作情况的定期或常年性简报，如"××市推广工作简报"。

（2）专题简报 专题简报是配合某一专项科技工作而撰写的简报，如"超级稻研究进展简报"。

（3）会议简报 会议简报是配合会议而编发的简报，主要反映会议情况（如与会代表的意见、建议、会议决议、纪要等），如"面向 21 世纪农村发展与推广教育国际研讨会会议纪要"。

2. 科技简报的格式

专题简报、会议简报一般是不定期或短期的。科技简报的写作格式，一般由报头、正文和报尾三部分构成。

（1）报头 在首页用大体（粗体）醒目红字写上简报名称，如"××简报（或简讯、动态）""××情况交流""××工作通讯""××参考"等。注明简报密级，如"内部刊物，注意保存""机密"等。还要写明期号、编印单位、印发日期等。

（2）正文 正文包括标题、按语和正文主体三部分。

标题应醒目、准确，直言主题，一目了然；按语一般用较小字体，对简报内容加以提示、说明、评注，指出要点、重要性或提出要求等；正文主体通常用叙述手法写作，开头用简短文字概括全文中心或主要内容。正文可写一项科研成果、一个事件等，要重点突出、分析得当，序号或小标题分段撰写。

从写作形式看，简报通常有新闻报道式、转发式（加按语）、集锦式等，可根据内容选择。

（3）报尾　报尾写明简报供稿人（单位）、报送单位、印数等。

3. 注意事项

由于简报具有报道及时性、内容针对性、文体简洁性等特点，因此撰写上应注意以下几点。

（1）选题新颖　简报主题应是科研、推广、生产、工作中最重要、最典型、最新颖的内容。若内容陈旧便失去了简报应有的作用。

（2）材料真实　简报要求实话实说，因此取材要真实，有代表性。只要有利于科技工作，正反两方面情况均应如实反映，这样才能为领导决策提供有价值的参考。

（3）及时　快报时效性是简报的基本要求之一。只有及时才具有指导现实工作的意义。

（4）简明扼要　简报即简明报道。一般以千字或更短篇幅成文。这也是区别于其他文体的重要标志。一期简报不要求有完整的结构和面面俱到的阐述。只要求主题集中，以简练的文字阐明最主要的内容，撰写出最有价值的报道。

（四）科技广告

广告，即向公众告知某件事物，有广义和狭义两种。广义指不以赢利为目的的广告，狭义则反之。广告具体指以声、像、图、文、实物等为载体，通过大众传播媒介（手段）向公众宣传商品、劳务、生产、经济、科技、消费服务等内容的一种宣传方式。

广告若冠以"科技"二字，即侧重于宣传科技成果、信息、科技服务等科技内容。科技广告种类很多，按其表现形式，可以归纳为以下四种主要类型：文字广告、音像广告、图像广告、实物广告。

文字广告主要以书面形式进行宣传；其他三种形式广告，也需要配合恰当的广告词，才能发挥应有功能。因此，科技工作者必须掌握科技广告的写作技能。

由于广告的宣传目的，要求广告文辞应达到引起注意、刺激需求、维持印象、促成购买等要求，因此在写作上便具有区别于其他文体的特点。完整的科技广告，通常由标题、正文、标语、随文四部分构成。

1. 标题

标题即广告题目。应简短、恰当、醒目；把最能说明信息的内容简化成几个字写出；其形式不拘一格，可直言其事，亦可设置悬念。主要有如下几种形式。

（1）新闻式（报道式）　采用新闻报道标题写法，如"适合××地区种植的冬麦新品种——××试种成功"。

（2）名称式　直接用厂名、产品名称或兼二者作标题，如"××制药厂治疗××新药××"。

（3）提问式（问题式）　以消费者角度，设身处地地指出"为什么""怎么办"，引发思考，如"×××怎么办？""如何能使×××？"

（4）赞扬式　如"××在手，×××不用愁"。

（5）敬祝式　如"××向广大新老用户致敬"。

（6）祈使式　如"××××，欢迎光顾"。

除此之外，还有记事式、号召式、悬念式、对比式、寓意式、抒情式等，可灵活运用。

2. 正文

正文是广告的核心，一般由开头、主体和结尾三部分组成，亦有只写主体部分的。正文内容主要起着介绍商品（技术）、建立印象、促进购买（采用）等作用，如规格、性能、用途、技术要点、价格、出售（函购、承包转让）方式、接洽办法等。常用的有陈述、问答、散文说明、对比等写作方式。另外，写作时还应掌握消费者心理、市场动向，内容应真实可信，具有使公众见文有求的魅力。

3. 广告标语

广告标语或广告口号的作用：通过在广告中反复出现，以加深消费者的理解与记忆，形成强烈印象，促进需求。撰写时应简短易记，特点突出，有鼓动号召力。常见的有赞扬式、号召式、情感式、标题式等形式。

4. 广告随文

主要写明与业务相关事项，包括单位名称、地址、电话、电报挂号、银行账号、联系人、洽谈办法及有关手续等，以便消费者联系或购买。

广告创作是一项复杂的劳动，需要精湛的制作技巧。通过简短的文字影响人们的思想、行为，使其注意力瞬间集中，留下印象，达到预期效应。科技广告除了应掌握一般广告的写作要点外，有两点不容忽视：一是科学性，即广告不能违背自然、科学规律；二是真实性，即广告内容必须实事求是，不能夸张虚构，否则既毁坏了科技广告的声誉，又失去了科技广告的科学性、严肃性。应使科技广告真正发挥扩大科技宣传，促进科技发展的作用。

第二节 ▶ 农业技术推广演讲

一、农业技术推广语言特点及原则

农业技术推广是一种商品推销活动，是通过运用说服、教育、宣传、引导等方式或方法向推广对象——农民，推广新思想、新观念、新科技、新信息的过程。

同一项科技成果，无论是物化型还是操作或知识型，不同的推广人员进行推广，效果可能不同。有的农民易于接受，有的则无动于衷。其主要原因，就是推广人员与农民之间的语言交流、沟通方式、技巧不同所致。因此要想做好推广工作，必须掌握农业技术推广语言特点及原则。

（一）农业技术推广语言特点

由于农业技术推广语言是推广人员与农民交际的工具，其特点应根据推广内容、形式，适合农民的自身情况、学习特点及心理期望。具体有以下几点。

1. 易懂易记，简单明了

面对目前我国多数农民科技文化素质有待提高的现实，在推广活动中，无论是科普宣传、技术培训，还是信息咨询、方法示范、巡回指导等，都要求推广语言通俗易懂，容易让农民接受。另外，与学生不同，农民作为成人，负担重，精力分散，记忆力差，因此要求推广语言简单明了，通过精心提炼让人容易记忆。

2. 实用实效，可行易行

向农民推广一项创新科技成果，除了项目本身要与农民生产生活实际紧密联系外，在进行可行性论证和介绍项目技术要点、操作程序、注意事项时，应经过推广人员的语言加工，使科学原理通俗化，复杂技术简单化、"傻瓜化"，易于掌握，可行易行。

3. 生动形象，朴实无华

有些科学原理，直言泛论，难以理解；若运用生动形象的比喻，使其大众化，不仅易为农民接受，而且印象深刻。同时，朴实无华的语言能拉近推广人员与农民之间的距离，消除农民逆反心理，达到推广教育的目的，这也是农业技术推广语言应具备的特点。

（二）农业技术推广语言运用原则

在农业技术推广活动中，要想使语言沟通顺利，就应在农业技术推广语言运用上遵循以下一些原则。

1. 朴实通俗原则

人际交往，尤其是与农民交流，在语言运用上，应注意朴实无华、通俗易懂，这是一条重要原则。推广人员应给农民留下态度诚恳，尊重对方，地位、人格平等，不摆架子的良好印象。这样，才有利于填平"位沟"，排除沟通障碍。另外，科学原理、技术问题应尽量使语言大众化。恰当形象地运用贴近农民生产生活实际、大家熟知的比喻等手法，才能收到良好效果。

2. 深入浅出原则

深入浅出是为了通俗易懂，这两条原则是紧密联系的。有些科学原理、技术原件、推广项目内容等，需要农业技术推广人员根据推广对象、内容及对推广语言的特殊需求，"深入"研究、"浅出"再现。经过精深加工，如可编制一些歇后语、顺口溜，或运用比喻、引用等手法，使高深理论变为易解道理，这样才易于农民接受。

3. 科学规范原则

推广语言要朴实通俗、深入浅出，是在不违背科学规律前提下进行的。通俗并不等于粗俗。农业技术推广是一种科技教育和科技扩散活动。该规范的必须规范，否则会出现错误，造成不应有的损失。因此，在语言运用上，要定性明确、定量准确。如某些药品的使用，在配料用量、技术操作上，不能用"大概是""一瓶盖""一袋烟功夫"等模糊量词，这样很容易出现问题。另外，在投入预算、效益指标、可行性论证等问题上，要实事求是，留有余地。

4. 事实教育原则

有实践表明，在诸多农业技术推广方法中，参观示范的效率最高。究其原因，就是满足农民"百闻不如一见"的心理需求。农民在收集、阅读资料等方面仍受条件限制，因此更加注重"用事实说话"。

但有时由于农民人数众多、推广条件有限，不可能完全满足农民"眼见为实"的需求。推广人员在介绍异地项目成果、先进经验时，就必须以试验、示范为依据，要把具体时间、地点、条件、技术措施、结果等交代清楚，使农民犹如身临其境，这样才能达到良好的宣传效果。

二、农业技术推广人员的语言技巧

1. 语言沟通的心理准备与基本技巧

心理学认为，在人们的心理活动中以前形成的心理准备状态对后续同类心理活动有决定作用和定向趋势——心理定势。心理定势可以成为人们认识新事物、解决新问题的重要心理基础，也可以成为心理阻力。我国经历了2000多年农业社会，因此我国农民无论思维模式还是技术模式，都形成了很多固定观念，农民受心理定势的制约较为严重，所以农业技术推广工作者必须认真应对，排除心理障碍，为顺利沟通奠定基础。基本技巧主要包括如下几个方面。

（1）以诚相待，情感贴近　尊重对方，以信任对方求得对方信任，是实现双方情感上贴近、顺利建立正常交往关系的有效措施。

（2）心理换位，设身处地地处理问题　推广人员应根据推广对象具体情况作出相应决策。

（3）标新立异，引起对方兴趣　发挥自身优势，提出新问题，以"新"唤"心"。

（4）利用各种关系、条件，缩短距离　如利用行业、地缘、血缘、年龄、性别等，缩短同对方的距离。推广对象只有信任推广人员，才能相信推广内容。

2. 提问的技巧

在农业技术推广活动中，由于种种原因，经常要向别人发问，问的目的是为了获得满意的回答。然而有时如问得不当，不但得不到满意的回答，还会惹出麻烦，陷入尴尬境地。因此，推广人员应学会问的艺术。问的技巧主要应掌握以下几个方面。

（1）三看而后问　一要看场合，如在场人员组成及关系等，以免引起矛盾或陷入难堪局面；二要看对象，如对方年龄、身份、民族、性格、文化修养等，所谓"见什么人说什么话"，因人而问，才能收到预期效果；三要看（体验）对方心理状况、情绪表现等，通过察言观色，并按照写在对方脸上的提示，调整问话方式与内容，掌握好分寸。

（2）以问调控，明确目的　问者处于主动地位，问题抛出后，就应能决定对方说不说，如何说及交谈气氛。在技术交易、处理纠纷、推广调查过程中，语言的控制力作用非常重要。

（3）正确选择提问方式　一要选词恰当，同义异词，语言效果不同。二要选择问句方式，如限制型提问具有较强的目的性，可减少对方拒答或答非所问的可能；选择型提问则比较宽松，对方可随机抉择；婉转型提问可避免出现尴尬局面；而若你要让别人按你的意图做事，应采用协商型提问等。三要注意调整问话顺序，以适应人的心理习惯与特定语言环境。

3. 回答的技巧

回答在交际中一般处于被动地位，但如能灵活而巧答，就可变被动为主动。主要应掌握如下几点。

（1）认清问题，针对回答　在交往活动中，有些提问可能"醉翁之意不在酒"，这就需要学会摆脱技巧来解围。比如，农民A用了推广人员推荐的肥料，产量比农民B低。A问推广人员："B的产量是多少？"这个问题并不是A想知道B的产量是多少，而是想说"为什么我用了你推荐的肥料产量低了"。这时推广人员一定要从品种、环境条件和管理方面进行委婉解释。

（2）突破问句控制，灵活机动回答　有些提问形式如限制型提问、选择型提问等，有时需突破问题类型的控制，以另外方式回答，才能摆脱问话人的控制，取得主动。例如，一个农民问推广人员品种 A 怎么样，推广人员可以回答"品种 B 和品种 C 更适合他的选择"。

（3）巧妙接引，借问回答　有些问题无需详答或不便回答，可借用对方问话方式回答提问或巧妙地"避而不答""以退为进"或"间接回答"等，这样，既不伤和气，又摆脱了对方。例如，在一个推广会上，有农民问"品种 A 栽培技术是怎么样的？"因为时间紧迫问题又多，没法给他详细具体讲解，农业推广人员可以说"品种 A 栽培技术和一般品种差不多，如果想了解得更详细，可以会后单独联系。"

三、农业技术推广的演讲

在农业技术推广工作中，演讲是一项经常性活动。农业技术推广人员必须在掌握推广语言特点、运用原则及运用技巧的基础上，将推广内容、沟通内容，通过演讲使其艺术再现，才能达到推广目的。

（一）演讲稿的撰写

1. 主题的选择

主题是演讲稿的中心论题。演讲应围绕主题展开。每场演讲一般只选一个主题，以便听众掌握重点。主题的选择应考虑适合当地农民生产生活需要及学科学、用科学的心理需求，适合农民科技文化素质。推广项目宣传应考虑农民的经济承受能力，还应考虑典型性与可行性等。演讲者应全面掌握有关主题的理论依据，并能向听众解释全部演讲内容。

2. 材料的选择

主题选定后，就要围绕主题选择材料。选材应注意"去粗取精，去伪存真，由此及彼，由表及里"。还应把握材料的真实性、典型性、新颖性、佐证性等。真实性指材料要尊重事实，有根有据；典型性指材料应有代表性，可以推而广之；新颖性指材料新鲜，属前沿性论题，生动感人；佐证性指材料应能全方位地论证主题，为表现主题服务。

3. 演讲稿的结构与形式

有了好的主题、丰富的材料，还需要根据其内在联系，将两者有机地结合起来，才能形成一篇好的演讲稿。常见的结构形式有两种，即议论式和叙述式。议论式，通常采用排列法、深入法、总分法、对比法等手法；叙述式，通常采用时间法、空间法、因果法、问题法等手法。

4. 语言修辞

应根据农业技术推广语言特点与运用原则，做到用词准确、科学规范，并根据不同场合，掌握语言运用的技巧性。

5. 演讲的开头与结尾

（1）演讲的开头　经验告诉我们：演讲的最初 10 分钟，吸引听众比较容易，但能否持久，这就与如何开头有关了。因此，好的开头对整个演讲的成功至关重要。从开头类型看，大致有情感沟通、提出问题、阐明宗旨等。具体可有如下方法提供参考：①用故事开头；②以物品展示开头；③用提问开头；④用名人的话开头；⑤用令人震惊的事件开头；⑥以赞颂的话开头；⑦用涉及听者利益的话开头；⑧从有共同语言的地方开头。总之，演讲如何开头，应因时、因地、因人而异，即兴发挥。

（2）演讲的结尾　有人认为，演讲开头难，尾亦难收。此话有几分道理。好的结尾应比开头更精彩，使其在演讲的高潮中结束。演讲结尾应把握如下几个要点：①高度概括主题，使听众加深认识；②尽收全文，精炼结论；③激发热情，坚定信心，激励行动；④发人深省，耐人寻味。演讲结尾虽无定式，但应深刻含蓄，有煽动性，正所谓"结句当如撞钟，消音有余"，给听众以"言已尽、意无穷"的感觉。草草收尾或画蛇添足，都是结尾之大忌。

（二）演讲的临场发挥

有了好的演讲稿，只能说演讲者"成竹在胸"，然而能否"真竹呈现"，还要看临场发挥是否正常。因此可以说，成功的演讲是演讲佳作与临场正常发挥相结合的结果。要达到这一目的，应掌握如下几方面技巧。

1. 自我心理调节

演讲者的心理素质与临场状态是最重要的主观因素。心理学认为，多数人面对众人讲话时都有羞怯心理，尤其是陌生场合，会出现手足无措、声音颤抖、语无伦次、忘词错句等现象，这就是怯场。克服怯场的有效办法，就是树立自信心。当然其基础就是对讲稿内容的精通。另外，忘却时要顺水推舟、即兴连接，讲错时可不予理睬，当然重要的关键性问题应巧妙补救。

2. 掌握听众心理

听众是一个异质群体，同场倾听，各怀心腹。演讲者要善于察言观色，从现场听众的反应中，及时调整演讲进展，做到详略得当、有的放矢。有时可能备而不讲，有时亦可不备而谈，灵活掌握。

3. 正确运用声调

这方面主要包括正确运用音量、音调和节奏。音量大小因内容而变化。强调、呼吁等情节宜加大；分析原因、交代措施等可低些。音调指声音的升降，亦应随情节起伏来调整，以感染听众。节奏指演讲节拍变化，也是演讲内容的艺术再现技巧。平铺直叙的演讲是难以引起轰动效果的。

4. 掌握表情神态

巧用眼神、变换表情及手势助讲，是提高演讲效果不可缺少的要素。演讲者应予掌握，不可忽视。

（三）演讲水平训练与提高

吃尽训练苦，才获成功甜。要想成为演说家，必须苦练基本功，付出辛勤汗水。基本功训练，既要掌握一定原则，又要运用正确的练习方法，才能事半功倍。基本功训练应掌握的原则主要有以下几点。

① 虚心学习，博采众长，融会贯通，总结创新，形成自己独特的演讲风格。

② 持之以恒，知难而进，具有"不到长城非好汉，语不惊人誓不休"的精神。

③ 不怕失败，不被"嘲讽""面子"所限，大胆练习，百折不挠。

关于演讲练习方法，常见的有以下几种形式。

① 单项练习，即将发音、语气、语速、姿势、手势等逐一练习，各个击破。

② 综合练习，即将单项练习有机协调结合起来，进行综合练习，体会其中原理与技巧。

③ 个人练习，即"没事偷着练"，好处是，可以身心放松，寻求最佳形式。

④ 当众练习，练兵千日战时用，个人练习到一定程度后要敢于"公开"，可分两步：首先请家人、亲朋好友倾听，以便纠正"当局者迷"之缺点不足，逐渐完善。然后再公开"抛头露面"，当众演讲。应鼓足勇气，争取首战告捷。以后多多实践，悉心体会，定会使演讲水平日新月异。

知识归纳

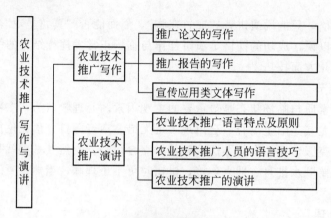

自测习题

课程标准及授课计划

课程标准

授课计划

参 考 文 献

[1] 卢敏. 农业推广学. 北京：中国农业出版社，2005.

[2] 王德海. 参与式农业推广方法. 北京：中国农业科技出版社，2013.

[3] 宋敏. 日本农业推广体系的演变与现状. 北京：中国农业出版社，2009.

[4] 刘振伟，李飞，张桃林. 农业技术推广法导读. 北京：中国农业出版社，2013.

[5] 高启杰. 农业推广学. 3 版. 北京：中国农业大学出版社，2013.

[6] 杨庆华. 农业推广写作. 北京：中国农业出版社，2008.

[7] 王孟宇. 农业科技实用写作. 2 版. 北京：化学工业出版社，2016.

[8] 高启杰. 农业推广学案例. 2 版. 北京：中国农业大学出版社，2014.

[9] 高启杰. 农业推广学理论与实践. 北京：中国农业大学出版社，2008.

[10] 刘恩财，谢立勇. 农业推广学. 北京：高等教育出版社，2014.

[11] 汤锦如. 农业推广学. 北京：中国农业出版社，2013.

[12] 田伟，皇甫自起. 农业推广. 北京：化学工业出版社，2009.

[13] 陶承光，金允坤，张钢军. 农业科技推广实践与探索. 沈阳：东北大学出版社，2014.

[14] 王守国，宫少斌. 农业技术推广. 2 版. 北京：中国农业大学出版社，2016.

[15] 徐森富. 现代农业技术推广. 杭州：浙江大学出版社，2011.

[16] 庄道元. 构建我国多元化农业技术推广体系研究. 合肥：中国科学技术大学出版社，2013.

[17] 邵喜武. 多元化农业技术推广体系建设研究. 北京：光明日报出版社，2013.

[18] 扈艳萍，马小友. 农业政策与法规. 北京：化学工业出版社，2012.

[19] 王义明. 农业信息技术推广模式研究. 北京：中国农业科学技术出版社，2008.

[20] 郭霞. 基于农户生产技术选择的农业技术推广体系研究. 保定：河北大学出版社，2009.

[21] 简小鹰. 农业推广服务体系. 北京：社会科学文献出版社，2009.

[22] 郑永敏. 农业推广协同发展理论. 杭州：浙江大学出版社，2008.

[23] 李乡壮. 农业发展新模式 无公害农业推广技术. 西安：西北工业大学出版社，2012.

[24] 沈贵银. 最优农业推广服务供给的制度模式研究. 北京：中国农业科学技术出版社，2010.

[25] 张以山. 农业推广理论与方法. 北京：中国农业出版社，2008.

[26] 中国农业技术推广协会，全国农业技术推广服务中心，《中国农技推广》杂志社. 中国基层农业推广体系改革与建设：第八届中国农业推广研究征文优秀论文集. 北京：中国农业科学技术出版社，2015.

[27] 唐永金. 农业推广学新编. 北京：中国农业出版社，2013.

[28] 张坤朋. 农业推广学. 郑州：郑州大学出版社，2012.

[29] 李维生. 构建我国多元化农业技术推广体系研究. 北京：中国农业科学技术出版社，2007.

[30] 郭贺彬. 现代农业信息技术推广与应用. 长沙：湖南科学技术出版社，2011.

[31] 杨士谋. 农业推广教育概论. 北京：北京农业大学出版社，1987.